GÉOMÉTRIE

ÉLÉMENTAIRE

49212. — Imprimerie Lahure, rue de Fleurus, 9, à Paris.

GÉOMÉTRIE

ÉLÉMENTAIRE

PAR

H. BOS

Ancien élève de l'École normale supérieure, Agrégé des sciences,
Ancien inspecteur de l'Académie de Paris

DIX-HUITIÈME ÉDITION

PARIS

LIBRAIRIE HACHETTE ET Cie

79, BOULEVARD SAINT-GERMAIN, 79

1903

GÉOMÉTRIE

ÉLÉMENTAIRE

NOTIONS PRÉLIMINAIRES

§ 1. Ligne droite et plan. — Ligne brisée. — Ligne courbe.

1. On appelle *volume* d'un corps le lieu que ce corps occupe dans l'espace ; la *surface* de ce corps est la limite qui le sépare du reste de l'espace.

On appelle *ligne* le lieu où deux surfaces se coupent, ou encore la limite d'une portion de surface.

Enfin on donne le nom de *point* à l'extrémité d'une portion de ligne ou à l'intersection de deux lignes.

2. La plus simple de toutes les lignes est la *ligne droite*, dont la notion est familière à tout le monde, et dont un fil tendu nous offre l'image. On admet comme évident que, par deux points, on ne peut faire passer qu'une ligne droite, et que la ligne droite qui joint deux points est le plus court chemin entre ces deux points.

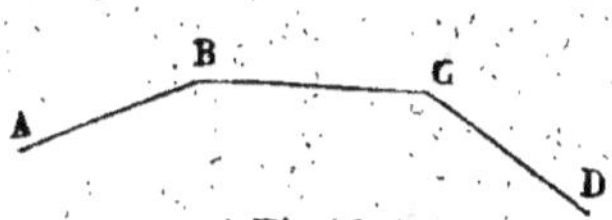

Fig. 1.

3. On appelle *ligne brisée* une ligne composée de plusieurs lignes droites ; la ligne ABCD (fig. 1) est une ligne brisée.

4. On appelle *ligne courbe* une ligne qui n'est ni droite, ni composée de lignes droites; telle est la ligne ABC (fig. 2).

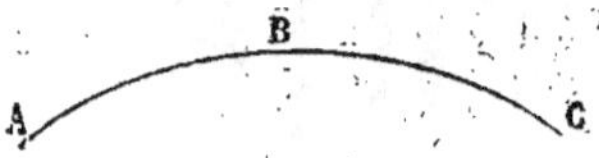

Fig. 2.

5. On appelle *plan* ou *surface plane* une surface telle que, si l'on joint par une ligne droite deux points quelconques de cette surface, cette ligne droite est contenue tout entière sur la surface; une glace bien dressée, la surface d'une eau tranquille, peuvent donner une idée d'une surface plane.

On nomme *surface courbe* toute surface qui n'est ni plane ni composée de surfaces planes.

6. Tout assemblage de points, de lignes et de surfaces s'appelle une *figure*.

Une figure est dite *plane*, quand elle est située tout entière dans un plan.

7. La Géométrie a pour objet l'étude des propriétés des figures et la mesure de leur étendue.

On la divise en deux parties : la *géométrie plane*, où l'on étudie les figures planes, et la *géométrie dans l'espace*, qui a pour objet l'étude des figures non planes.

8. Deux figures sont dites *égales* lorsqu'on peut les appliquer l'une sur l'autre, les *superposer*, de manière qu'elles coïncident dans toutes leurs parties.

9. Un *théorème* est une vérité qu'il s'agit de démontrer. L'énoncé de cette vérité se compose de deux parties, l'*hypothèse* qui est faite, et la *conclusion* qui en découle en vertu de la démonstration. Deux théorèmes sont dits *réciproques*, lorsque l'hypothèse du premier est la conclusion du second, et réciproquement.

On appelle *corollaire* une conséquence d'un théorème; *lemme*, une proposition préliminaire destinée à faciliter la démonstration d'un théorème; *problème*, une question à résoudre.

PREMIÈRE PARTIE

GÉOMÉTRIE PLANE

LIVRE Ier

LA LIGNE DROITE

§ II. Angle. — Génération des angles par la rotation d'une droite
autour d'un de ses points. — Angle droit.

10. On appelle *angle* la figure formée par deux droites[1] AB,
AC qui partent d'un même point A, en
suivant des directions différentes (fig. 3) ;
ce point est le *sommet* de l'angle, et
les deux droites en sont les *côtés ;* on dit
l'angle BAC, en mettant la lettre du
sommet au milieu, ou encore l'angle A.

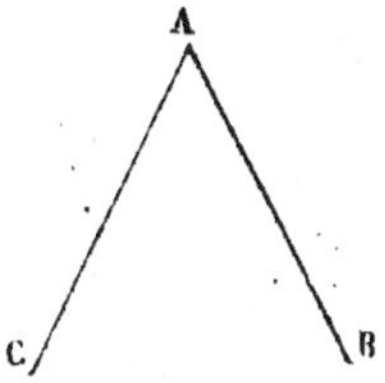

Fig. 3.

11. Deux angles BAC, CAD sont *adjacents,* quand ils ont même sommet, un côté commun, et
qu'ils sont situés de part et d'autre
du côté commun (fig. 4).

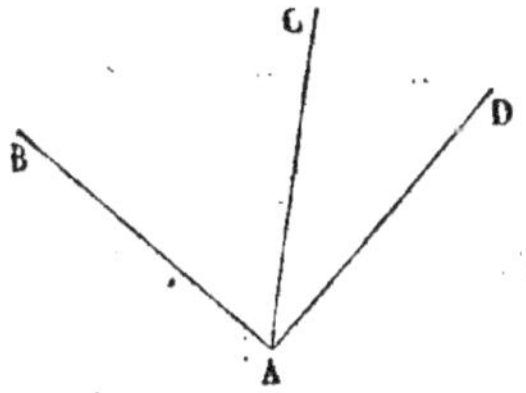

12. On peut imaginer qu'un
angle soit engendré par le mouvement d'une droite mobile, qui,
d'abord appliquée sur une droite
fixe AB (fig. 5), s'en écarte en
tournant autour du point A : l'angle CAB, formé par la

Fig. 4.

---

1. Pour abréger, on dit ordinairement une *droite* pour une *ligne
droite.*

droite mobile avec la droite fixe, ira en augmentant lorsque la droite mobile s'écartera de plus en plus de la droite fixe.

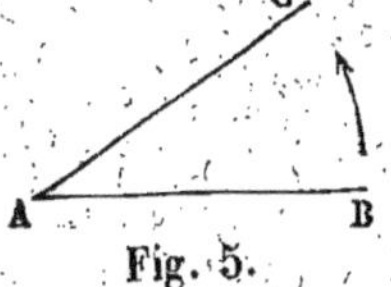

Fig. 5.

13. On fait la *somme* de deux angles en les plaçant à côté l'un de l'autre, de manière qu'ils soient adjacents (**11**)[1]; l'angle formé par les côtés extérieurs est la somme des deux angles adjacents. Ainsi, dans la figure 4, l'angle BAD est la somme des angles BAC et CAD.

On dit qu'un angle est *double, triple, quadruple*, etc., d'un autre, lorsqu'il est la somme de deux, trois, quatre, etc. angles égaux à cet autre. Au contraire, celui-ci est dit, suivant les cas, la *moitié*, le *tiers*, le *quart*, etc. du premier.

Les angles sont donc des grandeurs qu'on peut ajouter et soustraire, qu'on peut multiplier ou diviser par un nombre quelconque; par suite, on peut comparer deux angles et trouver leur rapport; en d'autres termes, on peut *mesurer* les angles. Nous reviendrons plus tard sur cette question.

14. Lorsqu'une droite CD en rencontre une autre AB (fig. 6) et qu'elle forme avec elle deux angles adjacents *égaux*, ACD, BCD, on dit que la droite CD est *perpendiculaire* à AB, et les deux angles adjacents égaux ACD, BCD, s'appellent des *angles droits*. — Une droite qui en rencontre une autre, et qui ne lui est pas perpendiculaire, est dite *oblique* à cette droite.

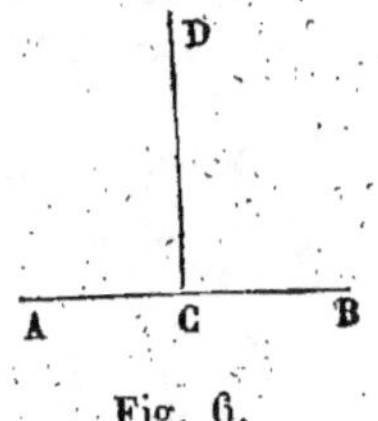

Fig. 6.

15. Deux angles sont *opposés par le sommet*, lorsque les côtés du premier sont les prolongements des côtés du second au delà du sommet.

***

1. Les numéros entre parenthèses sont des renvois aux numéros de l'ouvrage.

16. On appelle *bissectrice* d'un angle la droite qui le partage en deux parties égales.

17. THÉORÈME. *Par un point O pris sur une droite AB, on peut toujours mener une perpendiculaire à cette droite, et on ne peut lui en mener qu'une* (fig. 7).

Supposons qu'une droite mobile, d'abord appliquée sur OB, tourne autour du point O dans le sens de la flèche; l'angle BOC croîtra d'une manière continue depuis zéro jusqu'à une valeur très grande, et l'angle adjacent COA, d'abord très grand, décroîtra d'une manière continue jusqu'à zéro. Il y aura donc

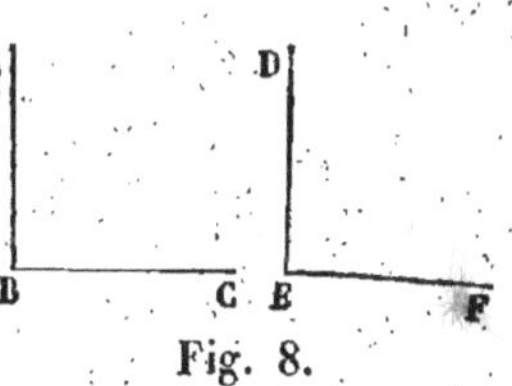

Fig. 7.

une position OD de la droite mobile pour laquelle ces deux angles seront égaux; la droite OD sera perpendiculaire à AB.

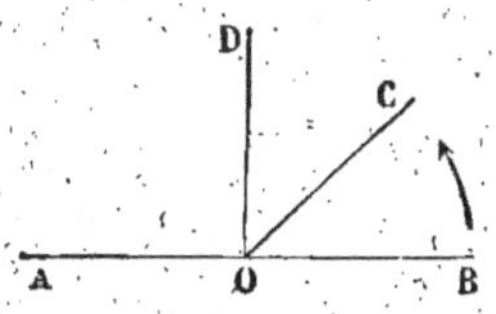

Si on écarte cette droite OD de sa position, l'un des angles qu'elle forme avec AB augmentera, l'autre diminuera : ils cesseront donc d'être égaux, et par suite OD est la seule perpendiculaire que l'on puisse mener à la ligne AB au point O; ce qu'il fallait démontrer.

18. COROLLAIRE. *Tous les angles droits sont égaux* (fig. 8).

Transportons l'angle droit DEF sur l'angle droit ABC, de manière que le côté EF s'applique sur BC, et le point E sur le point B; la ligne ED, perpendiculaire à EF, coïncidera avec BA, perpendiculaire à BC, en vertu du théorème précédent, et par conséquent les deux angles droits ABC, DEF coïncideront; ils sont donc égaux. C. Q. F. D.

Fig. 8.

19. Un angle est dit *aigu* ou *obtus*, suivant qu'il est plus petit ou plus grand qu'un angle droit.

20. Deux angles sont *supplémentaires* quand leur somme

est égale à deux angles droits; *complémentaires*, quand leur somme vaut un angle droit.

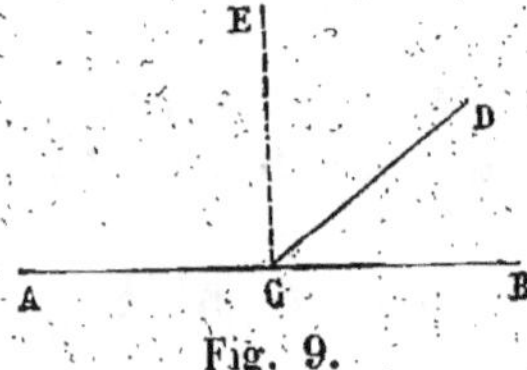

Fig. 9.

21. THÉORÈME. *Toute ligne droite CD qui en rencontre une autre AB, forme avec elle deux angles adjacents supplémentaires* (fig. 9).

Au point C, je mène CE perpendiculaire à AB; on a :

$$ACD = ACE + ECD,$$
$$BCD = BCE - ECD.$$

Si l'on ajoute membre à membre ces deux égalités, l'angle ECD disparaît, et l'on a :

$$ACD + BCD = ACE + BCE = 2 \text{ droits}[1]. \quad \text{C. Q. F. D.}$$

22. COROLLAIRE I. *La somme des angles consécutifs ACD, DCE, etc., formés autour d'un point C, d'un même côté d'une droite AB, est égale à deux droits* (fig. 10).

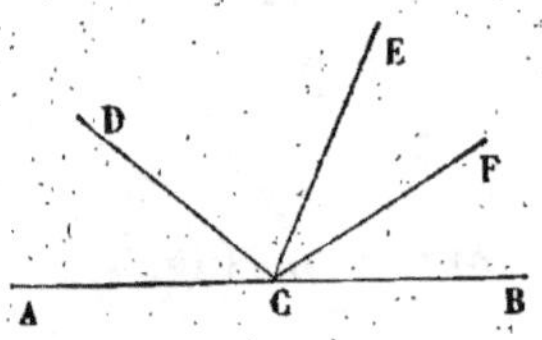

Car

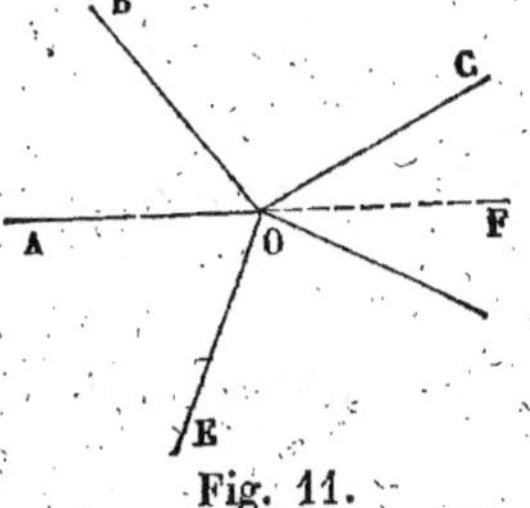

Fig. 10.

$$ACD + DCE + ECF + FCB$$
$$= ACD + DCB = 2 \text{ droits.}$$

23. COROLLAIRE II. *La somme des angles AOB, BOC, etc., formés autour d'un point O et recouvrant tout le plan, est égale à quatre droits* (fig. 11).

Prolongeons la droite AO; on a :

$$AOB + BOC + COD + DOE + EOA$$
$$= AOB + BOC + COF + FOD$$
$$+ DOE + EOA = 2 \text{ droits} + 2 \text{ droits}$$
$$= 4 \text{ droits.}$$

Fig. 11.

1. On dit le plus souvent un *droit* pour un *angle droit*.

24. Théorème. *Si deux angles adjacents ACD, BCD sont supplémentaires, leurs côtés extérieurs AC, CB sont en ligne droite* (fig. 12).

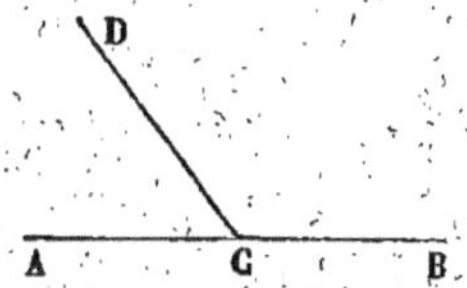

Si l'on prolongeait la ligne AC au delà du point C, ce prolongement formerait avec DC un angle supplémentaire de ACD (**21**); cet angle serait donc égal à BCD; donc le prolongement de AC coïncide avec CB. c. q. f. d.

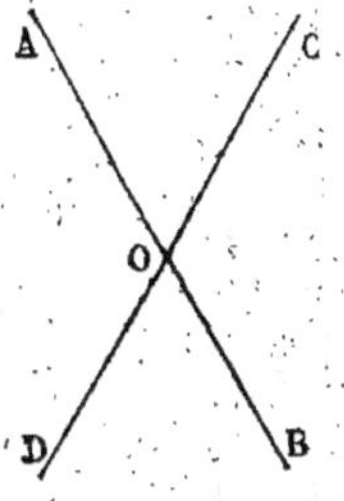

Fig. 12.

Remarque. Ce théorème est le théorème réciproque du précédent n° **21**.

25. Théorème. *Deux angles AOD, BOC, opposés par le sommet, sont égaux* (fig. 13).

En effet, les angles AOD, AOC sont supplémentaires (**21**); il en est de même des angles BOC, AOC; les deux angles AOD, BOC, ayant le même supplément, sont évidemment égaux. c. q. f. l.

26. Corollaire I. *Si l'un des quatre angles formés par la rencontre de deux droites indéfinies est droit, les trois autres sont aussi droits* (fig. 14).

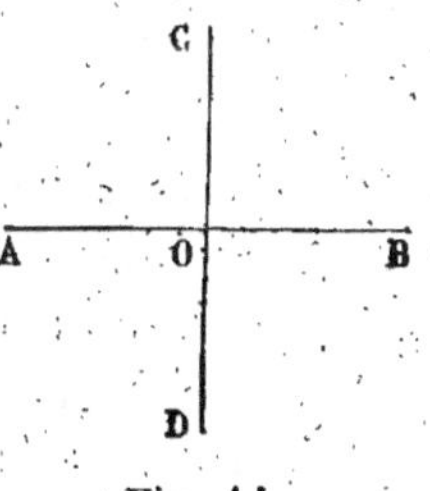

Fig. 13.

Car si l'angle AOC, par exemple, est droit, l'angle opposé par le sommet, BOD, qui lui est égal, est aussi droit, et il en est de même de chacun des angles AOD et BOC qui sont les suppléments des deux autres.

De là résulte évidemment que, *si une droite est perpendiculaire sur une autre, réciproquement la seconde est perpendiculaire sur la première.*

Fig. 14.

27. Corollaire II. *Les bissectrices de deux angles adja-*

cents AOC, COB, *formés par deux droites qui se coupent, sont perpendiculaires, et les bissectrices de deux angles opposés par le sommet sont dans le prolongement l'une de l'autre* (fig. 15).

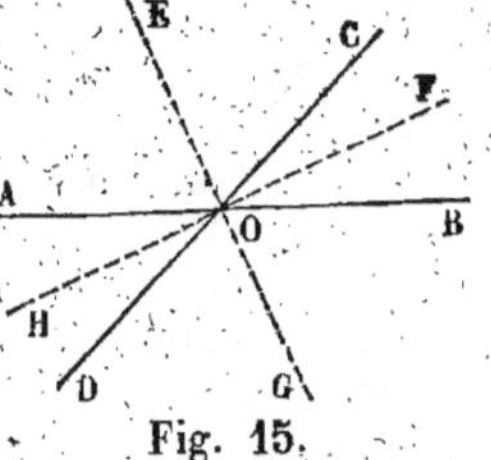

Fig. 15.

Soient OE et OF les bissectrices des deux angles adjacents AOC et COB ; puisque la somme de ces deux angles est égale à deux droits (**21**), la somme de leurs moitiés EOC, COF est égale à un droit, ce qui revient à dire que OF est perpendiculaire à OE.

Soit OG le prolongement de OE ; les angles BOG et DOG sont respectivement égaux aux angles AOE et COE (**25**).; or ces deux derniers sont égaux entre eux ; donc l'angle BOG est égal à l'angle DOG, et par conséquent OG est la bissectrice de l'angle BOD ; donc enfin les bissectrices des deux angles AOC, BOD opposés par le sommet sont dans le prolongement l'une de l'autre ; il en est de même des bissectrices des angles BOC et AOD.

Il résulte de là que *les bissectrices des quatre angles formés par la rencontre de deux droites indéfinies AB, CD, forment deux droites indéfinies EG et FH, perpendiculaires l'une à l'autre.*

§ III. Triangles. — Cas d'égalité les plus simples. — Propriétés du triangle isocèle. — Cas d'égalité du triangle rectangle.

28. On appelle *triangle* une portion de plan limitée par trois lignes droites qui se coupent deux à deux. Ces droites sont les *côtés* du triangle ; les trois angles qu'elles forment s'appellent les *angles* du triangle, et les sommets de ces angles sont les *sommets* du triangle.

Un triangle est dit *isocèle*, quand il a deux côtés égaux ; *équilatéral*, quand il a ses trois côtés égaux ; *équiangle*, quand il a ses trois angles égaux. Dans un triangle isocèle, le point d**e** rencontre des côtés égaux s'appelle plus spécialement le *sommet* du triangle, et le côté opposé en est la *base*.

Un triangle est dit *rectangle*, quand il a un angle droit ; le côté opposé à l'angle droit s'appelle *hypoténuse*.

29. Théorème. *Dans un triangle ABC, un côté quelconque est plus petit que la somme des deux autres et plus grand que leur différence (fig. 16).*

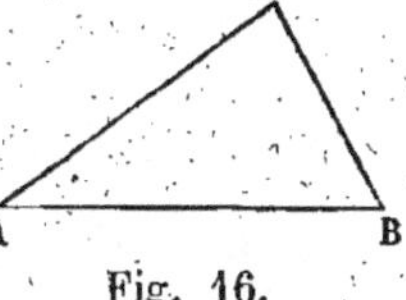
Fig. 16.

1°. La ligne droite BC est le plus court chemin entre B et C ; d'où

$$BC < AB + AC.$$

2° On a, en vertu de la première partie du théorème,

$$BC + AC > AB,$$

d'où l'on tire, en retranchant BC des deux membres de l'inégalité,

$$AC > AB - BC. \qquad \text{C. Q. F. D.}$$

30. Corollaire. *Si l'on joint un point O, pris dans l'intérieur d'un triangle, à deux sommets A et B, la somme des deux droites OA, OB est plus petite que la somme des deux côtés CA et CB (fig. 17).*

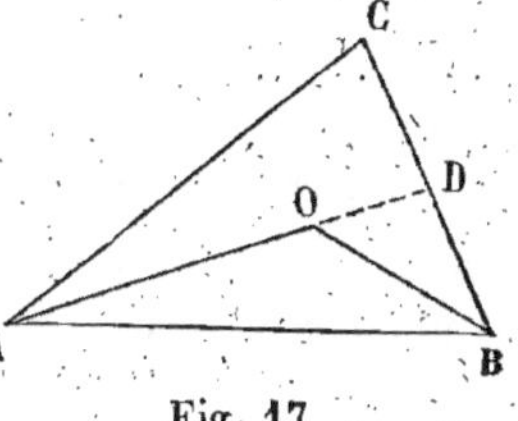
Fig. 17

En prolongeant AO jusqu'à son intersection avec BC en D, on a, en vertu du théorème précédent :

$$AO + OD < AC + CD,$$
$$OB < OD + DB.$$

Si l'on ajoute ces deux inégalités membre à membre, on obtient :

$$AO + OD + OB < AC + CD + OD + DB.$$

Remarquons maintenant que OD se trouve dans les deux membres et peut être supprimé, et de plus que CD + DB est égal à CB, et il vient :

$$AO + OB < CA + CB.$$ C. Q. F. D.

31. Théorème. *Deux triangles qui ont un côté égal adjacent à deux angles égaux chacun à chacun, sont égaux.*

Soient deux triangles ABC, DEF (fig. 18), dans lesquels on a :

$$AB = DE ; \text{ angle } A = \text{ angle } D ; \text{ angle } B = \text{ angle } E ;$$

je dis que ces deux triangles sont égaux.

En effet, je transporte le triangle DEF sur le triangle ABC de manière que le côté DE coïncide avec son égal AB, le point D tombant sur le point A, et le point E sur le point B ; l'angle D étant égal à l'angle A, le côté DF prendra la direction AC,

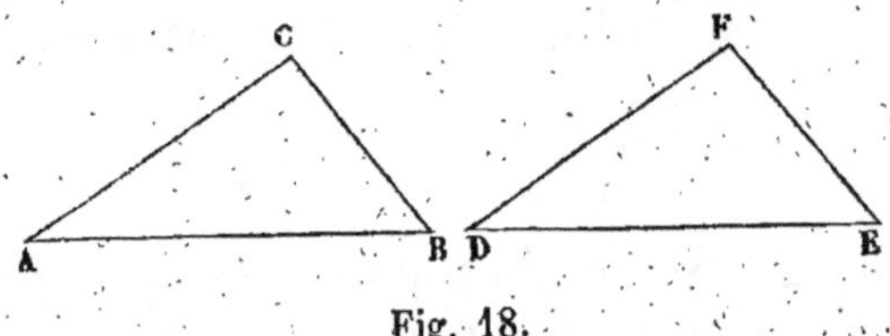

Fig. 18.

et le point F tombera quelque part sur AC. De même l'angle E étant égal à l'angle B, le côté EF prendra la direction BC, et le point F tombera quelque part sur BC. Le point F, devant tomber à la fois sur AC et sur BC, coïncidera avec le point C ; donc les deux triangles coïncident, et, par conséquent, sont égaux. C. Q. F. D.

Remarque. Les égalités

$$AB = DE, \text{ angle } A = \text{ angle } D, \text{ angle } B = \text{ angle } E,$$

entraînent comme conséquences

$$AC = DF, \quad BC = EF, \quad \text{angle } C = \text{angle } F.$$

32. Théorème. *Deux triangles qui ont un angle égal compris entre côtés égaux chacun à chacun, sont égaux.*

Soient ABC, DEF (fig. 19) deux triangles dans lesquels on a :

$$\text{angle } C = \text{angle } F ; \quad CA = FD ; \quad CB = FE ;$$

je dis qu'ils sont égaux.

Transportons le triangle DEF sur le triangle ABC de manière que le côté FD coïncide avec son égal CA : l'angle F étant égal à l'angle C, le côté FE prendra la direction CB ;

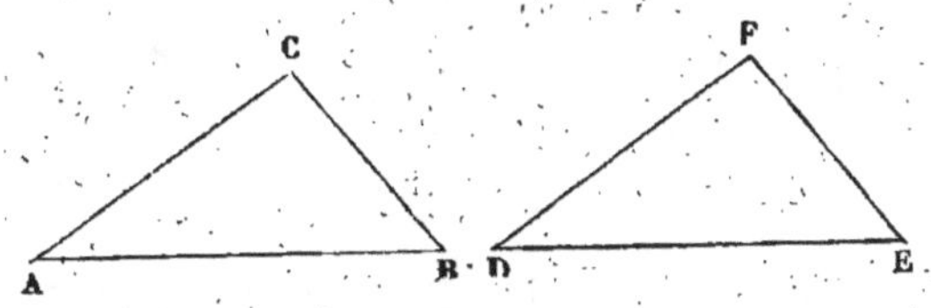

Fig. 19.

et comme FE est égal à CB, le point E tombera au point B ; les côtés DE et AB, ayant les mêmes extrémités, coïncideront aussi ; donc les triangles sont égaux. C. Q. F. D.

REMARQUE. Les égalités.

$$\text{angle } C = \text{angle } F, \quad CA = FD, \quad CB = FE,$$

entraînent les suivantes :

$$\text{angle } A = \text{angle } D, \quad \text{angle } B = \text{angle } E, \quad AB = DE.$$

33. THÉORÈME. *Si deux triangles ont un angle inégal compris entre côtés égaux chacun à chacun, les troisièmes côtés sont inégaux, et celui qui est opposé au plus grand angle est le plus grand.*

Soient ABC, DEF (fig. 20) deux triangles dans lesquels on a :

$$CA = FD, \quad AB = DE, \quad CAB > D ;$$

je dis que le côté BC, opposé au plus grand angle BAC, est plus grand que le côté EF opposé à l'angle D.

En effet, je transporte le triangle DEF sur le triangle ABC

de manière que le côté ED coïncide avec son égal BA ; l'angle D étant plus petit que l'angle A, le côté DF tombera dans l'intérieur de l'angle CAB, et le triangle DEF occupera la position ABG. Je mène la bissectrice AH de l'angle GAC, qui

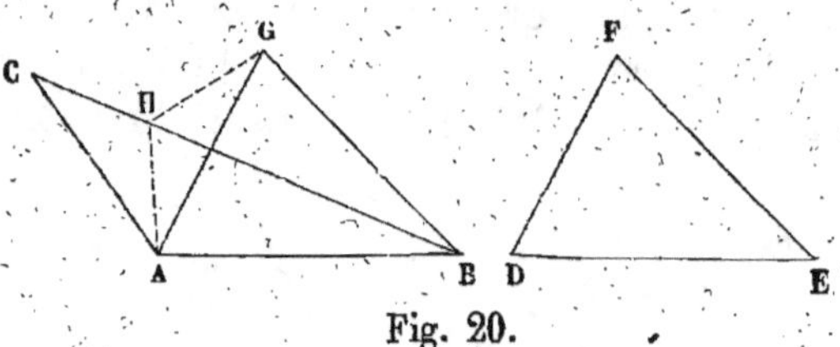

Fig. 20.

coupe en H le côté BC, et je joins GH. Les deux triangles AGH, ACH ont le côté AH commun, le côté AG égal à AC par hypothèse, et les angles GAH et CAH égaux par construction ; donc ils sont égaux (**32**), et on a : CH = GH. Or (**29**)

$$BG < BH + GH ;$$

en remplaçant BG par son égal EF, et GH par son égal CH, on a :

$$EF < BC. \qquad \text{c. q. f. d.}$$

34. Théorème. Réciproquement, *si deux triangles ABC, DEF ont deux côtés égaux chacun à chacun, AB = DE, et AC = DF, et que les troisièmes côtés BC et EF soient inégaux, les angles A et D, opposés aux côtés inégaux, sont inégaux, et le plus grand angle est opposé au plus grand côté* (fig. 20).

En effet, les angles A et D ne peuvent être égaux ; car alors les triangles ABC, DEF auraient un angle égal compris entre côtés égaux chacun à chacun, et par conséquent seraient égaux (**32**) ; les troisièmes côtés BC et EF seraient aussi égaux, ce qui est contraire à l'hypothèse. Les angles A et D sont donc inégaux ; mais alors, en vertu du théorème précédent, le plus grand est opposé au plus grand côté. c. q. f. d.

35. Théorème. *Deux triangles qui ont les trois côtés égaux chacun à chacun, sont égaux.*

Soient ABC, DEF (fig. 19) deux triangles dans lesquels on a :

$$AB = DE, \quad AC = DF, \quad BC = EF;$$

je dis que l'angle A est égal à l'angle D ; car s'ils étaient inégaux, les côtés opposés BC et EF seraient inégaux (**33**), ce qui est contre l'hypothèse ; donc les angles A et D sont égaux ; mais alors les triangles sont égaux en vertu du théorème du n° **32**. c. q. f. d.

Remarque. Les égalités

$$AB = DE, \quad AC = DF, \quad BC = EF$$

entraînent les suivantes,

$$\text{angle A} = \text{angle D}, \quad \text{angle B} = \text{angle E}, \quad \text{angle C} = \text{angle F}.$$

36. Remarque générale. Les théorèmes des nᵒˢ **31**, **32** et **33** constituent ce qu'on appelle les trois cas d'égalité des triangles, et l'on en fait un usage fréquent en géométrie. Ces théorèmes montrent que si trois éléments d'un triangle, angles ou côtés, convenablement choisis, sont égaux aux trois éléments correspondants d'un autre triangle, les deux triangles sont égaux dans toutes leurs parties ; de telle sorte que l'égalité des trois premiers éléments chacun à chacun entraîne comme conséquence l'égalité des trois autres ; on conçoit sans peine le parti qu'on peut tirer de ces théorèmes pour démontrer l'égalité de deux lignes ou de deux angles appartenant à une même figure ou à deux figures différentes.

Il est essentiel de remarquer que, dans deux triangles égaux, les côtés égaux sont toujours opposés aux angles égaux.

37. Théorème. *Dans un triangle isocèle, les angles opposés aux côtés égaux sont égaux.*

Supposons que les côtés AB et AC du triangle ABC soient égaux (fig. 21) ; je dis que l'angle C est égal à l'angle B. En effet, joignons le sommet A au milieu D de la base BC ; les triangles ABD, ACD ont le côté AB égal à AC par hypothèse, BD égal à DC par construction et AD commun ; donc ils sont égaux (35) ; donc les angles B et C, opposés au côté commun AD, sont égaux. c. q. f. d.

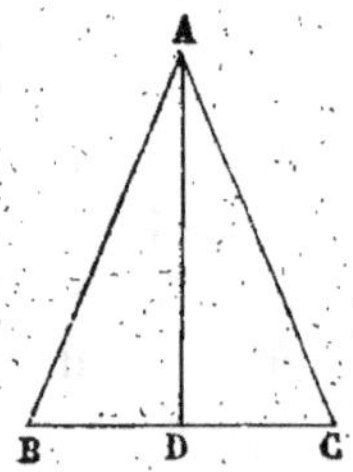

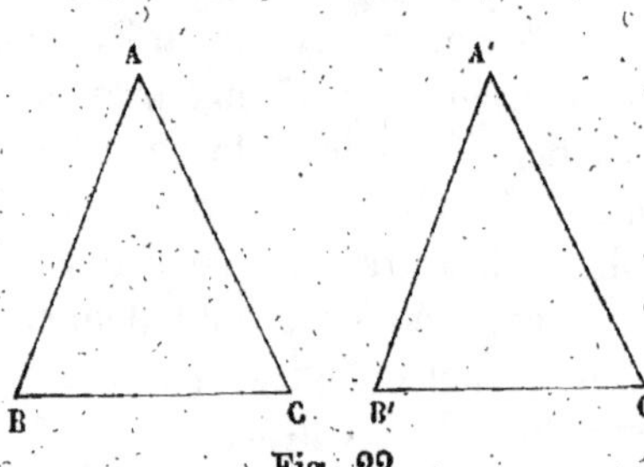

Fig. 21.

38. Corollaire I. *Tout triangle équilatéral est en même temps équiangle.*

39. Corollaire II. De l'égalité des triangles ABD, ACD, on déduit que les angles ADB, ADC sont égaux, ainsi que les angles BAD et CAD ; donc, *dans un triangle isocèle, la ligne qui joint le sommet au milieu de la base est perpendiculaire à cette base, et divise l'angle du sommet en deux parties égales.*

40. Théorème. *Si deux angles d'un triangle sont égaux, les côtés opposés à ces angles sont égaux et le triangle est isocèle.* Supposons l'angle B égal à l'angle C (fig. 22) ; je dis que AC = AB. Je fais un triangle A'B'C' égal au triangle ABC, et je le transporte sur le triangle ABC en le retournant, de manière que le point C' tombe au point B et le point B' au point C. Les angles B et B' sont égaux par construction, et comme B = C par hypothèse, B' = C ; donc le côté B'A' prendra la direction CA ; de même C'A' prendra la direction BA, et le point A' tombera en A ; donc B'A' = CA, et par suite BA = CA. c. q. f. d.

Fig. 22.

41. Corollaire. *Tout triangle équiangle est en même temps équilatéral.*

42. Théorème. *D'un point* O *pris hors d'une droite* AB, *1° on peut mener une perpendiculaire à cette droite; 2° on n'en peut mener qu'une* (fig. 23).

1° Plions le plan le long de AB, et rabattons la partie supérieure sur la partie inférieure : le point O viendra en O′; joignons OO′; cette ligne est perpendiculaire à AB. En effet, si l'on replie de nouveau le plan, l'angle OCA coïncidera avec O′CA; donc ces angles sont droits et la droite AC est perpendiculaire à OO′ (**14**); ou, ce qui revient au même, la droite OO′ est perpendiculaire à AB. c. q. f. d.

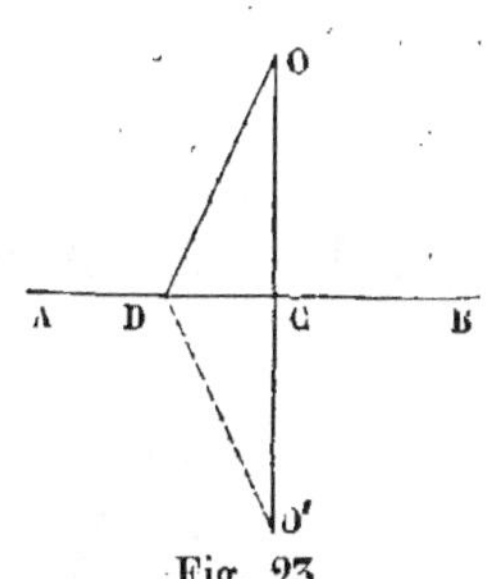

Fig. 23.

2° Soit OD une autre ligne; menons O′D; les deux triangles ODC, O′DC sont égaux, car CD est commun, OC = CO′ par construction, angle OCD = O′CD comme droits; donc angle ODC = O′DC; or la somme des angles ODC et O′DC est différente de deux droits, puisque O′D n'est pas le prolongement de OD (**24**); donc ODC n'est pas droit, et par suite OD est oblique à AB. c. q. f. d.

Remarque. Le point où la perpendiculaire abaissée d'un point sur une droite coupe cette droite, s'appelle le *pied* de la perpendiculaire.

43. Théorème. *Si d'un point* O *pris hors d'une droite* AB, *on lui mène une perpendiculaire* OC *et diverses obliques :*
1° La perpendiculaire est plus courte que toute oblique;
2° Deux obliques également éloignées du pied C *de la perpendiculaire sont égales;*
3° De deux obliques inégalement éloignées du pied de la perpendiculaire, celle qui s'en écarte le plus est la plus grande (fig. 24).

1° La perpendiculaire OC est plus courte que l'oblique OD. En effet, prolongeons la perpendiculaire OC d'une longueur CO′ égale à elle-même, et joignons O′D. Les deux triangles COD, CO′D ont le côté CD commun, le côté CO = CO′ par construction, et l'angle DCO = DCO′ comme droits; donc (**32**) ils sont égaux, et par suite $OD = O'D$. Cela posé, la ligne droite OO' est plus courte que la ligne brisée ODO',

$$OO' < OD + DO',$$

d'où l'on tire, en prenant les moitiés des deux membres,

$$OC < OD. \qquad \text{C. Q. F. D.}$$

2° Les deux obliques OE, OD, également éloignées du pied C de la perpendiculaire, sont égales. En effet, les deux triangles OCD, OCE ont le côté OC commun, le côté $CE = CD$ par hypothèse, et l'angle $OCD = OCE$ comme droits ; donc (**32**) ils sont égaux, et par suite $OD = OE$. C. Q. F. D.

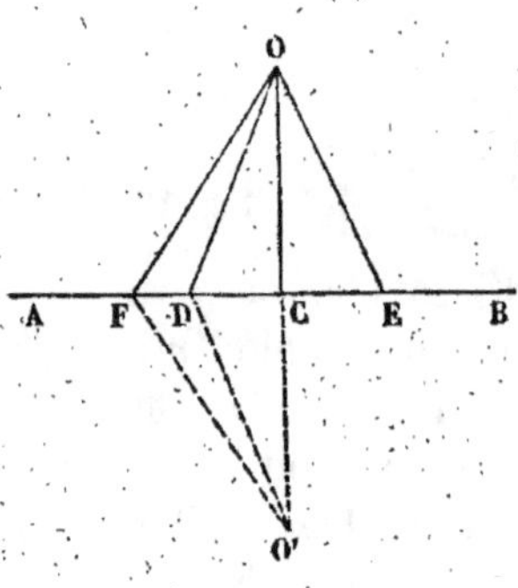

Fig. 24.

3° Des deux obliques OE, OF inégalement éloignées du pied de la perpendiculaire, l'oblique OF qui s'en écarte le plus est la plus grande. En effet, prenons sur CF une longueur $CD = CE$, et joignons OD ; prolongeons ensuite la perpendiculaire OC d'une longueur CO' égale à elle-même, et joignons DO', FO'. Les lignes DO, DO' sont des obliques à OO' également distantes du pied C de la perpendiculaire DC, puisque $CO = CO'$; donc (2°) $DO = DO'$; par la même raison $FO = FO'$. Or nous savons (**30**) qu'on a :

$$DO + DO' < FO + FO',$$

et, en prenant les moitiés des deux membres

$$DO < FO ;$$

d'ailleurs $OD = OE$ (2°) ; donc enfin

$$OE < OF. \qquad \text{C. Q. F. D.}$$

44. Corollaire. *D'un point O à une droite AB, on ne peut mener que deux lignes droites égales.*

45. REMARQUE. La perpendiculaire OC étant la ligne la plus courte que l'on puisse mener du point O à la droite AB, on a pris sa longueur pour mesure de la *distance* du point O à la droite AB.

46. THÉORÈME. *Deux triangles rectangles sont égaux lorsqu'ils ont l'hypoténuse égale et un angle aigu égal* (fig. 25).

Je suppose que les triangles rectangles ABC, DEF aient les hypoténuses BC et EF égales, BC = EF, et l'angle C égal à

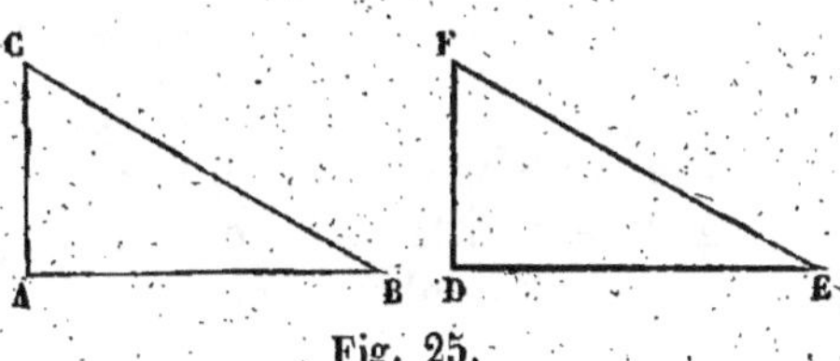

Fig. 25.

l'angle F; je dis qu'ils sont égaux. En effet, transportons le triangle DEF sur le triangle ABC de manière que EF coïncide avec son égal BC; l'angle F étant égal à l'angle C; la ligne FD prendra la direction CA; par suite ED, perpendiculaire à FD, coïncidera avec BA, perpendiculaire à CA, puisque le point E est au point B, et que d'un point on ne peut abaisser qu'une perpendiculaire sur une droite (**42**). Donc les triangles coïncident. C. Q. F. D.

REMARQUE. Les égalités

$$A = D = 1 \text{ dr.}, \quad C = F, \quad BC = EF,$$

entraînent les suivantes :

$$AC = DF, \quad AB = DE, \quad B = E.$$

47. THÉORÈME. *Deux triangles rectangles sont égaux, lorsqu'ils ont l'hypoténuse égale et un côté de l'angle droit égal* (fig. 25 *bis*).

Je suppose que les triangles rectangles ABC, DEF aient les hypoténuses BC et EF égales, BC = EF, et le côté AB égal au côté DE ; AB=DE ; je dis que ces triangles sont égaux. En effet, je transporte le triangle DEF sur le triangle ABC, de manière que le côté DE coïncide avec son égal AB ; l'angle D étant égal à l'angle A comme droits, la ligne DF prendra la

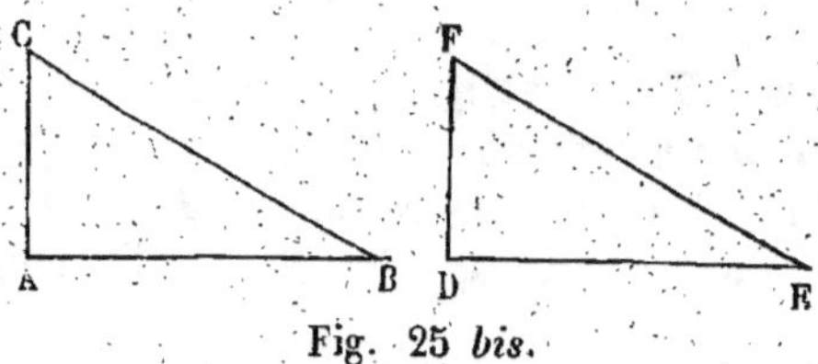

Fig. 25 bis.

direction AC, et l'hypoténuse EF deviendra une oblique à AC menée par le point B ; cette oblique étant égale à BC par hypothèse, doit être également distante du pied de la perpendiculaire (45) ; donc le point F tombera au point C, et les triangles coïncideront. C. Q. F. D.

REMARQUE. Les égalités

$$A = D = 1 \text{ dr.}, \quad BC = EF, \quad AB = DE,$$

entraînent les suivantes

$$B = E, \quad C = F, \quad AC = DF.$$

§ IV. Lieu géométrique des points équidistants de deux points. — Lieu géométrique des points équidistants de deux droites qui se coupent.

48. THÉORÈME. *Si au milieu d'une droite on élève une perpendiculaire à cette droite :*

1° *Tout point de cette perpendiculaire est également distant des extrémités de la droite ;*

2° *Tout point également distant des extrémités de la droite appartient à cette perpendiculaire* (fig. 26).

1° Soient CD la perpendiculaire élevée au milieu C de la droite AB, M un point de cette droite ; je joins MA, MB ; ces deux droites sont égales comme obliques s'écartant également du pied de la perpendiculaire.

2° Soit P un point également distant des points A et B,
PA=PB; je joins PC; le triangle PAB
étant isocèle, la ligne PC qui joint le
sommet P de ce triangle au milieu de
la base est perpendiculaire à cette base;
donc le point P est sur la perpendiculaire DC. C. Q. F. D.

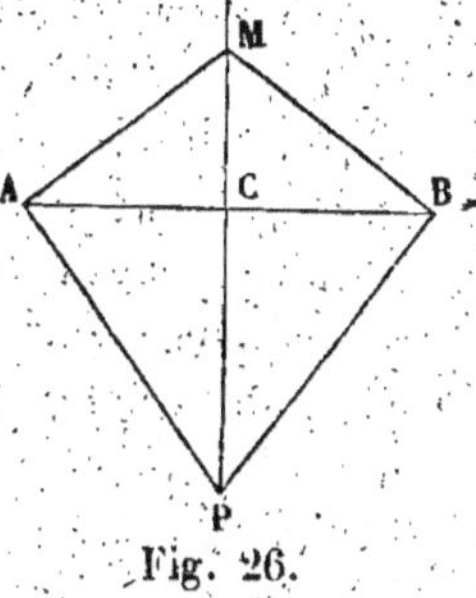

Fig. 26.

49. REMARQUE. Lorsque des points
jouissent d'une propriété commune, on
appelle *lieu géométrique*, ou simplement *lieu* de ces points, une ligne qui
les contient tous, et dont tous les points jouissent de la même
propriété.

Ainsi, en vertu du théorème précédent, la perpendiculaire
élevée au milieu de la ligne AB contient tous les points équidistants des points A et B, et de plus, tous les points de cette perpendiculaire sont équidistants des points A et B. On pourra alors
réunir les deux parties de ce théorème dans l'énoncé suivant :

*La perpendiculaire élevée sur le milieu d'une droite est le
lieu géométrique des points équidistants des deux extrémités
de cette droite.*

50. THÉORÈME. 1° *Tout point pris sur la bissectrice d'un
angle est également distant des deux côtés de cet angle.*

2° *Tout point pris à l'intérieur d'un angle, à égale distance
de ses deux côtés, appartient à la bissectrice de cet angle.*

1° Soit M un point pris à volonté sur la bissectrice AD de
l'angle BAC (fig. 27) ; je dis que ce point M est également
distant des deux côtés AB et AC.

En effet, la distance du point M au côté AB est la longueur
de la perpendiculaire ME abaissée du point M sur AB (**45**) ; de
même la distance du point M au côté AC est mesurée par la
longueur de la perpendiculaire MF abaissée du point M sur AC ;
il faut donc prouver que ME=MF. Or les deux triangles rectangles AME, AMF ont l'hypoténuse AM commune, et l'angle
aigu MAE égal à MAF, puisque la droite AM est la bissectrice

de l'angle BAC; ces deux triangles sont donc égaux (**46**), et, par suite, les côtés ME et MF, opposés aux angles égaux, sont égaux. c. q. f. d.

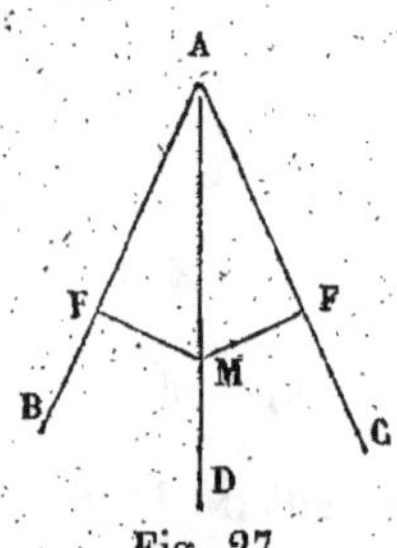

Fig. 27.

2° Soit M un point pris à l'intérieur de l'angle BAC, de telle sorte que les perpendiculaires ME et MF abaissées de ce point sur les côtés AB et AC de l'angle soient égales; je dis que le point M appartient à la bissectrice de l'angle BAC (fig. 27). En effet, joignons MA; les deux triangles rectangles MAE, MAF ont l'hypoténuse MA commune, et le côté ME égal à MF par hypothèse; donc ils sont égaux (**47**); et par suite l'angle MAE, opposé au côté ME, est égal à l'angle MAF, opposé au côté MF; en d'autres termes, la ligne AM est la bissectrice de l'angle BAC. c. q. f. d.

51. Corollaire. *La bissectrice d'un angle est le lieu géométrique des points qui, situés à l'intérieur de l'angle, sont équidistants de ses côtés.*

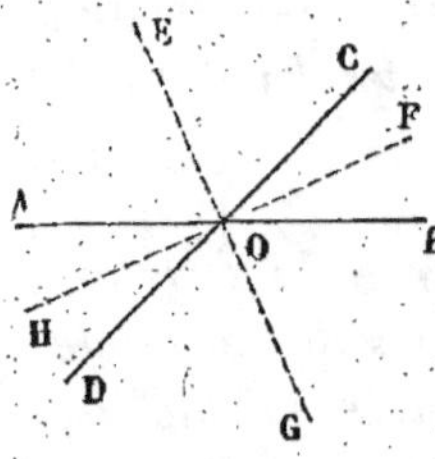

Fig. 28.

52. Remarque. *Si deux droites indéfinies AB, CD (fig. 28), se coupent en un point O, le lieu géométrique des points également distants de ces deux droites se compose des deux bissectrices perpendiculaires EG et FH, qui divisent en deux parties égales les quatre angles formés par les droites AB et CD* (**27**).

§ V. Droites parallèles. — Somme des angles d'un triangle, d'un polygone quelconque. — Propriétés des parallélogrammes.

53. Définition. Deux lignes sont *parallèles* lorsque, étant situées dans un même plan, elles ne se rencontrent jamais, à quelque distance qu'on les prolonge.

54. Théorème. *Deux perpendiculaires à une même droite sont parallèles.*

Car d'un point on ne peut mener qu'une perpendiculaire à une droite; donc deux perpendiculaires à une même droite ne peuvent pas se rencontrer; donc elles sont parallèles. c. q. f. d.

55. Théorème. *D'un point pris hors d'une droite on peut mener une parallèle à cette droite, et on n'en peut mener qu'une.*

1° Soient AB la droite donnée, et C un point extérieur à cette droite (fig. 29); du point C, j'abaisse CD perpendiculaire sur AB, et je mène CE perpendiculaire à CD; la droite CE est parallèle à AB; car ces deux lignes sont perpendiculaires à une même droite CD.

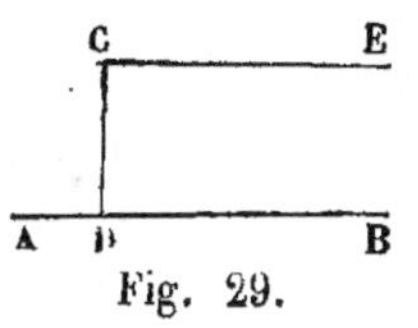
Fig. 29.

2° On admet sans démonstration que *par un point on ne peut mener qu'une parallèle à une droite.*

Cette proposition, qu'on ne peut pas démontrer, s'appelle pour cette raison le postulatum de la théorie des parallèles.

56. Corollaire. *Deux droites parallèles à une troisième sont parallèles entre elles* (fig. 30).

Soient A et B deux droites parallèles à la droite C; puisque d'un même point on ne peut mener qu'une parallèle à une droite, les deux lignes A et B ne peuvent pas se rencontrer; donc elles sont parallèles. c. q. f. d.

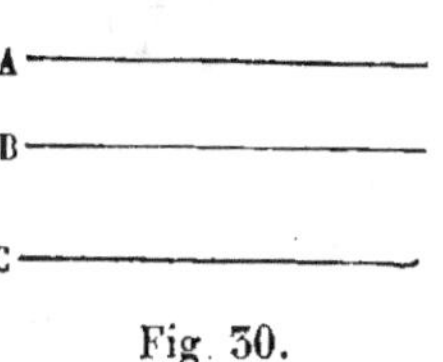
Fig 30.

57. Théorème. *Si deux lignes sont parallèles, toute perpendiculaire à l'une est perpendiculaire à l'autre* (fig. 31).

Soient AB et CD deux parallèles et EF perpendiculaire à AB; je dis qu'elle est aussi perpendiculaire à CD. D'abord elle n'est pas parallèle à CD, puisque du point E on ne peut mener à CD qu'une seule parallèle, qui

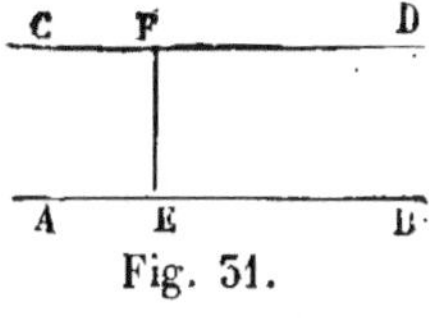
Fig. 31.

est AB. Soit alors F le point de rencontre de CD et de EF ; par le point F, menons une perpendiculaire à EF, elle sera parallèle à AB (**54**) ; donc elle coïncidera avec CD (**55**) ; donc enfin CD est perpendiculaire à EF. c. q. f. d.

58. Théorème. *Lorsque deux droites parallèles sont coupées par une sécante, les quatre angles aigus formés sont égaux entre eux, ainsi que les quatre angles obtus* (fig. 32).

Soient AB, CD deux parallèles, EF une sécante qui les rencontre aux points G, H ; la ligne EF forme avec chacune de ces droites quatre angles dont deux aigus et deux obtus, sauf dans le cas particulier où EF serait perpendiculaire aux deux parallèles. Cela posé, je considère d'abord les deux angles aigus, CHG, HGB, et je dis qu'ils sont égaux. En effet, par le milieu I de GH je mène LK perpendiculaire à AB ; elle sera aussi perpendiculaire à CD (**57**). Les

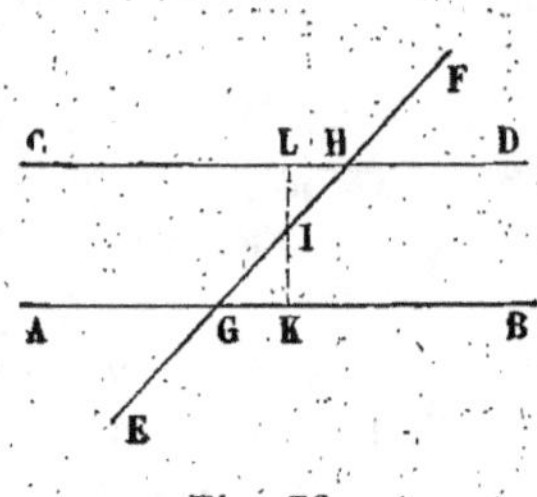

Fig. 32.

deux triangles IGK, IHL sont donc rectangles ; de plus ils ont l'hypoténuse IG = IH par construction, et les angles en I égaux comme opposés par le sommet ; ils sont donc égaux (**46**), et par conséquent les angles IGK, IHL sont égaux.

Les deux autres angles aigus sont respectivement égaux aux précédents comme opposés par le sommet ; donc les quatre angles aigus sont égaux entre eux.

Chaque angle obtus est le supplément d'un des angles aigus (**21**) ; ces derniers étant égaux, les angles obtus le sont aussi.

59. Remarque. On a donné des noms aux divers angles qu'une sécante forme avec deux droites.

Soient AB, CD les deux droites, EF la sécante (fig. 33). On appelle :

Angles *alternes-internes*, deux angles non adjacents, situés

à l'intérieur des deux lignes et de côtés différents de la sécante. Ce sont les angles 1 et 7, 4 et 6.

Angles *alternes-externes*, deux angles non adjacents situés
en dehors des deux droites et de côtés
différents de la sécante. Ce sont les
angles 2 et 8, 3 et 5.

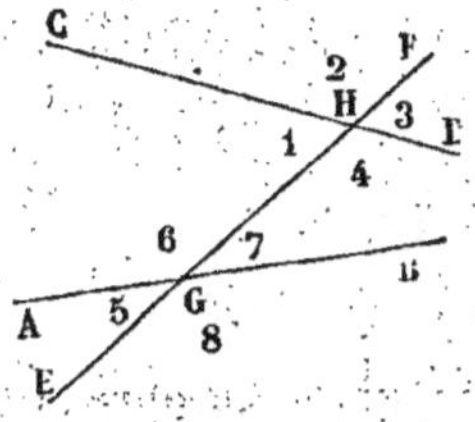

Angles *correspondants*, deux angles
non adjacents situés du même côté de
la sécante, l'un entre les deux droites,
l'autre en dehors. Ce sont les angles
1 et 5, 2 et 6, 3 et 7, 4 et 8.

Angles *intérieurs d'un même côté*,
deux angles situés entre les deux
droites et d'un même côté de la sécante. Ce sont les angles
1 et 6, 4 et 7.

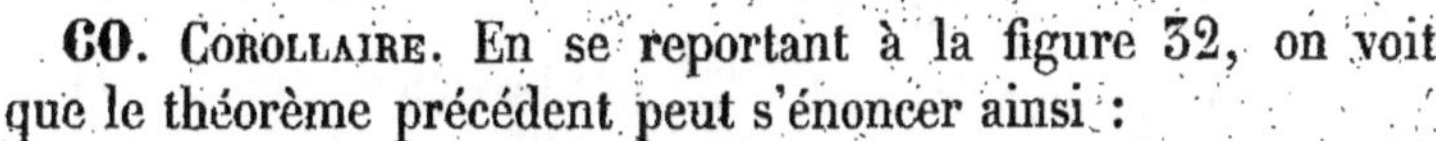

Fig. 33.

Angles *extérieurs d'un même côté*, deux angles situés en
dehors des deux droites et d'un même côté de la sécante. Ce
sont les angles 2 et 5, 3 et 8.

60. Corollaire. En se reportant à la figure 32, on voit
que le théorème précédent peut s'énoncer ainsi :

Lorsque deux parallèles sont coupées par une sécante,

1° Les angles alternes-internes sont égaux;

2° Les angles alternes-externes sont égaux;

3° Les angles correspondants sont égaux;

*4° Les angles intérieurs d'un même côté sont supplémen-
taires;*

*5° Les angles extérieurs d'un même côté sont supplémen-
taires.*

61. Théorème. Réciproquement, *si deux droites forment
avec une sécante*

Des angles alternes-internes égaux,

Ou des angles alternes-externes égaux,

Ou des angles correspondants égaux

Ou des angles intérieurs d'un même côté supplémentaires,

Ou des angles extérieurs d'un même côté supplémentaires,

Ces droites sont parallèles (fig. 34).

Je suppose, par exemple, que les angles alternes-internes CHG, HGB soient égaux; je dis que les droites AB, CD sont parallèles. En effet, imaginons qu'on mène par le point H une parallèle à AB; cette droite devra faire avec la sécante HG, et au-dessus de cette ligne, un angle égal à l'angle HGB, parce que ces deux angles seront alternes-internes; mais la droite HC remplit cette condition, puisque, d'après l'hypothèse, l'angle GHC est égal à l'angle HGB; donc la ligne HC est précisément la parallèle à AB menée par le point H. C. Q. F. D.

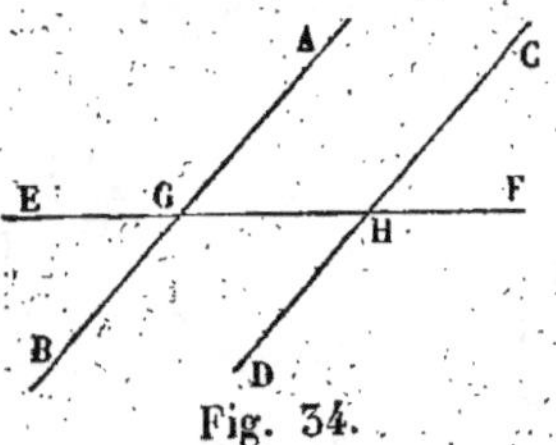

Fig. 34.

Le même raisonnement s'appliquerait évidemment aux autres cas du théorème.

62. THÉORÈME. *Deux angles qui ont les côtés parallèles sont égaux ou supplémentaires* (fig. 35).

Il y a trois cas à distinguer :

1° Les deux angles BAC, EDF ont les côtés parallèles et *dirigés dans le même sens;* je dis qu'ils sont égaux. En effet, les deux droites AC et ED ne sont pas parallèles; par conséquent, elles se rencontrent en un point G; l'angle BAC = EGC comme correspondants formés par les parallèles AB, DE coupées par la sécante AC; de même l'angle EDF = EGC, comme correspondants formés par les parallèles AC, DF coupées par la sécante DG ; alors les angles BAC, EDF, égaux au même angle EGC, sont égaux entre eux. C. Q. F. D.

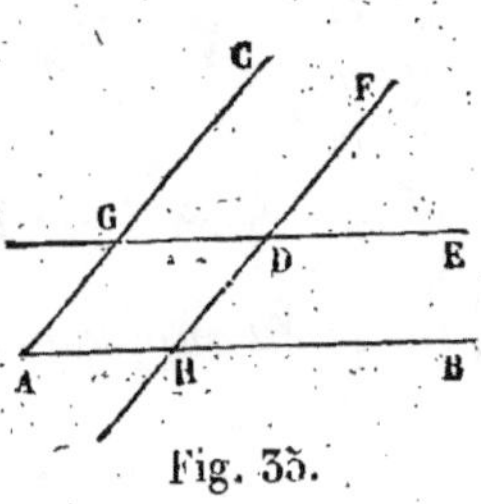

Fig. 35.

2° Les deux angles BAC, GDH ont les côtés parallèles et *dirigés en sens contraire;* je dis qu'ils sont encore égaux. En effet, prolongeons au delà du sommet les côtés de l'angle GDH, nous obtenons ainsi un angle EDF qui est égal à BAC (1°);

mais l'angle GDH $=$ EDF comme opposés par le sommet; donc BAC $=$ GDH. c. q. f. d.

3° Les deux angles BAC, EDH ont *deux côtés dirigés dans le même sens et deux en sens contraire*; je dis qu'ils sont supplémentaires. En effet, prolongeons au delà du sommet le côté HD du second angle. Nous formons ainsi un angle EDF égal à BAC (1°); mais EDH et EDF sont supplémentaires (**21**); donc EDH et BAC sont supplémentaires. c. q. f. d.

63. Théorème. *Deux angles qui ont les côtés perpendiculaires sont égaux ou supplémentaires* (fig. 36).

Soient ABC, DEF deux angles qui ont les côtés perpendiculaires deux à deux; je dis qu'ils sont égaux ou supplémentaires. En effet, au point B, j'élève à BC une perpendiculaire BC' située du même côté de BC que BA, et je fais tourner l'angle ABC autour du sommet B, jusqu'à ce que le côté BC coïncide avec BC'; le côté BA viendra occuper la position BA', et l'angle A'BC' sera égal à l'angle ABC. Les deux angles CBC', ABA' seront aussi égaux; car ces deux angles, augmentés respectivement des angles égaux A'BC', ABC, donnent la même somme CBA'; mais l'angle

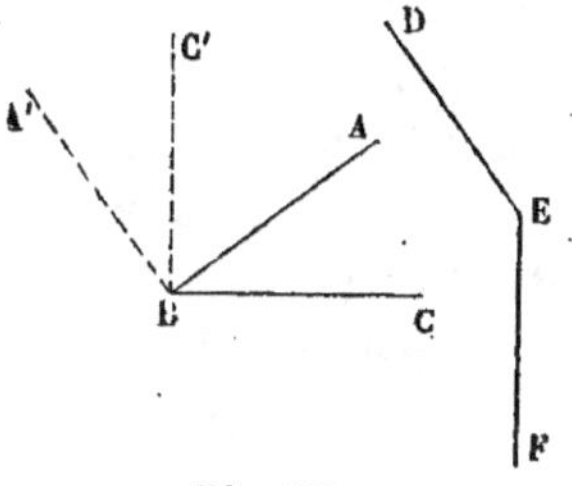

Fig. 36.

CBC' est droit par construction; donc ABA' est droit aussi, et BA' est perpendiculaire à BA. Cela posé, BA' et DE, perpendiculaires à une même droite BA, sont parallèles (**54**); pour la même raison, BC' et EF sont parallèles; donc les angles A'BC', DEF, ayant les côtés parallèles, sont égaux ou supplémentaires (**62**); par conséquent, les angles ABC, DEF sont égaux ou supplémentaires. c. q. f. d.

Remarque. Si les angles donnés sont tous les deux aigus ou tous les deux obtus, ils sont égaux; si l'un d'eux est aigu et l'autre obtus, ils sont supplémentaires.

64. Définitions. On appelle *polygone* une portion de plan limitée de toute part par des lignes droites. Ces droites s'appellent les *côtés* du polygone, les angles qu'elles forment sont les *angles* du polygone, et les sommets de ces angles sont les *sommets* du polygone; une droite joignant deux sommets non consécutifs d'un polygone est une *diagonale*.

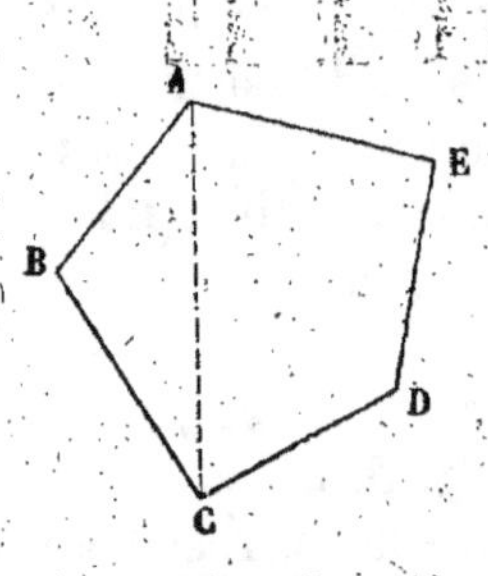

Fig. 37.

La figure 37 représente un polygone dont les côtés sont les droites AB, BC, CD, DE, EA; les sommets sont les points A, B, C, D, E; les angles sont BAE, CBA, DCB, EDC, AED; enfin AC est une diagonale.

La somme des côtés d'un polygone s'appelle le *périmètre* ou le *contour* de ce polygone.

Un polygone est dit *convexe*, lorsque, en prolongeant indéfiniment tous ses côtés, le polygone est tout entier situé d'un même côté de chacune de ces droites. Si l'on coupe un polygone convexe par une droite, elle ne peut rencontrer le contour de ce polygone en plus de deux points.

On appelle *triangle, quadrilatère, pentagone, hexagone,*

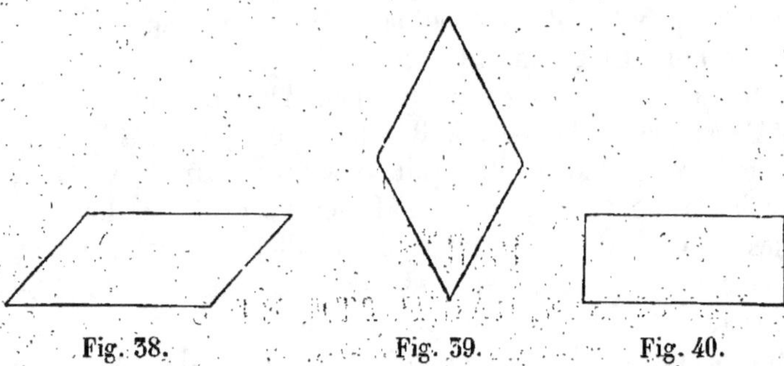

Fig. 38.   Fig. 39.   Fig. 40.

heptagone, octogone, décagone, etc., un polygone de 3, 4, 5, 6, 7, 8, 10, etc., côtés.

On appelle *parallélogramme* un quadrilatère dont les côtés opposés sont parallèles (fig. 38).

On appelle *losange* un quadrilatère qui a ses quatre côtés égaux (fig. 39).

On appelle *rectangle* un quadrilatère qui a ses quatre angles égaux (fig. 40) ; nous démontrerons que tous ces angles sont alors droits.

On appelle *carré* un quadrilatère qui a ses côtés égaux et ses angles égaux (fig. 41).

On appelle *trapèze* un quadrilatère qui a deux côtés opposés parallèles ; ces côtés parallèles se nomment les *bases* du trapèze (fig. 42).

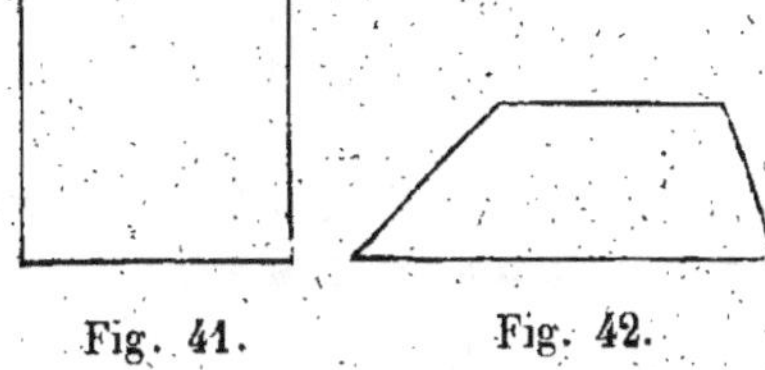

Fig. 41. Fig. 42.

65. Théorème. *La somme des trois angles d'un triangle est égale à deux droits* (fig. 43).

Soit ABC un triangle ; je prolonge le côté AC en CD, et je mène par le point C la ligne CE parallèle à AB. L'angle A du triangle est égal à DCE comme correspondants formés par les parallèles AB, CE coupées par la sécante AD ; l'angle B du triangle est égal à l'angle BCE comme alternes-internes formés par les parallèles BA, CE

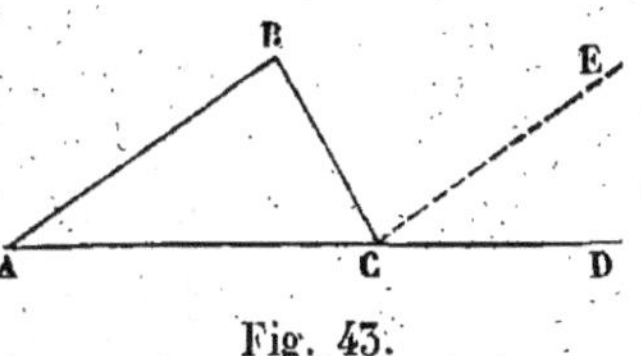

Fig. 43.

coupées par la sécante BC. Donc la somme des trois angles du triangle est égale à la somme des angles

$$DCE + ECB + ACB,$$

et cette somme elle-même vaut deux droits (**22**) ; donc, etc.

66. Corollaire I. L'angle BCD, formé par un côté BC et le prolongement d'un autre côté, est dit *extérieur* au triangle. Il résulte de la démonstration précédente que *l'angle extérieur d'un triangle est égal à la somme des angles intérieurs non adjacents*. Ainsi l'angle BCD est égal à la somme des angles intérieurs A et B.

67. Corollaire II. Le troisième angle d'un triangle est le supplément de la somme des deux autres. Donc, *si deux triangles ont deux angles égaux chacun à chacun, les troisièmes angles sont aussi égaux.*

68. Corollaire III. *Un triangle ne peut avoir plus d'un angle droit ou plus d'un angle obtus.*

69. Corollaire IV. *Dans un triangle rectangle, les angles aigus sont complémentaires.*

70. Théorème. *La somme des angles intérieurs d'un polygone convexe est égale à autant de fois deux angles droits que le polygone a de côtés moins deux.*

Soit ABCDEF un polygone convexe; du sommet A je mène toutes les diagonales possibles; je décompose ainsi le polygone en triangles ayant pour sommet commun A, et dans lesquels les côtés opposés à ce sommet sont tous les côtés du polygone, à l'exception des deux côtés AB, AF issus du point A. Le nombre de ces triangles est donc égal au nombre des côtés du polygone diminué de deux; d'ailleurs la somme des angles du polygone est évidemment la même que celle des angles de tous ces triangles; donc, en vertu du théorème précédent, elle est égale à autant de fois deux droits que le polygone a de côtés moins deux. c. q. f. d.

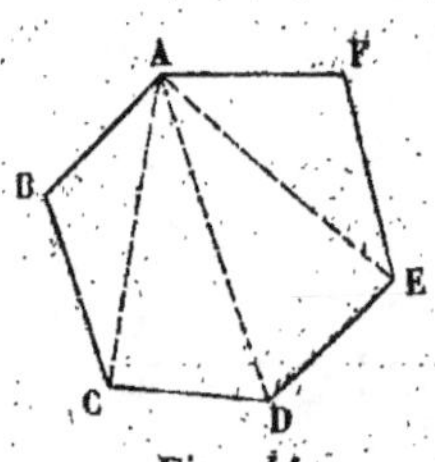

Fig. 44.

71. Remarque. Soit n le nombre des côtés du polygone; la somme de ses angles est égale à

$$2 \text{ droits} \times (n - 2) = (2n - 4) \text{ droits}.$$

En particulier, la somme des angles d'un quadrilatère est égale à quatre droits; et si tous ces angles sont égaux, c'est-à-dire si le quadrilatère est un rectangle, chacun d'eux sera droit.

72. Théorème. *Dans tout parallélogramme,*
1° *Les angles opposés sont égaux;*
2° *Les côtés opposés sont égaux.*

1° Les angles opposés sont égaux, comme ayant les côtés parallèles et dirigés en sens contraire (**62**, 2°).

2° Soit le parallélogramme ABCD (fig. 45); je mène la diagonale BD; les deux triangles ABD, CDB ont le côté BD commun, l'angle ABD = CDB comme alternes-internes par rapport aux parallèles AB, DC coupées par la sécante BD, et l'angle ADB = CBD comme alternes-internes par rapport aux parallèles DA, BC coupées par la sécante DB; ces triangles sont donc égaux

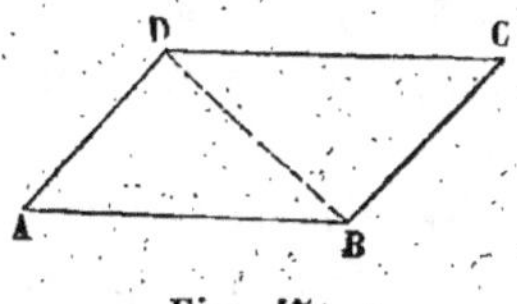
Fig. 45.

(**31**); par suite, AD opposé à l'angle ABD est égal à BC opposé à l'angle CDB, et de même AB = CD. C. Q. F. D.

73. Corollaire. *Deux parallèles sont partout à égale distance* (fig. 46).

Soient AB, CD deux parallèles, EF, GH deux perpendiculaires à ces droites; elles sont parallèles (**54**); la figure EGHF est donc un parallélogramme, et par suite EF = GH. C.Q.F.D.

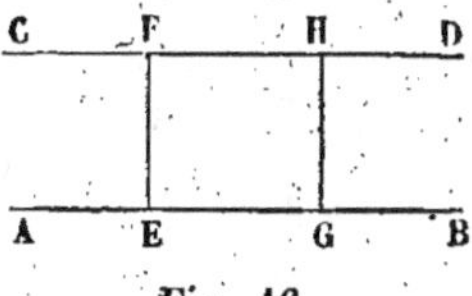
Fig. 46.

74. Théorème. *Si dans un quadrilatère les angles opposés sont égaux chacun à chacun, le quadrilatère est un parallélogramme.*

La somme des quatre angles d'un quadrilatère est égale à 4 droits (**71**); donc si les angles opposés sont égaux deux à deux, la somme de deux angles non opposés vaudra la moitié de 4 droits ou 2 droits; c'est-à-dire que deux angles voisins de ce quadrilatère sont supplémentaires. Ainsi, si l'on suppose que, dans le quadrilatère

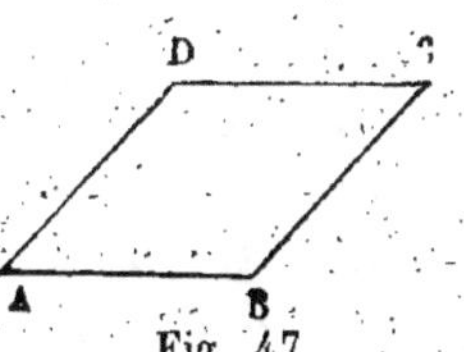
Fig. 47.

ABCD (fig. 47), les angles A et C soient égaux, ainsi que les angles B et D, il en résulte que les angles A et B, par exemple, sont supplémentaires; mais ces angles sont intérieurs d'un même côté par rapport aux deux lignes AD et BC coupées par la sécante AB; donc les lignes AD et BC sont parallèles (**61**), et il en est de même des deux autres côtés opposés; le quadrilatère est donc un parallélogramme. c. q. f. d.

75. Corollaire. *Un rectangle est un parallélogramme ;* car ses angles opposés sont égaux deux à deux.

76. Théorème. *Si dans un quadrilatère les côtés opposés sont égaux, le quadrilatère est un parallélogramme* (fig. 48).
Soit ABCD le quadrilatère, dans lequel on a :

$$AB = CD, \quad AD = BC ;$$

je mène la diagonale BD. Les deux triangles ABD, CDB ont le côté BD commun, $AB = CD$ et $AD = BC$ par hypothèse; donc ils sont égaux (**55**); donc l'angle $ABD = CDB$; mais ces angles sont alternes-internes par rapport aux lignes AB et CD coupées par la sécante BD; donc (**61**) ces lignes sont parallèles; de même

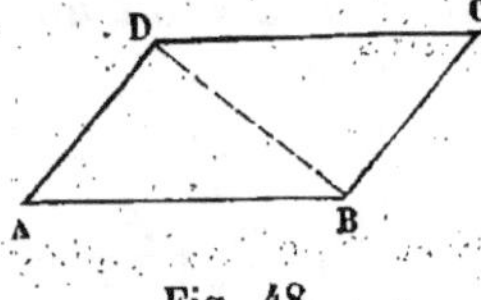

Fig. 48.

les angles ADB, CBD sont égaux, et les droites AD, CB sont parallèles; la figure est donc un parallélogramme. c. q. f. d.

77. Corollaire. *Un losange est un parallélogramme ;* car ses côtés opposés sont évidemment égaux.
Le carré est aussi un parallélogramme.

78. Théorème. *Si dans un quadrilatère deux côtés opposés sont égaux et parallèles, le quadrilatère est un parallélogramme* (fig. 48 bis).
Soit ABCD le quadrilatère dans lequel je suppose le côté AB égal et parallèle au côté CD; je vais démontrer que les deux autres côtés AD, BC sont parallèles. En effet, menons la dia-

gonale BD ; les deux triangles ABD, CDB ont le côté BD commun, le côté AB = CD par hypothèse, et l'angle ABD = CDB
comme alternes-internes par rapport
aux parallèles AB, CD coupées par la
sécante BD ; donc ils sont égaux (**32**);
donc l'angle ADB = DBC ; mais ces
angles sont alternes-internes par rapport aux droites AD, CB coupées par
la sécante BD ; donc ces droites sont
parallèles (**61**), et le quadrilatère ABCD est un parallélogramme. C. Q. F. D.

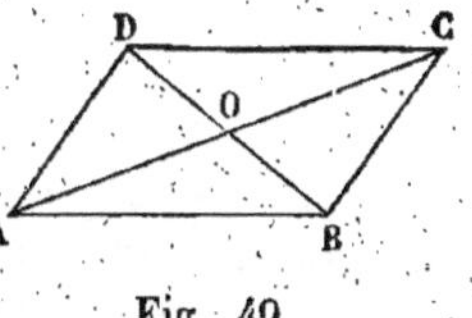

Fig. 48 *bis*.

79. Théorème. *Les diagonales d'un parallélogramme se coupent mutuellement en deux parties égales* (fig. 49).

Soient ABCD un parallélogramme, AC, BD ses diagonales qui se coupent en O ; je dis que OA = OC et OB = OD. En effet,
les deux triangles OAB, OCD ont le côté
AB = CD comme côtés opposés d'un parallélogramme (**72**), l'angle OAB = OCD
comme alternes-internes, et l'angle OBA
= ODC pour la même raison : ces deux
triangles sont donc égaux (**31**), et alors
les côtés AO, CO, opposés aux angles
égaux ABO, CDO, sont égaux ; de même OB = OD. C. Q. F. D.

Fig. 49.

80. Théorème. *Les diagonales d'un losange ABCD sont perpendiculaires entre elles* (fig. 50).

Le losange ayant ses quatre côtés égaux,
les points B et D sont l'un et l'autre à égale
distance des points A et C ; donc ils appartiennent tous les deux à la perpendiculaire
élevée au milieu de AC (**48**); par conséquent la droite BD est perpendiculaire à AC.
C. Q. F. D.

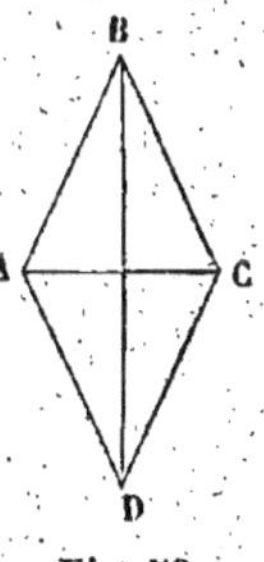

Fig. 50.

81. Théorème. *Les diagonales d'un rectangle ABCD sont égales* (fig. 51).

En effet, les deux triangles rectangles ABC, BAD ont le côté AB commun et le côté BC égal à AD (**72**); ils ont donc un angle égal compris entre côtés égaux chacun à chacun, et par conséquent ils sont égaux (**32**); il en résulte que leurs hypoténuses AC et BD sont égales.

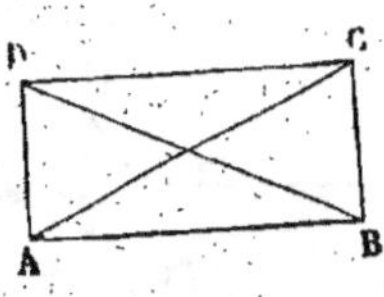

Fig. 51.

C. Q. F. D.

REMARQUE. Le carré est à la fois un losange et un rectangle; *donc les diagonales d'un carré sont perpendiculaires et égales entre elles.*

EXERCICES SUR LE LIVRE Ier

THÉORÈMES A DÉMONTRER ET PROBLÈMES A RÉSOUDRE.

1. Si l'on joint un point pris dans l'intérieur d'un triangle aux trois sommets, la somme de ces lignes est moindre que la somme des trois côtés du triangle.

2. La ligne qui joint l'un des sommets d'un triangle au milieu du côté opposé (cette ligne s'appelle une *médiane* du triangle), est moindre que la demi-somme des deux autres côtés.

3. Si la ligne qui joint l'un des sommets d'un triangle au milieu du côté opposé est perpendiculaire à ce côté, le triangle est isocèle.

4. Si la bissectrice d'un angle d'un triangle est perpendiculaire sur le côté opposé, le triangle est isocèle.

5. Si la perpendiculaire abaissée d'un sommet d'un triangle sur le côté opposé partage ce côté en deux parties égales, le triangle est isocèle.

6. Si les perpendiculaires abaissées de deux sommets d'un triangle sur les côtés opposés sont égales entre elles, le triangle est isocèle.

7. Les perpendiculaires élevées sur les milieux des trois côtés d'un triangle se coupent en un même point.

8. Les bissectrices des trois angles d'un triangle se coupent en un même point.

9. Deux points A et B et une droite MN étant donnés (fig. 52), trouver sur la droite MN un point C tel, que l'angle ACM soit égal à l'angle BCN. (Problème du billard.) Démontrer que la ligne brisée ACB ainsi déterminée est plus courte que toute autre ligne brisée obtenue

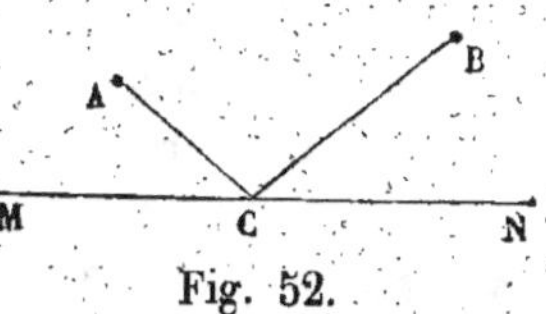

Fig. 52.

en joignant un point de la ligne MN aux deux points A et B.

10. Deux parallèles étant données et deux points A et B situés hors de ces parallèles et de côtés différents, trouver le plus court chemin de A en B par une ligne brisée telle, que la portion comprise entre les deux parallèles ait une direction donnée.

11. Deux lignes parallèles étant données, si l'on mène une troisième ligne parallèle à égale distance des deux premières, elle divise en deux parties égales toutes les droites comprises entre les deux parallèles données.

12. Si par chacun des sommets d'un triangle on mène une parallèle au côté opposé, ces trois droites, suffisamment prolongées, forment un nouveau triangle, qui vaut le quadruple du premier triangle, et dont les côtés ont des longueurs doubles des côtés du premier.

13. Les perpendiculaires abaissées des trois sommets d'un triangle sur les côtés opposés se coupent en un même point.

14. Quel est le lieu géométrique des milieux des portions de droite menées d'un point fixe à une droite fixe?

15. Quelle est la valeur de l'angle d'un triangle équilatéral?

16. L'un des angles aigus d'un triangle rectangle est les $\frac{2}{5}$ d'un angle droit; quelle est la valeur de l'autre?

17. L'angle au sommet d'un triangle isocèle est les $\frac{6}{7}$ d'un angle droit; combien vaut chacun des angles à la base?

18. Chacun des angles à la base d'un triangle isocèle est égal à $\frac{3}{4}$ de droit; quelle est la valeur de l'angle au sommet?

19. La somme des angles d'un polygone convexe est égal à 94 angles droits; combien ce polygone a-t-il de côtés?

20. Si, dans un triangle, la ligne qui joint l'un des sommets au milieu du côté opposé est égale à la moitié de ce côté, le triangle est rectangle.

21. Si, dans un triangle rectangle, l'un des angles aigus est double de l'autre, l'hypoténuse est double du plus petit côté.

22. Si l'on prolonge dans le même sens tous les côtés d'un polygone convexe, la somme des angles extérieurs ainsi formés est égale à quatre angles droits.

23. Deux parallélogrammes sont égaux, lorsqu'ils ont un angle égal compris entre côtés égaux chacun à chacun.

24. Si les diagonales d'un quadrilatère se coupent mutuellement en deux parties égales, ce quadrilatère est un parallélogramme.

25. Si, dans un quadrilatère, les diagonales se coupent mutuellement en deux parties égales, et sont perpendiculaires, le quadrilatère est un losange.

26. Si, dans un quadrilatère, les diagonales sont égales et se coupent mutuellement en parties égales, le quadrilatère est un rectangle.

27. La ligne menée par le milieu d'un côté d'un triangle parallèlement à un autre côté passe par le milieu du troisième côté, et sa longueur est la moitié de celle du côté qui lui est parallèle.

28. Si l'on joint deux à deux les milieux des côtés d'un quadrilatère convexe, on forme un nouveau quadrilatère qui est un parallélogramme; dans quel cas ce parallélogramme est-il un losange ou un rectangle?

29. Dans un trapèze, les milieux des côtés non parallèles et les milieux des diagonales sont quatre points en ligne droite.

30. Dans un trapèze isocèle, c'est-à-dire tel que les côtés non parallèles sont égaux entre eux, les angles opposés sont supplémentaires.

31. Quelles sont les propriétés du quadrilatère formé par les bissectrices des angles d'un parallélogramme, et du quadrilatère formé par les bissectrices des angles extérieurs? (Concours académique de Dijon, Troisième, 1866.)

32. Si dans un trapèze ABCD (le lecteur est prié de faire la

figure), dont les côtés parallèles sont AB et CD, on mène les bissectrices des angles A et D, sous quel angle se couperont-elles? Quelle est la direction de la droite qui joint le point de rencontre des bissectrices des angles A et D au point de rencontre des bissectrices des angles B et C? (Concours académique de Dijon, Troisième, 1868.)

33. La somme des distances d'un point quelconque pris sur la base d'un triangle isocèle aux deux autres côtés est constante. Comment faudrait-il modifier cet énoncé, si le point, au lieu d'être pris sur la base même du triangle, était pris sur le prolongement de cette base?

34. Trouver le lieu géométrique des points tels, que la somme de leurs distances à deux droites données soit constante et égale à une longueur connue. (Concours général, Seconde, 1875.)

LIVRE II

LA CIRCONFÉRENCE

§ VI. De la circonférence. — Dépendance mutuelle des arcs et des cordes, des cordes et de leurs distances au centre.

82. Définitions. La *circonférence* est une ligne courbe ABC (fig. 53), dont tous les points sont également distants d'un point intérieur O, qu'on appelle le *centre*. — Le *cercle* est la portion de plan limitée par la circonférence.

On appelle *rayon* toute droite telle que OA, menée du centre à un point de la circonférence; par définition, tous les rayons sont égaux. Tout point intérieur à la circonférence est à une distance du centre moindre que le rayon, et tout point extérieur est à une distance du centre plus grande que le rayon.

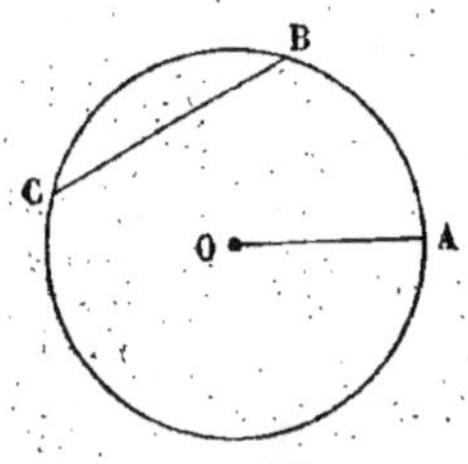

Deux cercles de même rayon sont égaux; car si on les superpose de manière que les centres coïncident, l'égalité des rayons entraînera évidemment la coïncidence des deux circonférences.

Fig. 53.

On appelle *arc* une portion quelconque BC de la circonférence, et on appelle *corde* la droite qui joint les deux extrémités de l'arc. On dit habituellement que la corde *sous-tend* l'arc, ou que l'arc est *sous-tendu* par la corde.

On appelle *segment* de cercle la portion du cercle comprise entre un arc et sa corde.

83. Théorème. *Une droite ne peut avoir plus de deux points communs avec une circonférence.*

Car d'un point on ne peut mener à une droite que deux lignes égales (**44**) ; donc du centre on ne pourra mener à la droite plus de deux lignes égales au rayon.

REMARQUE. Pour cette raison, on dit que la circonférence est une courbe *convexe.*

84. DÉFINITIONS. On appelle *sécante* à une circonférence une droite qui la coupe en deux points.

On appelle *diamètre* une droite qui passe par le centre et qui est terminée des deux côtés à la circonférence. — Le diamètre est le double du rayon ; donc tous les diamètres sont égaux.

85. THÉORÈME. *Le diamètre est la plus grande corde du cercle* (fig. 54).

Soit AB une corde, BC un diamètre de la circonférence O ; je mène le rayon AO. La ligne droite AB est plus petite que la ligne brisée AOB ; en d'autres termes, la corde AB est moindre que le double du rayon ; elle est donc plus petite que le diamètre BC. C. Q. F. D.

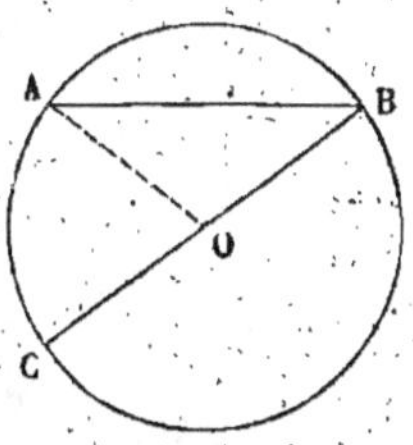

Fig. 54.

86. THÉORÈME. *Tout diamètre partage la circonférence et le cercle en deux parties égales* (fig. 55).

Plions la figure autour du diamètre AB, jusqu'à ce que la partie supérieure du plan s'applique sur la partie inférieure ; un rayon OM quelconque prendra une position ON faisant avec OA un angle AON égal à AOM, et comme tous les rayons sont égaux, le point M tombera en un point N situé sur la partie inférieure de la circonférence ; tous les points de l'arc AMB tomberont de même sur l'arc ANB ;

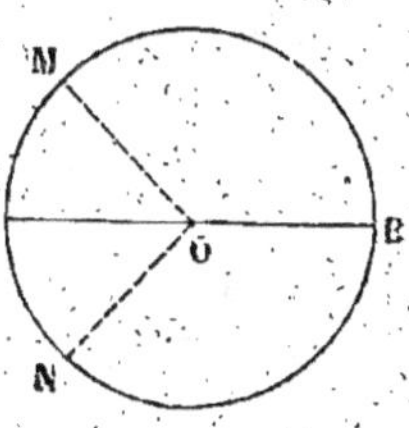

Fig. 55.

donc ces deux arcs coïncident ; ce qui démontre le théorème.

REMARQUE. Une corde qui ne passe pas par le centre partage

la circonférence en deux arcs inégaux, l'un plus petit qu'une demi-circonférence, l'autre plus grand, et elle sous-tend ces deux arcs ; habituellement nous ne considérerons que le plus petit des deux.

87. THÉORÈME. *Par trois points non en ligne droite, on peut toujours faire passer une circonférence et on n'en peut faire passer qu'une* (fig. 56).

Soient A, B, C les points donnés ; je joins AB et BC ; au milieu de AB j'élève la perpendiculaire DE à cette droite, et au milieu de BC j'élève de même FG perpendiculaire à BC ;

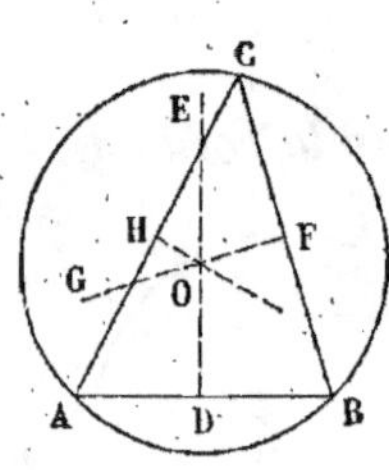

Fig. 56.

les deux lignes DE, FG ne sont pas parallèles, car les perpendiculaires BA, BC menées à ces deux droites par un même point ne sont pas en ligne droite. Soit alors O le point de rencontre de ces deux droites ; le point O, se trouvant sur DE perpendiculaire au milieu de AB, est également distant des points A et B (**48**) ; ce même point, se trouvant sur FG, est à égale distance des deux points B et C ; il est donc à égale distance des trois points A, B, C ; en d'autres termes, il est le centre d'une circonférence passant par les trois points A, B, C.

Je dis, de plus, qu'on ne peut faire passer qu'une circonférence par les trois points A, B, C ; car le centre de toute circonférence passant par A et B est également éloigné de ces deux points ; donc c'est un point de DE (**48**) ; de même le centre de toute circonférence passant par B et C se trouve sur FG ; donc si une circonférence doit passer par les trois points A, B, C, son centre se trouvera à la fois sur DE et sur FG ; donc il coïncidera avec le point O ; donc on ne peut mener qu'une circonférence par les trois points donnés.

88. COROLLAIRE I. Joignons AC et élevons une perpendiculaire au milieu de cette ligne, elle devra aussi contenir le point O, qui est également distant des points A et C ; donc *les perpendiculaires élevées sur les trois côtés d'un triangle en leurs milieux se coupent en un même point, qui est le centre du cercle circonscrit au triangle.*

89. CorollaIre II. *Deux circonférences ne peuvent avoir plus de deux points communs sans coïncider.*

90. Théorème. *Dans un même cercle ou dans des cercles égaux :*

1° Des arcs égaux sont sous-tendus par des cordes égales ;

2° Si des arcs moindres qu'une demi-circonférence sont inégaux, le plus grand est sous-tendu par la plus grande corde (fig. 57).

1° Soient AB, CD deux arcs égaux pris sur les circonférences égales O et O' ; je transporte la circonférence O' sur la circonférence O, de manière que le rayon O'C coïncide avec son égal OA ; les circonférences coïncideront,

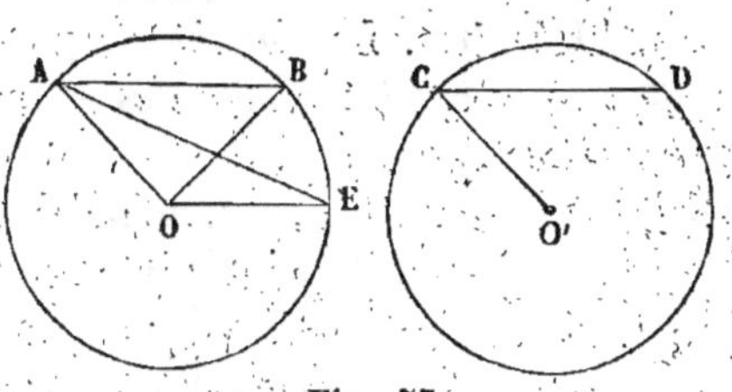

Fig. 57.

et comme l'arc CD est égal à l'arc AB, le point D tombera au point B ; donc les cordes AB, CD coïncideront. c. q. f. d.

2° Supposons que les arcs AE, CD pris dans les circonférences égales O et O' soient inégaux, et soit AE le plus grand ; je dis que la corde AE est plus grande que la corde CD. En effet, prenons sur AE un arc AB égal à l'arc CD, le point B tombera évidemment entre A et E ; menons les rayons OA, OB, OE, l'angle AOB sera moindre que AOE ; alors les deux triangles AOB, AOE ont le côté OA commun, le côté OB = OE comme rayons, et l'angle AOB < AOE ; donc **(33)** le côté AB est plus petit que AE ; mais la corde AB = CD (1°) ; donc enfin la corde CD est plus petite que la corde AE. c. q. f. d.

91. Corollaire. Les réciproques des théorèmes précédents se démontrent facilement :

Dans un même cercle, ou dans des cercles égaux :

1° Des cordes égales sous-tendent des arcs égaux ;

2° Si deux cordes sont inégales, la plus grande sous-tend le plus grand arc.

Car, en vertu du théorème précédent, les cordes sont égales ou inégales suivant que les arcs eux-mêmes sont égaux ou inégaux ; donc les cordes ne peuvent être égales si les arcs sont inégaux, et elles ne peuvent être inégales si les arcs sont égaux. De plus, quand elles sont inégales, la plus grande sous-tend nécessairement le plus grand arc.

Remarque. Les énoncés qui précèdent supposent expressément qu'on ne considère que des arcs moindres qu'une demi-circonférence.

92. Théorème. *Le diamètre perpendiculaire à une corde partage la corde et chacun des arcs qu'elle sous-tend en deux parties égales* (fig. 58).

Soit CD le diamètre perpendiculaire à la corde AB, E leur point d'intersection ; je mène les rayons OA, OB ; ces deux lignes sont des obliques à AB, et comme elles sont égales, elles sont également éloignées du pied de la perpendiculaire OE (**43**) ; donc AE = BE.

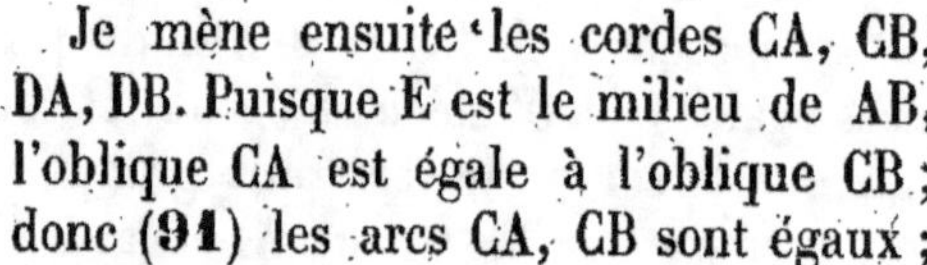

Fig. 58.

Je mène ensuite les cordes CA, CB, DA, DB. Puisque E est le milieu de AB, l'oblique CA est égale à l'oblique CB ; donc (**91**) les arcs CA, CB sont égaux ; il en est de même des arcs DA et DB.

93. Remarque. On voit que le milieu d'une corde, les milieux des deux arcs sous-tendus et le centre du cercle sont quatre points en ligne droite, et de plus, cette droite est perpendiculaire à la corde ; cela fait en tout cinq conditions que remplit la droite CD ; deux de ces conditions étant remplies, les trois autres le sont aussi, ce qui permet d'énoncer le théorème précédent de dix manières différentes.

94. THÉORÈME. *Dans un même cercle ou dans des cercles égaux :*

1° *Deux cordes égales sont également éloignées du centre;*

2° *De deux cordes inégales, la plus petite est la plus éloignée du centre* (fig. 59).

1° Soient AB, CD deux cordes égales dans la circonférence O, OE et OF les perpendiculaires abaissées du centre sur ces cordes ; elles les partagent en deux parties égales (**92**); par suite CF = AE. Je mène les rayons OA, OC ; les triangles OAE, OCF sont rectangles, ils ont les hypoténuses OA, OC égales comme rayons, et AE = CF ; donc ils sont égaux (**47**) ; donc OE = OF. C. Q. F. D.

2° Soient AI, CD deux cordes inégales et supposons AI > CD ; l'arc AI sera plus grand que l'arc CD (**91**) ; j'abaisse du centre sur les deux cordes les per- pendiculaires OG, OF ; je dis qu'on a : OG < OF. En effet, prenons sur l'arc AI un arc AB égal à l'arc CD, et me- nons la corde AB, elle sera égale à la corde CD ; enfin la perpendiculaire OE abaissée du centre sur AB sera égale à OF (1°). Cela posé, le point B tombant sur l'arc AI, la corde AB et le centre O se trouveront de côtés différents de AI ;

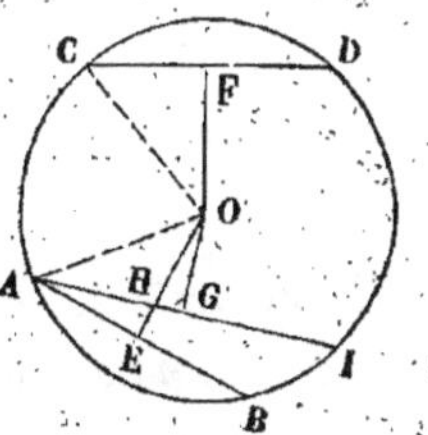

Fig. 59.

donc OE coupera AI en un point H situé entre O et E ; on a donc OH < OE ; mais OG < OH, puisque OG est perpendicu- laire et OH oblique à AI ; donc, *a fortiori*, OG < OE, ou bien OG < OF. C. Q. F. D.

95. COROLLAIRE. Réciproquement, *dans un même cercle ou dans des cercles égaux, des cordes également distantes du centre sont égales, et de deux cordes inégalement éloignées du centre, celle qui s'en éloigne le plus est la plus petite.*

§ VII. Tangente au cercle. — Intersection et contact de deux cercles.

96. DÉFINITIONS. On appelle *tangente* au cercle une droite qui n'a qu'un point commun avec la circonférence. Ce point s'appelle le point de *contact* ou de *tangence*.

Deux circonférences sont *tangentes*, lorsqu'elles n'ont qu'un point commun : ce point s'appelle le point de *contact*. Quand deux circonférences ont deux points communs, elles sont *sécantes* ; elles ne peuvent d'ailleurs en avoir plus de deux (**89**).

97. Théorème. *Toute perpendiculaire à l'extrémité d'un rayon est tangente au cercle* (fig. 60).

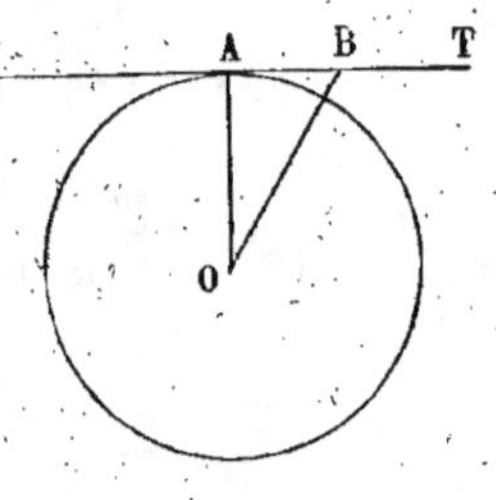

Fig. 60.

La ligne AT, perpendiculaire à l'extrémité du rayon OA, est tangente au cercle ; car toute ligne OB, menée du centre à la ligne AT, est oblique à cette ligne, et par suite est plus longue que OA ; donc tous les points de AT, à l'exception du point A, sont extérieurs au cercle ; donc AT est tangente à la circonférence. c. q. f. d.

98. Théorème. Réciproquement, *la tangente à la circonférence est perpendiculaire à l'extrémité du rayon qui aboutit au point de contact* (fig. 60).

Soit AT une tangente au cercle O, A le point de contact ; tous les points de AT, à l'exception du point A, sont extérieurs au cercle ; donc OA est la ligne la plus courte qu'on puisse mener du point O à la ligne AT ; par suite (**45**), OA est perpendiculaire à AT. c. q. f. d.

99. Corollaire. *Par un point d'une circonférence on ne peut lui mener qu'une tangente ;* car on ne peut mener qu'une perpendiculaire à l'extrémité du rayon qui passe par ce point.

100. Théorème. *Lorsque deux circonférences se coupent, la ligne qui joint leurs centres est perpendiculaire sur le milieu de la corde commune* (fig. 61).

Soient O et O' deux circonférences qui se coupent en A et en B ; le point O est également distant de A et de B ; il en est de même du point O'. Donc les points O et O' se trouvent tous les deux sur la perpendiculaire élevée au milieu de AB (**48**); donc OO' est perpendiculaire au milieu de AB. c. q. f. d.

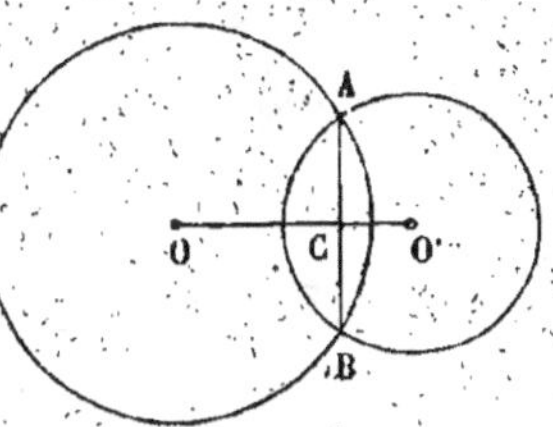

Fig. 61.

101. Théorème. *Si deux circonférences O et O' ont un point commun A hors de la ligne des centres, ces deux circonférences sont sécantes* (fig. 61).

En effet, du point A j'abaisse AC perpendiculaire sur OO', et je la prolonge d'une longueur CB=CA; le point O est également distant des points A et B (**48**); donc le point B est sur la circonférence O; pour la même raison, il est sur la circonférence O'; donc les deux circonférences se coupent aux points A et B. c. q. f. d.

102. Corollaire. *Lorsque deux circonférences sont tangentes, le point de contact est sur la ligne des centres.*

103. Remarque. Deux circonférences peuvent occuper, l'une par rapport à l'autre, cinq positions différentes : elles peuvent n'avoir aucun point commun et être alors *extérieures* (fig. 62) ou *intérieures* (fig. 66); elles peuvent être tangentes *extérieurement* (fig. 63), ou *intérieurement* (fig. 65); enfin elles peuvent être sécantes (fig. 64).

104. Théorème. 1° *Si deux circonférences sont extérieures, la distance des centres est supérieure à la somme des rayons.*

2° *Si deux circonférences sont tangentes extérieurement, la distance des centres est égale à la somme des rayons.*

3° *Si deux circonférences se coupent, la distance des centres est plus petite que la somme des rayons et plus grande que leur différence.*

4° *Si deux circonférences sont tangentes intérieurement, la distance des centres est égale à la différence des rayons.*

5° *Si deux circonférences sont intérieures, la distance des centres est plus petite que la différence des rayons.*

1° On a (fig. 62)

$$OO' = OA + O'B + AB;$$

donc

$$OO' > OA + O'B.$$

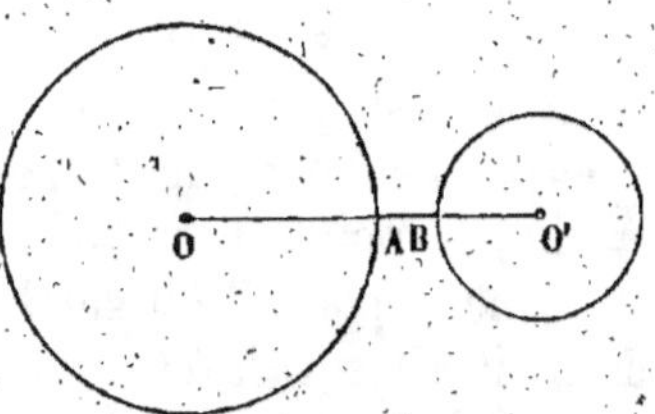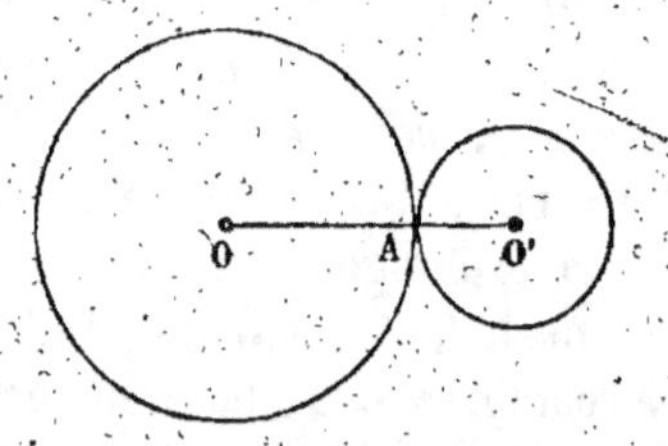

Fig. 62.   Fig. 63.

2° Le point de contact A est sur la ligne des centres **(102)** et compris entre les deux centres; on a alors (fig. 63)

$$OO' = OA + AO'.$$

5° Soit A l'un des points de rencontre des deux circonfé-

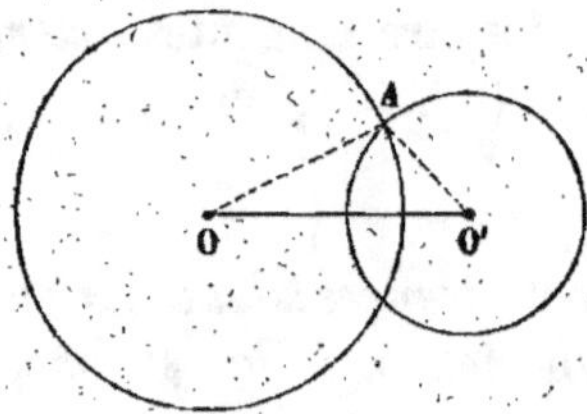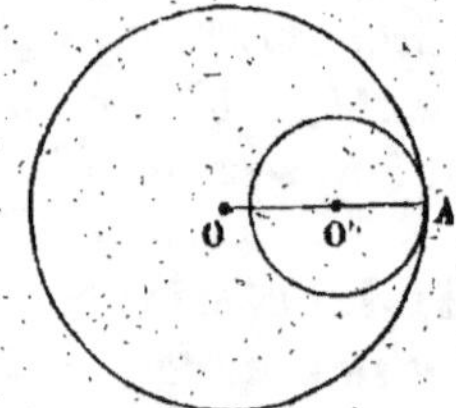

Fig. 64.   Fig. 65.

rences sécantes O et O' (fig. 64); dans le triangle O'OA, on a **(29)**

$$OO' < OA + O'A,$$
$$OO' > OA - O'A.$$

4° Soient O et O' deux circonférences tangentes intérieure-

ment et A le point de contact (fig. 65) qui est situé sur le prolongement de la ligne des centres (**102**);
on a

$$OO' = OA - O'A.$$

5° Soient O et O' deux circonférences intérieures (fig. 66); on a

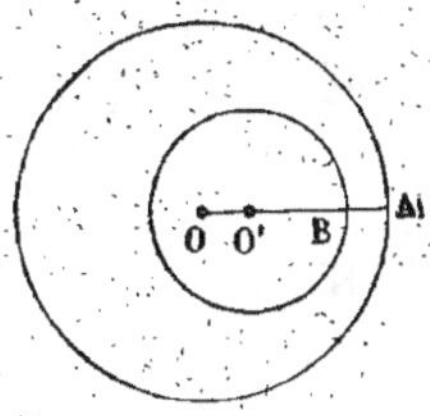

$$OO' = OA - O'A = OA - O'B - BA;$$

donc

$$OO' < OA - O'B.$$

Fig. 66.

105. REMARQUE. Les réciproques des cinq théorèmes qui précèdent sont vraies, et s'en déduisent immédiatement, parce que les conditions relatives à chaque cas s'excluent mutuellement.

Démontrons, par exemple, que si la distance des centres est plus petite que la somme des rayons et plus grande que leur différence, les circonférences se coupent. En effet, elles ne peuvent être ni extérieures, ni tangentes extérieurement, puisque la distance des centres est plus petite que la somme des rayons ; elles ne peuvent pas être non plus tangentes intérieurement, ni intérieures, puisque la distance des centres est plus grande que la différence des rayons ; elles sont donc sécantes. C. Q. F. D.

On démontrerait de même les quatre autres réciproques.

§ VIII. Mesure des angles. — Angle inscrit.

106. DÉFINITIONS. On appelle *angle au centre* un angle dont le sommet est au centre d'une circonférence, et *angle inscrit* l'angle formé par deux cordes qui se coupent sur la circonférence.

107. THÉORÈME. *Dans un même cercle ou dans des cercles égaux, 1° deux angles au centre égaux interceptent des* *arcs égaux; 2° deux angles au centre inégaux interceptent des arcs inégaux, et le plus grand angle intercepte le plus grand arc* (fig. 67).

1° Soient AOB, A'O'B' des angles au centre égaux dans les cercles égaux O et O'; joignons AB, A'B'; les triangles AOB, A'O'B' ont l'angle AOB = A'O'B' par hypothèse, OA = O'A', OB = O'B' comme rayons de cercles égaux, donc ils sont égaux, et AB = A'B'. Les arcs AB et A'B', qui sont sous-tendus par des cordes égales, sont égaux (**91**). c. q. f. d.

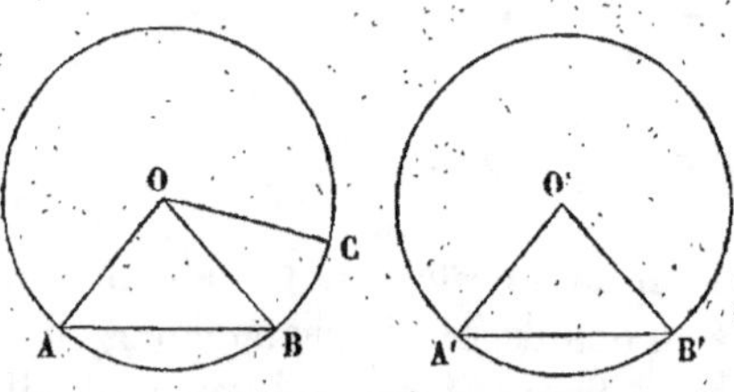

Fig. 67.

2° Soient AOC > A'O'B', je dis que l'on a : arc AC > arc A'B'.

En effet, je fais l'angle AOB égal à l'angle A'O'B'; la ligne OB tombera dans l'intérieur de l'angle AOC, et par suite le point B tombera sur l'arc AC; donc arc AB < arc AC; mais (1°) arc AB = arc A'B'; donc enfin

$$\text{arc A'B'} < \text{arc AC}. \qquad \text{c. q. f. d.}$$

108. Corollaire. *Des angles au centre qui interceptent des arcs égaux dans des cercles égaux sont égaux;* car s'ils étaient inégaux, les arcs compris entre leurs côtés seraient aussi inégaux, ce qui est contre l'hypothèse.

109. Théorème. *Dans un même cercle ou dans des cercles égaux, le rapport de deux angles au centre est égal au rapport des arcs qu'ils interceptent entre leurs côtés* (fig. 68)[1].

1. Nous rappelons ici qu'on appelle *rapport* de deux grandeurs de même espèce, le nombre entier ou fractionnaire qui exprime la mesure de la première, quand on prend la seconde pour unité, ou encore, le nombre qui indique combien de fois la première grandeur contient la seconde, ou quelle fraction de la seconde grandeur représente la première. Ainsi, dire que le rapport de deux angles est égal à $\frac{3}{5}$, c'est dire

Supposons que les arcs AB et DE aient une commune mesure (V. l'*Arithmétique*), qui soit contenue trois fois, par exemple, dans AB et cinq fois dans DE; on aura :

$$\frac{\text{arc AB}}{\text{arc DE}} = \frac{3}{5}.$$

Joignons les points de division des deux arcs à leurs centres respectifs O et C, les deux angles AOB, DCE seront partagés en petits angles tous égaux entre eux, puisqu'ils interceptent entre leurs côtés des arcs égaux (**108**); or l'angle AOB en contient 3, et l'angle DCE en contient 5; donc

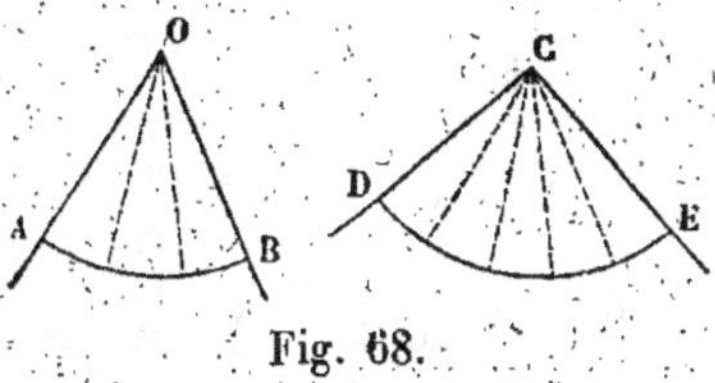

Fig. 68.

$$\frac{\text{angle AOB}}{\text{angle DCE}} = \frac{3}{5};$$

par suite,

$$\frac{\text{angle AOB}}{\text{angle DCE}} = \frac{\text{arc AB}}{\text{arc DE}}. \qquad \text{C. Q. F. D.}$$

Le théorème étant vrai quelque petite que soit la commune mesure des arcs AB et DE, est encore vrai quand ces arcs sont incommensurables.

110. Théorème. *Si l'on prend pour unité d'angle au centre*

que le premier contient 3 fois la 5ᵉ partie du second, ou, plus brièvement, que le premier vaut les $\frac{3}{5}$ du second.

Remarquons aussi que, pour abréger le langage, nous représenterons le rapport de deux quantités de même espèce par une fraction ayant pour numérateur la première quantité, et pour dénominateur la seconde, même dans le cas où ces deux quantités ne sont pas exprimées en nombres; ainsi la fraction $\dfrac{\text{arc AB}}{\text{arc DE}}$ signifie le rapport de l'arc AB à l'arc DE.

Si les deux grandeurs étaient réduites en nombres, leur rapport, comme on le sait, serait réellement exprimé par le quotient du premier nombre par le second, ou par la fraction ayant le premier nombre pour numérateur, et le second pour dénominateur. (V. l'*Arithmétique*.)

l'angle qui intercepte entre ses côtés l'unité d'arc, la mesure d'un angle au centre est la même que celle de l'arc compris entre ses côtés, ou plus brièvement, un angle au centre a même mesure que l'arc compris entre ses côtés (fig. 69).

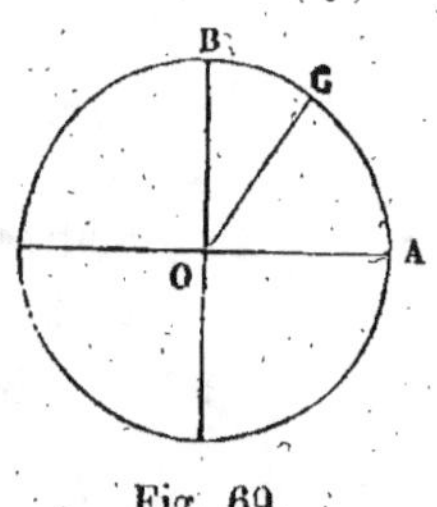

Fig. 69.

Soit AOC l'angle qu'il faut mesurer, AOB l'unité d'angle; du point O comme centre avec un rayon quelconque, je décris une circonférence; l'unité d'arc sera, par hypothèse, l'arc AB intercepté entre les côtés de l'unité d'angle; alors la mesure de l'angle AOC sera (V. l'*Arithmétique*) le rapport $\dfrac{\text{angle AOC}}{\text{angle AOB}}$ et la mesure de l'arc AC sera le rapport $\dfrac{\text{arc AC}}{\text{arc AB}}$; or ces mesures sont égales d'après le théorème précédent; donc, etc.

111. Si l'on prend l'angle droit pour unité d'angle, l'unité d'arc sera évidemment le quart de la circonférence, ou le *quadrant*.

112. Pour comparer plus facilement les arcs, on a partagé la circonférence entière en 360 parties égales appelées *degrés*, chaque degré en 60 *minutes*, chaque minute en 60 *secondes*, et alors on appelle *angle d'un degré, d'une minute*, etc., l'angle au centre qui intercepte entre ses côtés un arc d'un degré, d'une minute, etc.

Les degrés s'indiquent par le signe (°), les minutes par le signe ('), les secondes par le signe (") ; ainsi 18 degrés 25 minutes 13 secondes s'écrivent ainsi : 18° 25' 13".

Si un angle au centre intercepte entre ses côtés un arc de 25°, par exemple, cet angle sera 25 fois plus grand que l'angle de 1°, et l'on dit pour cette raison que c'est un angle de 25°; de même, si un angle au centre intercepte entre ses côtés un arc de 25° 13' 45", ce sera un angle de 25° 13' 45".

L'angle droit vaut 90°, ou 5400' ou 324000".

113. Théorème. *La mesure d'un angle inscrit est égale à la moitié de la mesure de l'arc compris entre ses côtés.*

Nous distinguerons trois cas :

1° *L'un des côtés de l'angle inscrit ABC passe par le centre* (fig. 70).

Je joins OA ; le triangle OAB est isocèle, puisque OA = OB ; donc l'angle A = l'angle B **(37)** ; mais l'angle AOC, extérieur au triangle AOB, est égal à la somme des deux angles A et B non adjacents **(66)** ; donc il est double de l'angle B ; en d'autres termes, l'angle B est la moitié de l'angle AOC ; or celui-ci a même mesure que l'arc AC compris entre ses côtés **(110)** ; donc l'angle ABC a même mesure que la moitié de l'arc AC. c. q. f. d.

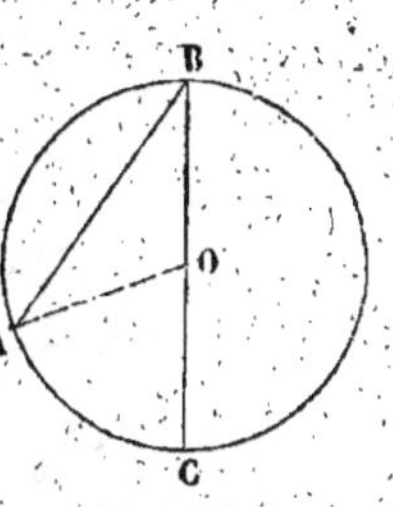
Fig. 70.

2° *Le centre O est dans l'intérieur de l'angle ABC* (fig. 71).

Je mène le diamètre BD ; l'angle ABC est la somme des angles ABD, DBC ; or (1°) la mesure de ABD est $\dfrac{\text{arc AD}}{2}$; la mesure de DBC est $\dfrac{\text{arc DC}}{2}$; donc la mesure de ABC est

$$\frac{\text{arc AD}}{2} + \frac{\text{arc DC}}{2} = \frac{\text{arc AC}}{2}.$$ c. q. f. d.

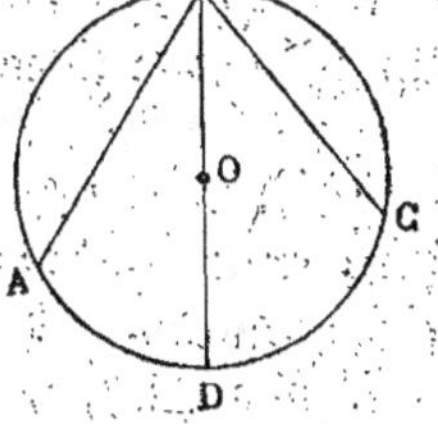
Fig. 71.

3° *Le centre O est extérieur à l'angle ABC* (fig. 72).

Je mène le diamètre BD ; on a :

$$ABC = ABD - CBD ;$$

la mesure de ABD est $\dfrac{\text{arc AD}}{2}$ (1°) ; celle de CBD est $\dfrac{\text{arc CD}}{2}$; donc la mesure de ABC est

Fig. 72.

$$\frac{\text{arc AD}}{2} - \frac{\text{arc CD}}{2} = \frac{\text{arc AC}}{2}.$$ c. q. f. d.

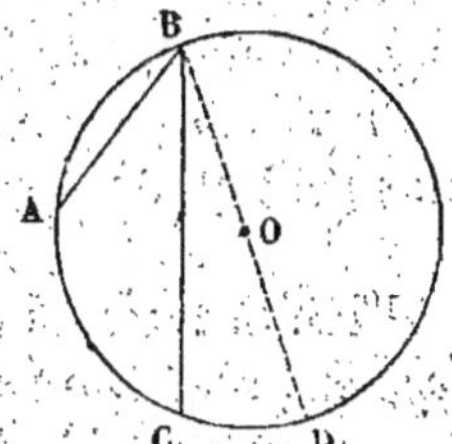

4

Exemple. Supposons, par exemple, que l'arc AC compris entre les côtés de l'angle inscrit ABC vaille 69° 35' 42", l'angle ABC vaudra la moitié de ce nombre, ou 34° 47' 51"; ce qui veut dire que l'angle inscrit ABC est la moitié de l'angle au centre qui intercepterait entre ses côtés un arc égal à AC.

114. Corollaire I. *Tout angle inscrit dans une demi-circonférence est droit* (fig. 73).

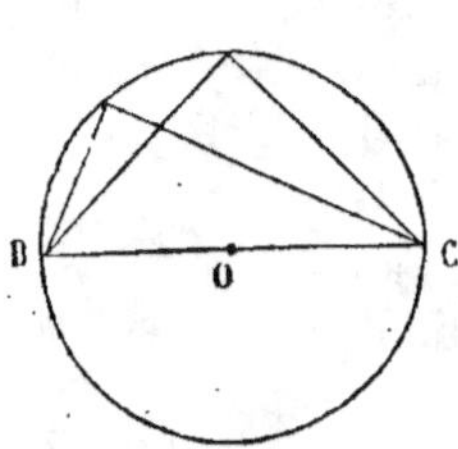

Fig. 73.

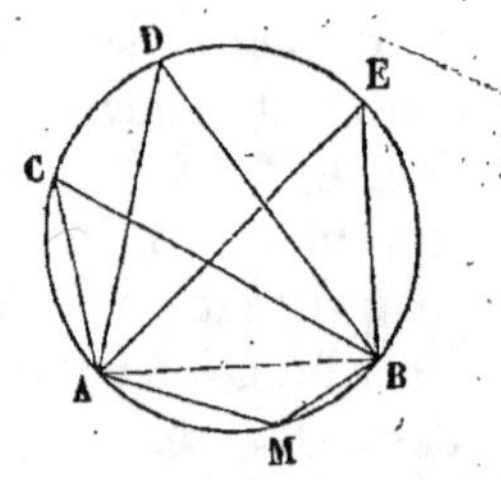

Fig. 74.

Car il a pour mesure la moitié d'une demi-circonférence ou un quadrant; donc il est droit.

115. Corollaire II. *Tout angle inscrit dans un segment plus grand qu'un demi-cercle est aigu, et tout angle inscrit dans un segment plus petit qu'un demi-cercle est obtus.*

L'angle ADB, par exemple (fig. 74), inscrit dans le segment ACDEB plus grand qu'un demi-cercle, a pour mesure la moitié de l'arc AMB plus petit qu'une demi-circonférence; sa mesure est donc moindre que celle d'un angle droit; en d'autres termes, cet angle est aigu.

On voit de même que l'angle AMB, inscrit dans un segment plus petit qu'un demi-cercle, est obtus.

116. Corollaire III. *Tous les angles inscrits dans un même segment sont égaux* (fig. 74).

Les angles ACB, ADB, AEB, sont tous égaux, comme ayant tous même mesure que la moitié de l'arc AMB. Le segment ACDEB est dit le *segment capable de l'angle* ACB.

117. Corollaire IV. Les angles ACB, AMB (fig. 74), inscrits dans les deux segments déterminés par la corde AB, sont
supplémentaires ; car la somme de leurs mesures est égale à
la demi-circonférence. Donc, *dans un quadrilatère inscrit,
les angles opposés sont supplémentaires.*

118. Théorème. *L'angle formé par une tangente et une
corde menée par le point de contact a même mesure que la
moitié de l'arc compris entre ses côtés* (fig. 75).

Soient AC une corde et BA la tangente au point A ; par ce
point je mène une sécante AM, l'angle inscrit CAM a pour mesure la moitié de l'arc CM ; si maintenant la sécante AM tourne
autour du point A, de manière que
le second point d'intersection M se
rapproche de plus en plus du point
A et arrive à se confondre avec lui,
la sécante deviendra tangente et se
confondra avec AB ; mais, quelque
voisin que le point M soit du point
A, l'angle CAM a toujours pour mesure la moitié de l'arc AM compris
entre ses côtés ; donc il en est de

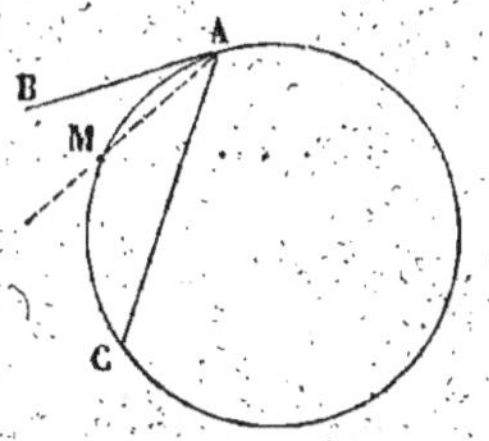

Fig. 75.

même à la limite quand le point M arrive à se confondre avec
le point A , et par conséquent l'angle CAB a pour mesure la
moitié de l'arc CA, compris entre ses côtés. c. q. f. d.

119. Théorème. *L'angle formé par deux cordes qui se
coupent dans un cercle a pour me-
sure la demi-somme des arcs compris entre ses côtés et leurs prolongements* (fig. 76).

Soient ABC l'angle donné, BD, BE les
prolongements de ses côtés ; joignons
AE ; l'angle ABC extérieur au triangle
ABE est égal à la somme des angles
intérieurs A et E (66) ; or l'angle E

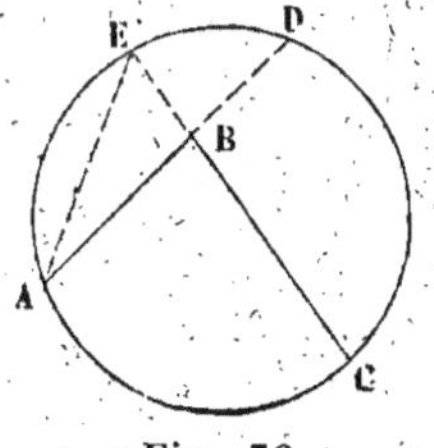

Fig. 76.

a pour mesure $\dfrac{\text{arc AC}}{2}$ et l'angle A a pour mesure $\dfrac{\text{arc DE}}{2}$

(**113**) ; donc l'angle ABC a pour mesure $\dfrac{\text{arc AC} + \text{arc DE}}{2}$

C. Q. F. D.

120. THÉORÈME. *L'angle formé par deux sécantes à un cercle qui se coupent hors de la circonférence, a pour mesure la demi-différence des arcs compris entre ses côtés* (fig. 77).

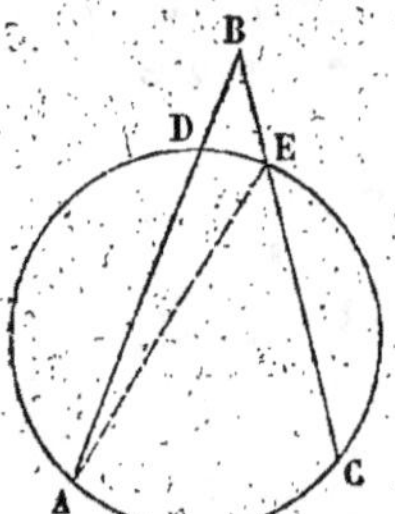

Fig. 77.

Soit ABC l'angle donné ; je mène la corde AE ; l'angle AEC, extérieur au triangle ABE, est égal à la somme des angles A et B (**66**) ; donc l'angle B est égal à l'excès de AEC sur l'angle A ; or la mesure de AEC est $\dfrac{\text{arc AC}}{2}$; la mesure de l'angle A est $\dfrac{\text{arc DE}}{2}$; donc la mesure de l'angle ABC est $\dfrac{\text{arc AC} - \text{arc DE}}{2}$. C. Q. F. D.

121. THÉORÈME. *Dans la portion du plan située au-dessus d'une droite AB, le lieu des points d'où cette droite est vue sous un angle donné, est un arc de cercle ayant AB pour corde* (fig. 78).

Soit C un point du lieu : par les trois points A, B, C je fais passer un cercle ; je dis que l'arc ACB est le lieu demandé.

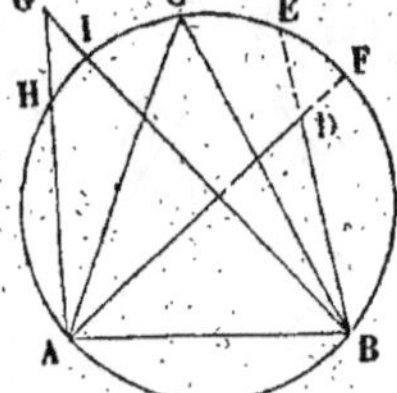

Fig. 78.

En effet, 1° de tous les points de cet arc la droite AB est vue sous le même angle (**116**).

2° Soit D un point intérieur au segment ACB, l'angle ADB a pour mesure $\dfrac{\text{arc AB} + \text{arc EF}}{2}$ (**119**) ; donc il est plus grand que l'angle ACB dont la mesure est $\dfrac{\text{arc AB}}{2}$. Soit maintenant G un point extérieur au segment ; l'angle AGB a pour

mesure $\dfrac{\text{arc AB} - \text{arc HI}}{2}$ (**120**) ; donc il est plus petit que

l'angle ACB ; les points de l'arc ACB sont donc les seuls d'où la droite AB soit vue sous un angle égal à l'angle donné.

122. Remarque. En particulier, si l'angle donné est droit, le lieu est la demi-circonférence décrite sur AB comme diamètre au-dessus de cette droite ; mais dans la portion du plan située au-dessous de la droite AB, le lieu des points d'où cette droite est vue sous un angle droit, est l'autre moitié de la circonférence décrite sur AB comme diamètre ; donc

Le lieu géométrique des points du plan d'où une droite donnée est vue sous un angle droit, est la circonférence décrite sur cette droite comme diamètre.

§ IX. Usage de la règle et du compas dans les constructions sur le papier. — Tracé des perpendiculaires et des parallèles ; usage de l'équerre.

123. Dans les applications de la géométrie, il est nécessaire de construire les figures avec précision, afin de déterminer exactement, soit la position d'un point, soit la direction d'une ligne droite, soit encore la longueur d'une droite ou la grandeur d'un angle. Dans les problèmes qui vont suivre, toutes les constructions *graphiques* que nous aurons besoin d'effectuer se réduiront au tracé de lignes droites et de circonférences de cercle ; les instruments que nous devons étudier d'abord sont donc la *règle*, qui sert au tracé des lignes droites, et le *compas*, à l'aide duquel on décrit les circonférences. Nous ferons connaître ultérieurement quelques autres instruments qui permettent d'abréger certaines constructions.

124. La *règle* (fig. 79) est une planchette longue, ordinairement en bois, dont un des côtés au moins doit être bien rectiligne. Pour l'essayer, on trace le long de ce côté une ligne AB, et l'on marque les deux points A et B ; puis on retourne la règle de manière que l'autre face soit appliquée sur le papier, et on amène le bord de la règle à toucher chacun des deux points A et B à peu près au même endroit que précédemment, et on trace de nouveau

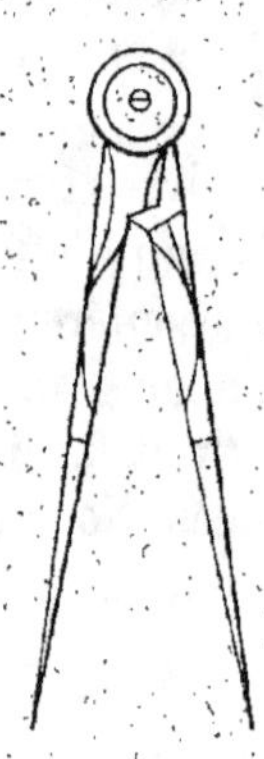

Fig. 79.

la ligne AB en suivant le bord de la règle. Si le bord est parfaitement rectiligne, les deux lignes ainsi tracées entre les points A et B coïncideront; mais si la règle n'est pas droite, on obtiendra deux lignes différentes, telles que ACB, ADB (fig. 80).

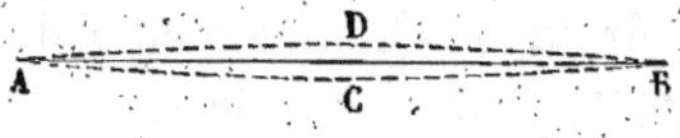

Fig. 80.

Quand on veut faire passer une ligne droite par deux points donnés, on place la règle sur le papier de manière que son bord touche les deux points donnés; puis, avec la pointe d'un crayon bien fin ou d'un tire-ligne, on trace un trait le long du bord de la règle.

125. Le *compas* (fig. 81) est un instrument formé de deux branches réunies par un axe ou pivot, autour duquel elles peuvent tourner à frottement doux; ces deux branches peuvent être terminées par deux pointes fines en acier, et alors le compas est dit *à pointes sèches*, ou bien l'une de ces pointes est remplacée par un crayon ou un tire-ligne. L'axe qui réunit les deux branches se nomme la *tête* du compas. Le compas sert à relever les distances et à tracer les circonférences.

Pour relever avec le compas la distance de deux points, on place l'une des pointes sèches à l'un des points, et on ouvre le compas avec précaution et d'une manière continue jusqu'à ce que l'autre pointe coïncide exactement avec le second point donné. La distance des deux pointes est alors égale à celle des deux points donnés, et en enlevant le compas sans changer l'ouverture ou l'écartement des bran-

Fig. 81.

ches, on pourra reporter cette distance sur une autre partie de la feuille de papier.

Quand on veut décrire une circonférence dont le centre et le rayon sont donnés, on remplace l'une des pointes sèches par un crayon ou un tire-ligne ; on place ensuite la pointe sèche au centre, et on ouvre le compas de manière que la distance des deux pointes soit égale au rayon. En tenant alors l'instrument par la tête, et en le faisant tourner de manière que l'ouverture ne change pas, et que le crayon ou le tire-ligne ne quitte pas le papier, on décrira la circonférence demandée.

126. Problème. *Par un point C donné sur une droite AB, élever une perpendiculaire à cette droite* (fig. 82).

De part et d'autre du point C, je prends sur la droite AB deux longueurs égales CD et CE. Du point D comme centre, avec une ouverture de compas plus grande que DC, je décris un arc de cercle, et du point E comme centre, *avec la même ouverture de compas,* je décris un second arc de cercle qui coupe le premier en un point F ; enfin je mène la ligne droite CF ; c'est la perpendiculaire demandée.

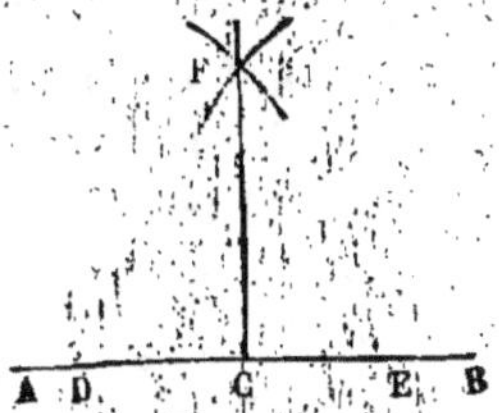

Je remarque en premier lieu que les deux arcs de cercle décrits se couperont si on les prolonge suffisamment ; en effet, d'une part, la distance des centres DE est plus petite que la somme des rayons, puisque chacun d'eux est plus grand que la moitié de DE ; d'autre part, la distance des centres DE est plus grande que la différence des rayons, puisque les rayons sont égaux ; donc (**105**) les circonférences se couperont en deux points ; nous ne considérons ici que l'un de ces points, F.

Je dis maintenant que la ligne CF est perpendiculaire à AB. En effet, d'après la construction, le point C et le point F sont l'un et l'autre équidistants des points D et E ; donc ils appartiennent tous les deux à la perpendiculaire élevée au milieu de DE (**48**) ; et par conséquent la ligne CF qui joint ces deux points est perpendiculaire à DE ou à AB. c. q. f. d.

127. Problème. *D'un point C pris hors d'une droite* AB, *abaisser une perpendiculaire sur cette droite* (fig. 83).

Du point C comme centre, avec une ouverture de compas suffisamment grande, je décris une circonférence qui coupe AB aux deux points D et E; de ces deux points comme centres avec un même rayon plus grand que la moitié de DE, je décris deux arcs de cercle qui se coupent en F, et je joins CF, qui est la perpendiculaire demandée.

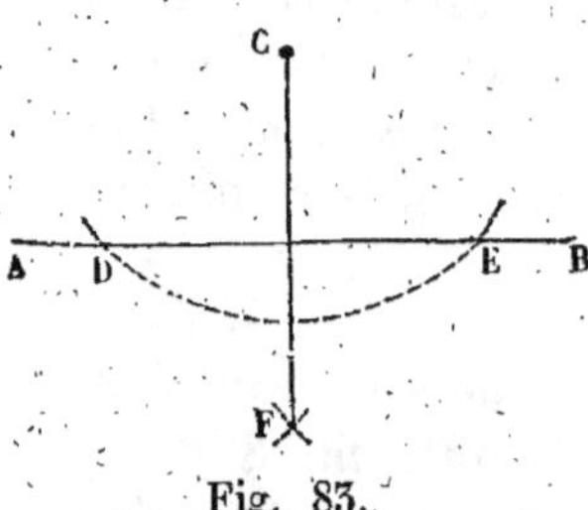

Fig. 83.

La démonstration est identique à celle qui a été donnée dans le problème précédent.

128. Problème. *Par un point C donné hors d'une droite* AB, *mener une parallèle à cette droite* (fig. 84).

Du point C comme centre, je décris un arc de cercle DE qui coupe AB au point D ; du point D comme centre avec le même rayon, je décris un arc de cercle CF, qui passe au point C et qui coupe AB au point F ; du point D comme centre avec un rayon égal à la corde de l'arc CF, je décris un arc de cercle qui coupe l'arc DE au point E, et je joins CE ; c'est la parallèle demandée. En effet, d'après la construction,

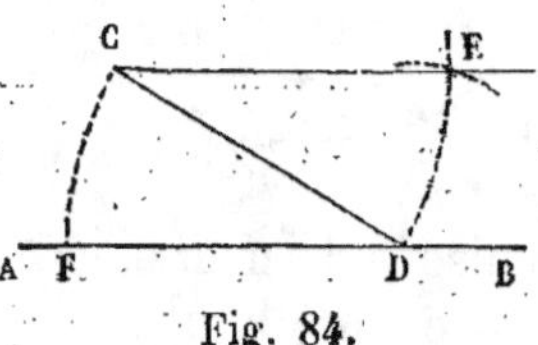

Fig. 84.

les arcs CF, DE, de même rayon, ont des cordes égales, donc ils sont égaux (**91**) ; donc les angles au centre CDF, DCE sont aussi égaux (**108**), et comme ils sont alternes-internes, les droites qui les forment sont parallèles (**61**).

129. De l'équerre. *L'équerre* est une petite planchette en bois qui a la forme d'un triangle rectangle (fig. 85) et dont on peut se servir pour le tracé des perpendiculaires et des parallèles.

Pour qu'une équerre soit bonne, il faut d'abord que ses côtés soient exactement rectilignes, ce qu'on vérifie comme pour la règle. Il faut en outre que son angle soit droit ; on s'assure que cette condition est remplie par le moyen suivant. On trace sur le papier une ligne droite AB (fig. 86) ; on place

Fig. 85.

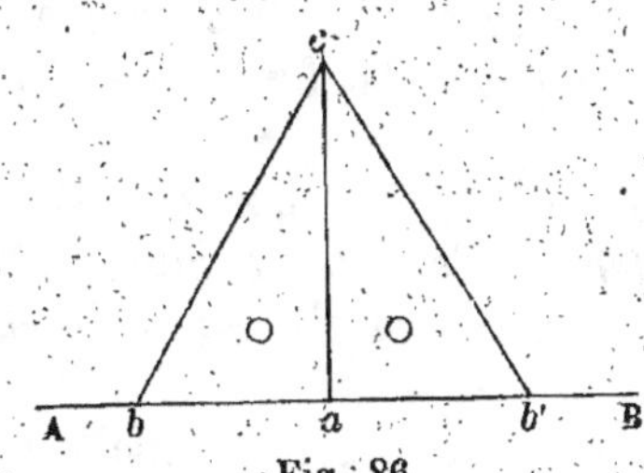

Fig. 86.

l'un des côtés de l'angle droit de l'équerre, *ab*, le long de cette ligne, et on trace avec la pointe d'un crayon la ligne *ac* le long de l'autre côté de l'angle droit ; on retourne ensuite l'équerre comme l'indique la figure de manière que le côté *ba* vienne en *ab′* et soit encore appliqué le long de la ligne AB ; on trace la ligne *ac* dans sa nouvelle position ; si elle coïncide avec la première, l'équerre est juste ; car alors les deux angles adjacents *bac*, *bac′*, étant égaux entre eux, sont droits, par la définition même de l'angle droit.

150. PROBLÈME. *Par un point C pris hors d'une droite AB, mener une parallèle à cette droite, en se servant de la règle et de l'équerre (fig. 87).*

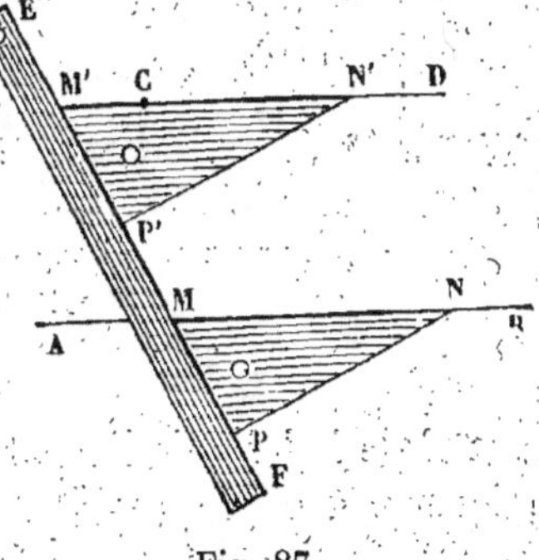

Fig. 87.

On applique l'un des côtés MN de l'équerre le long de AB, et on place une règle EF le long d'un autre côté MP de l'équerre. Fixant alors la règle EF, on fait glisser l'équerre jusqu'à ce que le côté MN passe par le point C ; la ligne M'N' est la parallèle demandée. En effet, les angles N'M'P', NMP sont évidemment égaux, et comme ils sont correspondants, les droites CD et AB qui les forment sont parallèles (**61**).

Remarque. Ce moyen de tracer les parallèles est très simple et très exact ; on voit de plus qu'il n'exige pas que l'angle de l'équerre soit droit ; il suffit que les côtés soient bien rectilignes.

131. Problème. *Par un point M pris sur une droite AB, ou en dehors de cette droite, lui mener une perpendiculaire, en se servant de la règle et de l'équerre* (fig. 88 et 89).

Dans la première figure, le point M est sur la droite AB, il lui est extérieur dans la seconde ; mais la construction est la même.

On place d'abord l'équerre de manière que l'un des côtés de l'angle droit *ab* coïncide avec la droite AB ; puis on applique

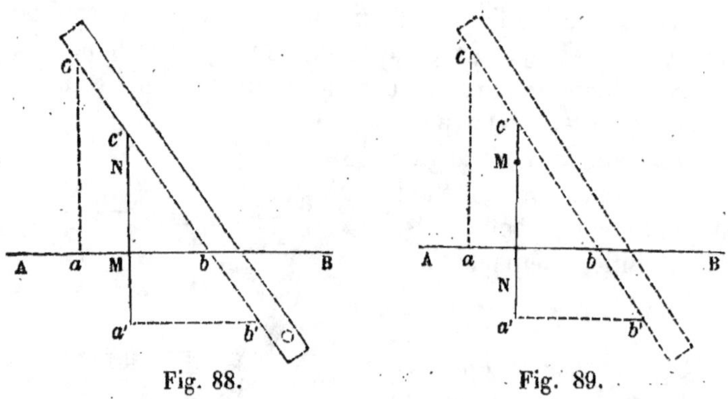

Fig. 88. Fig. 89.

une règle le long de l'hypoténuse, en ayant soin de maintenir l'équerre dans la position qu'on lui avait donnée d'abord. Fixant alors la règle, on fait glisser l'équerre le long de cette règle jusqu'à ce que le second côté de l'angle droit *ac* vienne passer au point M ; l'équerre occupe alors la position *a'b'c'*, et si l'on trace une ligne MN le long de $a'c'$, on a la perpendiculaire demandée. Car, si l'équerre est juste, ac est perpendiculaire à AB, et MN est une parallèle à ac, menée par le point M (**130**); donc MN est perpendiculaire à AB (**57**).

REMARQUE. La construction des perpendiculaires à l'aide de la règle et du compas est préférable à la précédente, qui n'est pas susceptible d'une grande précision.

§ X. Évaluation des angles en degrés, minutes et secondes. — Rapporteur.

152. Nous avons déjà expliqué comment les angles peuvent être évalués en degrés, minutes et secondes (**112**); il

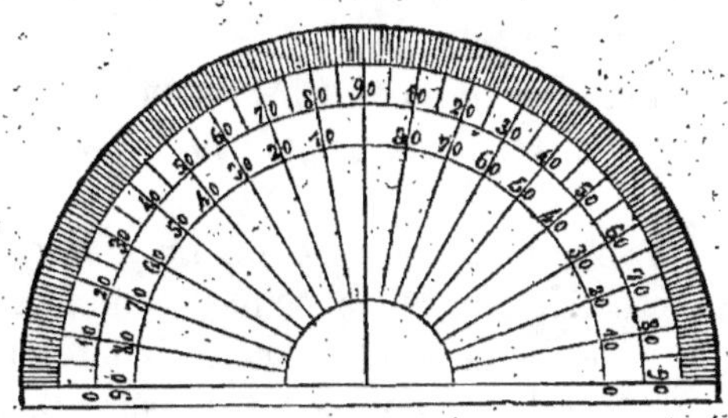

Fig. 90.

nous reste à décrire l'instrument au moyen duquel on peut trouver le nombre de degrés et de fractions de degré que contient un angle tracé sur le papier; cet instrument porte le nom de *rapporteur*.

C'est un demi-cercle en corne transparente ou en cuivre évidé (fig. 90), dont le bord est divisé en 180 parties égales ou degrés ; si le diamètre est suffisamment

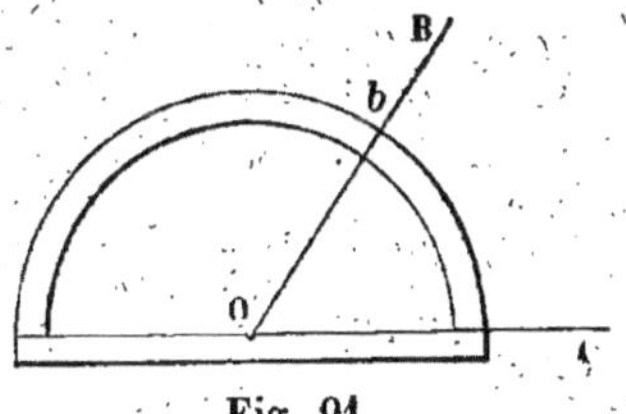

Fig. 91.

grand, chaque degré est divisé à son tour en demi-degrés, et même quelquefois en quarts de degré.

Pour mesurer un angle AOB avec le rapporteur, on place le

centre de l'instrument au sommet de l'angle (fig. 91), et son diamètre sur le côté OA ; puis on lit sur le bord du rapporteur la division b par laquelle passe le second côté OB.

Le rapporteur est un instrument qui manque de précision ; même quand il est de grandes dimensions et bien construit, ce qui est rare, il ne fait connaître les angles qu'à un demi-degré près.

§ XI. Problèmes élémentaires sur la construction des angles et des triangles. — Mener une tangente à un cercle par un point extérieur. — Mener une tangente à un cercle parallèlement à une droite donnée. — Mener une tangente commune à deux cercles. — Décrire sur une droite donnée un segment capable d'un angle donné.

133. PROBLÈME. *Par un point A donné sur une droite AB, faire avec cette droite un angle égal à un angle donné M (fig. 92).*

Du sommet M comme centre avec un rayon quelconque, je décris un arc de cercle NP, et du point A comme centre avec

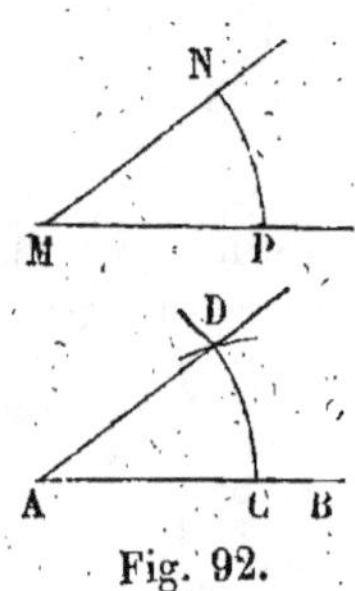

Fig. 92.

le même rayon, je décris un autre arc de cercle qui coupe AB au point C. Du point C comme centre, avec un rayon égal à la corde de l'arc PN, je décris un arc de cercle qui coupe l'arc CD au point D, et je joins AD ; l'angle BAD est l'angle demandé. En effet, les arcs CD et PN, de même rayon, sont égaux comme ayant des cordes égales (**91**), et alors les angles au centre A et M, qui interceptent des arcs égaux dans des cercles égaux, sont égaux (**108**). C. Q. F. D.

134. REMARQUE. Le rapporteur pourrait également servir à résoudre ce problème. A cet effet, on déterminerait d'abord le nombre de degrés de l'angle donné M ; puis on placerait le rapporteur de manière que, son centre étant en A, son diamètre prît la direction AB; ensuite, avec la pointe d'un crayon, on marquerait sur le papier le point où tombe la division du rapporteur correspondant à la mesure de l'angle M, et on joindrait ce point au point A. Mais cette construction manque de précision.

135. Problème. *Deux angles d'un triangle étant donnés, construire le troisième.*

Soient A et B les deux angles donnés (fig. 93) ; je trace une droite indéfinie MN, et, en un point O pris à volonté sur cette ligne, je fais avec OM un angle MOC égal à l'angle A ; au même point O, je fais avec OC un angle COD égal à l'angle B ; l'angle DON est l'angle demandé ; car la somme de cet angle et des deux angles A et B est égale à deux droits (**65**).

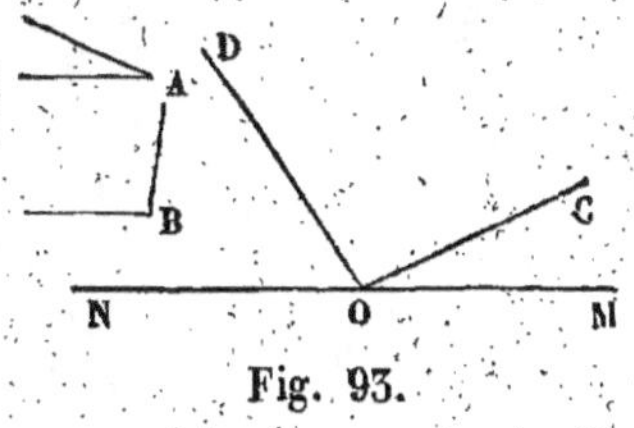

Fig. 93.

Remarque. Le problème n'est possible que si la somme des angles A et B est inférieure à deux droits.

136. Problème. *Elever une perpendiculaire au milieu d'une droite donnée* AB (fig. 94).

Des points A et B comme centres, avec un même rayon plus grand que la moitié de AB, on décrit deux arcs de cercle qui se coupent en C au-dessus de AB; on fait la même construction au-dessous, ce qui donne le point D ; CD est la perpendiculaire demandée. Car les points C et D sont chacun à égale distance des points A et B; donc ils appartiennent à la perpendiculaire élevée au milieu de AB (**48**); donc CD est cette perpendiculaire, et le point E est le milieu de AB.

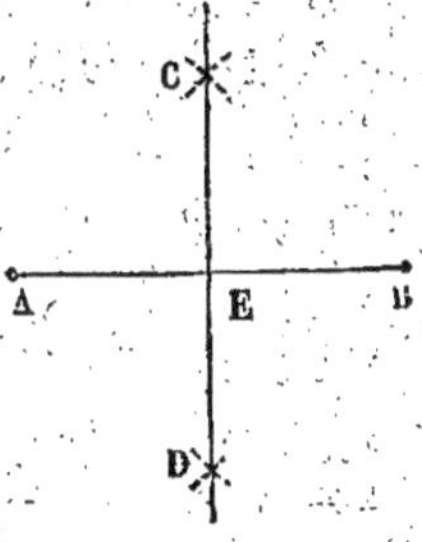

Fig. 94.

137. Problème. *Diviser un arc de cercle en deux parties égales.*

A l'aide de la construction du problème précédent, on élève une perpendiculaire sur le milieu de la corde ; cette perpendiculaire passe aussi par le milieu de l'arc (**92**).

138. Problème. *Diviser un angle* AOB *en deux parties égales* (fig. 95).

Du sommet O de l'angle avec un rayon quelconque, on décrit un arc de cercle BA, et des points B et A, avec un même

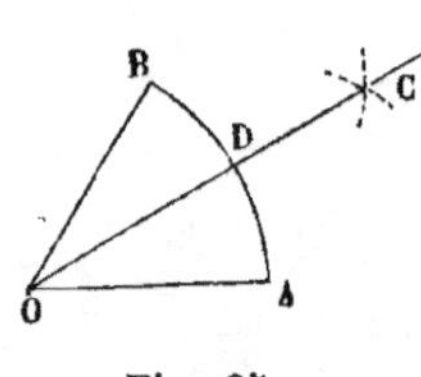

Fig. 95.

rayon plus grand que la moitié de la corde BA, on décrit deux arcs de cercle qui se coupent en C ; OC est la bissectrice demandée. Car les points O et C étant chacun à égale distance des points B et A, la ligne OC est perpendiculaire sur le milieu de la corde AB ; elle partage donc l'arc AB en deux parties égales au point D (**92**) ; par suite, les angles BOD, DOA sont égaux (**108**).

139. Problème. *Construire un triangle dont on connaît un côté et deux angles.*

Deux angles d'un triangle étant donnés, le troisième se trouve en retranchant de deux droits la somme des deux autres (**135**); on peut supposer alors qu'on connaisse un côté et les deux angles adjacents.

Soient alors *c* le côté donné (fig. 96), A et B les deux angles

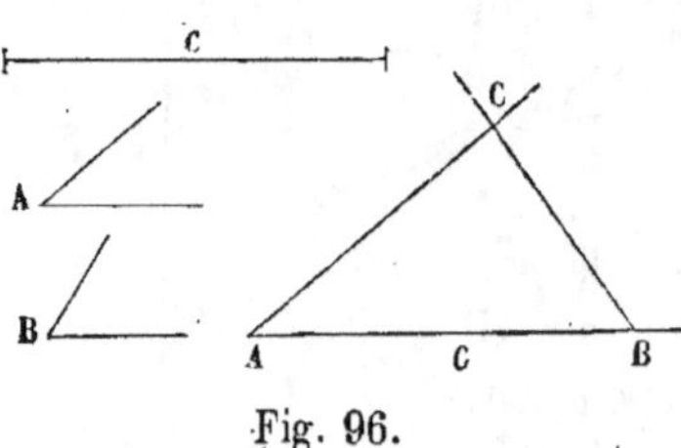

Fig. 96.

donnés, qui doivent être adjacents au côté donné. Sur une droite indéfinie, je prends la longueur AB égale à *c ;* au point A, je fais un angle BAC égal à l'angle donné A, et au point B un angle ABC égal à l'angle donné B. Les deux droites AC et BC, suffisamment prolongées, se coupent en un point C et le triangle ABC est le triangle demandé.

Remarque. Pour que le problème soit possible, il faut que la somme des angles donnés soit inférieure à deux angles droits.

140. Problème. *Construire un triangle dont on connaît deux côtés et l'angle compris.*

Soient *b* et *c* les côtés donnés (fig. 97), A l'angle donné. Je fais un angle égal à A, et, à partir du sommet, je porte sur l'un des côtés une longueur AC égale à *b*, et sur l'autre côté

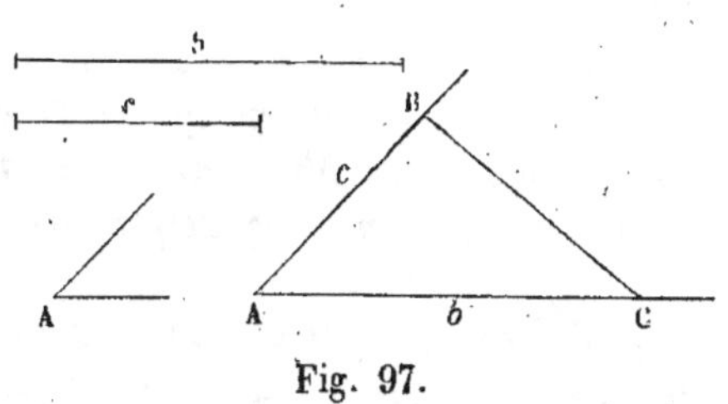

Fig. 97.

une longueur AB $= c$; puis je joins BC, et le triangle ABC est le triangle demandé.

141. Problème. *Construire un triangle dont on connaît les trois côtés.*

Soient *a*, *b*, *c* les trois côtés donnés (fig. 98). Sur une droite indéfinie, je prends une longueur BC égale à *a*; du point B comme centre, avec un rayon égal à *c*, je décris une circonférence et, du point C comme centre avec un rayon égal à *b*, je décris une autre circonférence qui rencontre la première en deux points A et A′; les deux triangles BAC et BA′C répondent à la question; mais comme ils sont égaux, il suffit d'en prendre un seul, le triangle BAC par exemple.

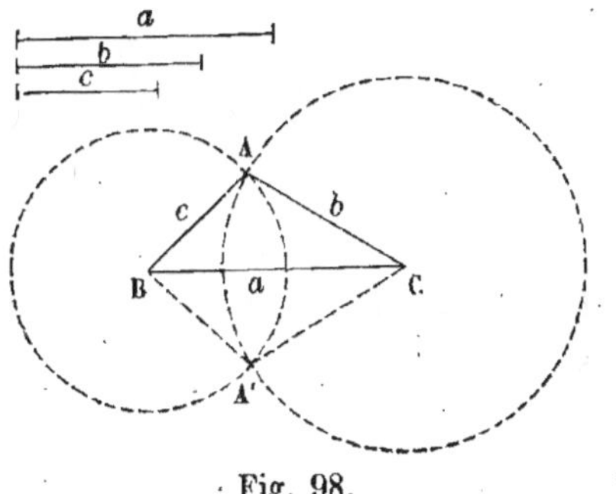

Fig. 98.

142. Remarque. Pour que le problème soit possible, il faut que les deux circonférences se coupent ; et pour cela, il est nécessaire et suffisant que la distance des centres soit plus petite que la somme des rayons et plus grande que leur différence ; c'est-à-dire que le côté *a* soit plus petit que la somme des deux autres *b* et *c*, et plus grand que leur différence ; donc,

Pour qu'avec trois longueurs données comme côtés on puisse construire un triangle, il faut et il suffit que l'une de ces longueurs soit plus petite que la somme des deux autres et plus grande que leur différence.

143. PROBLÈME. *Par un point A donné sur une circonférence de cercle, mener une tangente à ce cercle* (fig. 99 et 100).

Je mène le rayon OA, et par l'extrémité de ce rayon je lui élève une perpendiculaire ; c'est la tangente demandée (**97**).

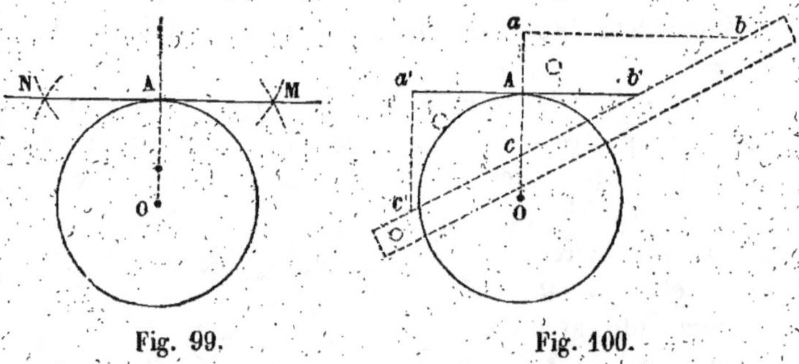

Fig. 99.   Fig. 100.

La figure 99 montre la construction effectuée avec la règle et le compas (**126**) ; la figure 100 donne la construction au moyen de la règle et de l'équerre (**131**).

144. PROBLÈME. *D'un point A situé hors d'un cercle, mener une tangente à ce cercle* (fig. 101).

Je joins le centre O au point A, et je prends le milieu C de la ligne OA ; puis du point C comme centre, avec CO pour rayon, je décris une circonférence, dont AO est le diamètre, et qui coupe la circonférence O en deux points D et E ; je joins

AD et AE; ce sont les tangentes demandées. En effet, menons
OD, OE; les angles ADO, AEO inscrits dans des demi-circonférences sont droits (**114**); donc
les droites AD, AE sont respectivement perpendiculaires aux extrémités des rayons OD, OE; donc
elles sont tangentes au cercle O
(**97**).

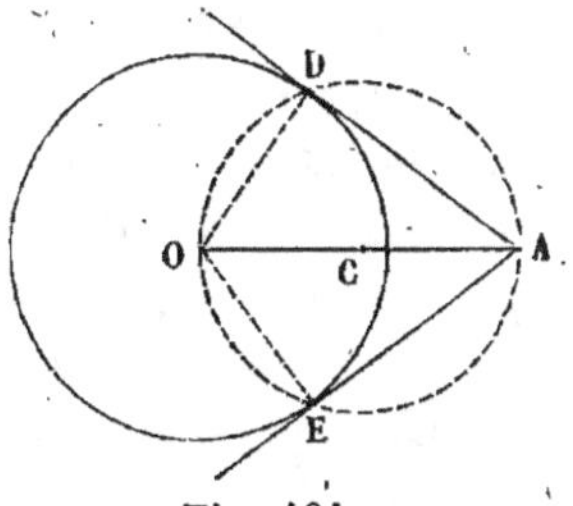

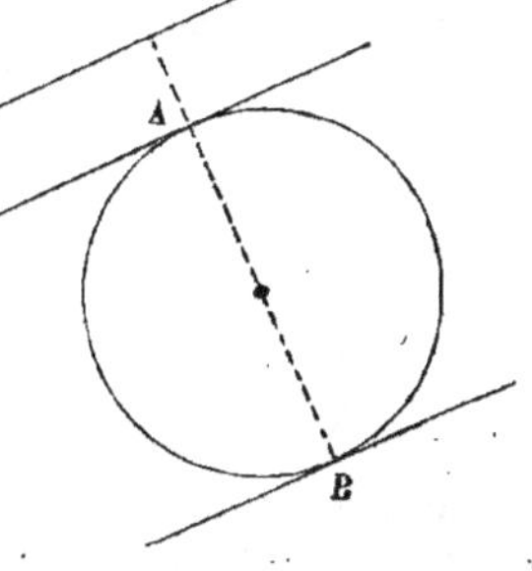

Fig. 101.

145. Corollaire. Les deux
triangles rectangles AOD, AOE
ont l'hypoténuse AO commune,
OD = OE comme rayons; donc ils sont égaux (**47**); donc
AD = AE; angle OAD = OAE; angle DOA = EOA. De là résul-
tent les propriétés suivantes : *Si
d'un point extérieur à un cercle
on lui mène des tangentes, ces
tangentes sont égales, et la ligne
qui joint le point au centre divise en deux parties égales l'angle des tangentes et l'angle des
rayons menés aux points de
contact.*

146. Problème. *Mener une
tangente à un cercle parallèlement à une droite donnée* (fig. 102).

Fig. 102.

J'abaisse du centre une perpendiculaire sur la droite donnée.
Cette perpendiculaire rencontre le cercle en deux points A et B;
par chacun de ces points je mène une parallèle à la droite
donnée; ces deux lignes sont les tangentes demandées, parce
qu'elles sont perpendiculaires aux extrémités du diamètre AB.

147. Problème. *Mener une tangente commune à deux circonférences.*

Deux circonférences qui touchent une même droite peuvent
être placées d'un même côté de cette droite, ou de côtés diffé-

rents : dans le premier cas, la tangente commune est dite *extérieure* ; et dans le second cas, elle est dite *intérieure*.

Je cherche d'abord les tangentes communes extérieures aux cercles O et O' (fig. 103). Soit AB l'une de ces tangentes ; je mène les rayons OA et O'B qui aboutissent aux deux points de contact, et par le centre O' de la plus petite circonférence je mène O'C parallèle à AB. Les deux rayons OA et O'B, perpendiculaires à une même droite AB, sont parallèles ; les lignes O'B et CA sont alors des parallèles comprises entre parallèles et par conséquent sont égales (**72**) ; or OC = OA — CA ; et comme CA est égale à O'B, OC est égale à OA — O'B, c'est-à-dire

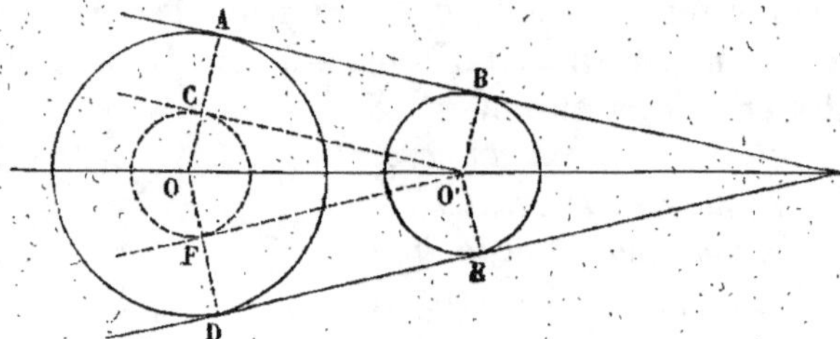

Fig. 103.

à la différence des rayons des deux circonférences ; de plus, OA perpendiculaire à AB l'est aussi à la droite CO' parallèle à AB. Il résulte de là que, si du point O comme centre avec OC comme rayon on décrit un cercle, la ligne O'C est tangente à ce cercle, puisqu'elle est perpendiculaire à l'extrémité du rayon OC.

On déduit de cette analyse la construction suivante de la tangente extérieure : Du centre de la plus grande circonférence, avec une ouverture de compas égale à la différence des rayons, on décrit une circonférence ; et par le centre O' de la plus petite circonférence on mène une tangente O'C à la circonférence qu'on a décrite ; on joint le point de contact C au centre O, et on prolonge cette ligne jusqu'à sa rencontre en A avec la grande circonférence ; enfin, par le point A on mène une parallèle à O'C : cette ligne est la tangente commune. Comme du point O′ on peut mener deux tangentes au cercle OC, on obtient deux tangentes communes extérieures AB, DE.

Cherchons maintenant les tangentes communes intérieures. Soit AB (fig. 104) une de ces tangentes ; je mène les rayons OA et O′B qui aboutissent aux points de contact, et par le centre O′ de l'une des circonférences je mène une parallèle O′C à la tangente AB jusqu'à la rencontre en C du rayon OA prolongé ; les deux lignes O′B et AC, perpendiculaires à la droite AB, sont parallèles, et comme de plus elles sont comprises entre lignes parallèles, elles sont égales ; donc la ligne OC est égale à OA+O′B où à la somme des rayons des deux circonférences. De plus, la ligne OC, per-

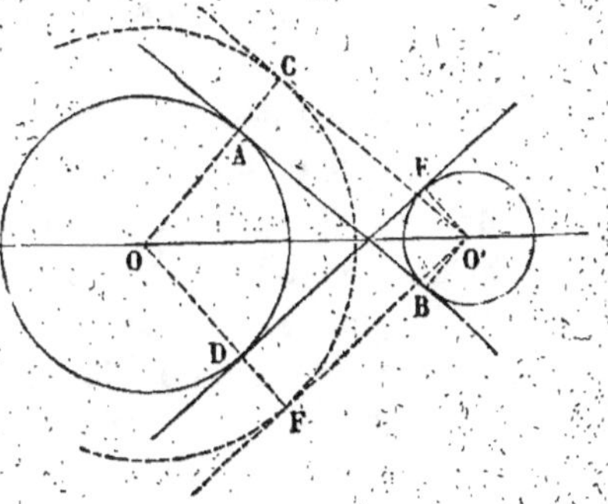

Fig. 104.

pendiculaire à AB, l'est aussi à sa parallèle O′C ; donc si du point O comme centre avec OC pour rayon on décrit une circonférence, la ligne O′C sera tangente à cette circonférence.

De là résulte la construction suivante : Du centre O de l'une des circonférences, avec une ouverture de compas égale à la somme des rayons, on décrit un cercle ; du centre O′ de l'autre circonférence on mène une tangente O′C au cercle qu'on a tracé ; on mène le rayon OC du point de contact ; ce rayon coupe la première des circonférences données en un point A, et par ce point on mène une parallèle à O′C : c'est la tangente commune demandée. En menant par le point O′ la seconde tangente O′F à la circonférence OC, on aura une seconde tangente commune intérieure DE.

148. Remarque I. Quand les deux circonférences sont égales on ne peut plus appliquer la construction précédente pour la tangente commune extérieure ; mais on reconnaît aisément que dans ce cas les tangentes extérieures sont parallèles à la ligne des centres. Par conséquent, il suffira de mener à l'un des cercles des tangentes parallèles à la ligne des centres, ce que l'on sait faire (**146**).

149. REMARQUE II. Quand les circonférences sont extérieures l'une à l'autre, comme dans les figures précédentes, on peut mener quatre tangentes communes, deux intérieures et deux extérieures.

Lorsque les deux circonférences sont tangentes extérieurement, on peut leur mener deux tangentes communes extérieures, et une seule tangente commune intérieure.

Si les circonférences se coupent, on peut encore leur mener deux tangentes communes extérieures ; mais elles n'ont plus de tangente commune intérieure.

Lorsque les circonférences sont tangentes intérieurement, elles n'ont plus qu'une seule tangente commune, qui est extérieure.

Enfin, si les circonférences deviennent intérieures l'une à l'autre, elles n'ont plus de tangente commune. —

150. REMARQUE III. Il est utile de remarquer la méthode que nous avons suivie pour découvrir la solution du problème précédent, et qui porte souvent le nom de méthode *analytique*. Nous avons supposé le problème résolu, l'une des tangentes communes tracée, et par une analyse exacte des conditions que devait remplir cette ligne, nous avons pu trouver la construction qu'il faut exécuter pour l'obtenir. On fait un usage fréquent de cette méthode pour résoudre les problèmes de géométrie dont on n'aperçoit pas immédiatement la solution.

151. PROBLÈME. *Décrire sur une droite donnée* AB *un segment capable d'un angle donné* K (fig. 105).

Supposons le problème résolu et soit O le centre du cercle cherché. Ce centre se trouve d'abord sur la perpendiculaire élevée au milieu de la droite AB (**92**). Au point A, je mène la tangente AC au cercle; l'angle BAC a pour mesure la moitié de l'arc AB (**118**); donc il est égal à l'angle inscrit dans le segment AMB, et par suite à l'angle K. Pour avoir cette ligne AC, on fera donc avec AB, au point A, un angle égal à l'angle K ; puis on élèvera au point A une perpendiculaire à AC ; cette ligne passera par le centre (**98**) ; le centre sera ainsi déterminé par le point de rencontre de la droite AO avec la perpendiculaire élevée au milieu de AB ; alors du point O comme centre, avec OB pour rayon, on tracera

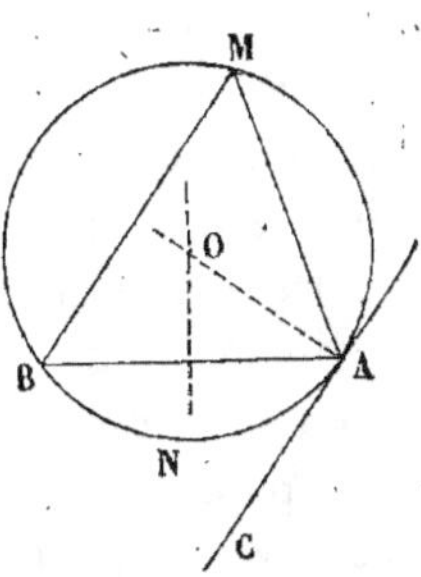

Fig. 105.

une circonférence dont la portion AMB située au-dessus de AB sera le segment demandé.

EXERCICES SUR LE LIVRE II.

THÉORÈMES ET PROBLÈMES.

1. Deux sécantes parallèles à une circonférence interceptent sur cette circonférence des arcs égaux. — Cas où l'une des sécantes ou toutes les deux deviennent tangentes.

2. Par tous les points d'une circonférence on mène des lignes parallèles, égales entre elles et dirigées dans le même sens ; trouver le lieu géométrique des extrémités de ces droites.

3. Étant donnés une circonférence et un point intérieur, trouver la plus petite corde qui passe par ce point.

4. Dans une circonférence on mène des cordes ayant toutes la même longueur ; trouver le lieu géométrique des milieux de ces cordes.

5. Par un point donné dans le plan d'un cercle, lui mener une sécante telle, que la corde interceptée par la circonférence sur cette sécante ait une longueur donnée. — Discussion du problème.

6. Par un point fixe pris dans le plan d'un cercle on lui mène des sécantes ; trouver le lieu des milieux des cordes interceptées sur ces sécantes.

7. Par un point d'une circonférence on lui mène une infinité de cordes, et on prolonge chacune d'elles d'une longueur égale à elle-même. Trouver le lieu des extrémités de ces droites.

8. On donne une circonférence O et un point extérieur A ; du point O comme centre on décrit une deuxième circonférence ayant un rayon double de celui de la circonférence donnée, et du point A comme centre, avec OA pour rayon, une autre circonférence qui coupe la précédente en deux points B et C ; on joint OB et OC ; ces lignes coupent la circonférence donnée en deux points D et E ; démontrer que AD et AE sont tangentes à la circonférence donnée.

9. Si deux angles opposés d'un quadrilatère sont supplémentaires, le quadrilatère est inscriptible dans un cercle.

10. Si par le point C, milieu d'un arc AB d'une circonférence, on mène deux cordes, la première qui coupe la corde AB en D et la circonférence en E, et la seconde qui coupe la corde AB en F et la circonférence en G, le quadrilatère DFGE est inscriptible.

11. Les bissectrices des angles d'un quadrilatère convexe forment un quadrilatère inscriptible.

12. Les perpendiculaires abaissées des sommets d'un triangle sur les côtés opposés sont les bissectrices des angles du triangle formé par les pieds de ces perpendiculaires.

13. Si d'un point quelconque d'une circonférence circonscrite à un triangle on abaisse des perpendiculaires sur les trois côtés de ce triangle, les pieds de ces perpendiculaires sont en ligne droite.

14. Si par l'un des points d'intersection de deux circonférences sécantes on mène les diamètres des deux circonférences, la ligne qui joint les extrémités de ces deux diamètres passe par le second point d'intersection des deux circonférences, et coupe la corde commune à angle droit.

15. Si par le point de contact de deux circonférences tangentes on leur mène deux sécantes quelconques, les cordes qui

passent par les points d'intersection de ces sécantes avec chaque circonférence, sont parallèles.

16. Par un point A extérieur à un cercle O, on mène une sécante ABC, dont la partie extérieure AB est égale au rayon ; on joint OB, OC et on mène le diamètre AOD qui passe par le point A ; démontrer que l'angle COD est triple de l'angle AOB.

17. D'un point A pris sur une circonférence on mène deux cordes de côtés différents du point A ; la ligne qui joint les milieux des arcs sous-tendus par ces cordes coupe ces cordes en deux points équidistants du point A.

18. Un quadrilatère étant circonscrit à un cercle, c'est-à-dire ayant ses quatre côtés tangents à ce cercle, la somme de deux côtés opposés est égale à la somme des deux autres. — Réciproque.

19. On donne une circonférence et deux tangentes issues d'un point A à cette circonférence ; puis on mène une troisième tangente variable qui forme avec les deux premières un triangle extérieur au cercle. Démontrer que le périmètre de ce triangle est constant, ainsi que l'angle sous lequel on voit du centre le côté opposé au point A, quelle que soit la tangente variable. — Comment faudrait-il modifier l'énoncé du théorème, si la tangente variable était menée de manière que le cercle fût intérieur au triangle formé par les trois tangentes ?

20. Les bissectrices des angles formés par les côtés opposés d'un quadrilatère inscrit sont perpendiculaires.

21. Dans un triangle, les milieux des trois côtés, les pieds des perpendiculaires abaissées des sommets sur les côtés, et les milieux des distances du point de concours de ces perpendiculaires aux trois sommets, sont neuf points situés sur une même circonférence.

22. Un triangle isocèle ABC étant donné, dans lequel on suppose AB = AC, on construit une circonférence tangente au côté AB au point B et ayant son centre sur AC, et l'on prolonge la base BC jusqu'à la rencontre de cette circonférence au point D ; démontrer que le rayon qui passe par le point D est perpendiculaire au côté AC.

23. On donne un arc de cercle et sa corde AB, et on consi-

dère tous les triangles formés en joignant un point quelconque de l'arc de cercle aux deux extrémités de la corde; dans chacun de ces triangles on abaisse des points A et B des perpendiculaires sur les côtés opposés, et on demande le lieu géométrique des points de rencontre de ces perpendiculaires.

24. Quatre points étant donnés arbitrairement dans un plan, mener par ces points quatre droites parallèles deux à deux et qui forment un carré par leurs intersections mutuelles.

25. Décrire avec un rayon donné un cercle qui passe par deux points donnés.

26. Décrire avec un rayon donné un cercle qui passe par un point donné et qui soit tangent à une droite donnée. — Discussion.

27. Décrire avec un rayon donné un cercle tangent à deux droites données. — Discussion.

28. Décrire un cercle passant par deux points donnés et ayant son centre sur une droite ou sur une circonférence donnée. — Discussion.

29. Décrire un cercle tangent à trois droites données.

30. Décrire un cercle tangent à une droite donnée, passant par un point donné, et ayant son centre sur une ligne passant par ce dernier point.

31. Construire un triangle, connaissant deux côtés et la médiane qui tombe sur l'un d'eux. — Discussion.

32. Construire un triangle, connaissant deux côtés et la médiane qui tombe sur le troisième côté. — Discussion.

33. Construire un triangle, connaissant un côté, l'angle opposé et la distance du côté donné au sommet opposé. — Discussion.

34. Construire un triangle, connaissant un côté, l'angle opposé et la somme ou la différence des deux autres côtés. — Discussion.

35. Construire un triangle, connaissant un côté, l'un des angles adjacents et la somme ou la différence des deux autres côtés.

36. Construire un triangle, connaissant les pieds des perpendiculaires abaissées des trois sommets sur les côtés opposés.

37. Construire un triangle rectangle, connaissant l'hypoténuse et la différence entre cette ligne et un des côtés de l'angle droit.

38. Inscrire dans une circonférence un triangle ABC, dont l'angle A est connu et dont les côtés AC et BC soient tangents à deux cercles donnés. (Concours général, Troisième, 1875.)

39. Construire un rectangle, connaissant un côté et l'angle des diagonales.

40. Construire un parallélogramme, connaissant les diagonales et leur angle.

41. Construire un trapèze, connaissant les quatre côtés.

42. Construire un pentagone, connaissant les milieux des cinq côtés.

43. Par un point extérieur à une circonférence, lui mener une sécante telle, que la partie extérieure soit égale à la corde interceptée sur cette circonférence.

44. Par l'un des points d'intersection de deux circonférences sécantes, mener une droite telle, que la somme des cordes interceptées sur cette droite par les deux circonférences ait une longueur donnée.

45. Tracer une circonférence qui passe à égale distance de quatre points donnés non en ligne droite.

46. Une circonférence roule sans glisser à l'intérieur d'une circonférence de rayon double ; trouver la ligne décrite par un des points de la circonférence mobile.

47. Étant donnés un cercle et deux tangentes à ce cercle, mener à ce même cercle une troisième tangente telle, que la partie interceptée entre les deux premières tangentes soit égale à une longueur donnée. (Concours général, Troisième, 1868.)

48. Étant données deux circonférences O et O' qui se coupent, on mène par l'un des deux points communs une sécante qui rencontre la circonférence O en un point B et la circonférence O' en un point B'. On joint le point B au centre O et le point B' au centre O' ; les deux droites ainsi menées se coupent en un point M ; on demande le lieu de ce point. (Concours général, Troisième, 1873.)

49. Construire un quadrilatère inscriptible, connaissant les deux diagonales, l'angle qu'elles forment entre elles et le rayon du cercle circonscrit. — Discussion. (Concours général, Troisième, 1880.)

50. Deux circonférences se coupent en deux points; par l'un des points communs on mène deux droites rectangulaires quelconques qui, prolongées au besoin, coupent la première circonférence aux points A et B, et la seconde aux points A' et B'; on mène les deux lignes AB et A'B', et on demande de trouver le lieu de leur point d'intersection. (Concours académique de Dijon, Troisième, 1869.)

51. Étant donnés une droite AB et deux points C et D extérieurs à cette droite et situés du même côté, trouver sur la droite un point M tel, que l'angle CMA soit double de l'angle DMB.

52. On inscrit dans un cercle donné tous les triangles dont deux côtés sont respectivement parallèles à deux droites fixes données, et l'on demande le lieu des centres des cercles inscrits dans ces triangles. (Concours général, Philosophie, 1873.)

53. Soient A et B les extrémités d'un diamètre d'un cercle dont le centre est O; on prend sur la circonférence de ce cercle un point quelconque C, et on circonscrit un cercle à chacun des triangles AOC, BOC; soit D le centre du premier de ces cercles et soit E le second. On mène les droites AD et BE; soit M leur point de rencontre.

On laisse fixe le diamètre AB et on fait mouvoir le point C sur la circonférence de cercle :

1° Trouver le lieu décrit par le point M;

2° Trouver le lieu décrit par le milieu de la droite CM;

3° Démontrer que les cinq points O, C, D, E, M sont sur une même circonférence.

54. Soit I le point de concours des hauteurs d'un triangle ABC; on construit un second triangle A'B'C' dont les sommets sont respectivement symétriques du point I par rapport aux droites BC, CA, AB.

1° Démontrer que les deux triangles ABC, A'B'C' sont inscrits dans le même cercle.

2° Évaluer les angles du triangle A'B'C' en supposant connus les angles du triangle ABC.

Dans chaque question on examinera séparément le cas où les trois angles du triangle ABC sont aigus, et le cas où l'un d'entre eux, A par exemple, est obtus. (Concours général, Troisième, 1879.)

55. Construire un triangle ABC, connaissant la base AB donnée de position, l'angle au sommet C, et un point P pris sur la bissectrice de l'angle formé au point C par le côté AC et le prolongement du côté BC. (Concours général, Troisième, 1876.)

56. Construire un triangle MNP, sachant que ses côtés vont passer par trois points fixes A, B, C, que les sommets M et N sont sur un cercle fixe passant par les points A et B, et enfin que l'angle en P a une valeur donnée. (Concours général, Seconde, 1875).

57. On donne un triangle ABC rectangle en A ; à l'hypoténuse BC on mène une perpendiculaire qui coupe en D le côté AB et en E le côté AC ; on joint BE et CD. Trouver le lieu décrit par le point d'intersection de ces deux droites, quand la perpendiculaire à l'hypoténuse se déplace.

58. Étant donnés dans un plan un cercle O, un point A sur la circonférence de ce cercle, et une droite quelconque D, trouver sur cette droite un point tel, qu'en menant de ce point les deux tangentes au cercle O, et joignant les points de contact au point A, les lignes de jonction fassent entre elles un angle donné V. (Concours général, Troisième, 1878.)

59. Étant donnés un cercle O et une corde AB de ce cercle, on décrit d'un point quelconque M de sa circonférence comme centre un cercle tangent à AB, et des extrémités A et B de cette corde on mène des tangentes à la circonférence ainsi décrite. On demande le lieu du point P où ces couples de tangentes se rencontrent. (Concours général, Philosophie, 1872.)

LIVRE III

LES FIGURES SEMBLABLES.

§ XII. Lignes proportionnelles.

152. Lemme. *Sur une droite AB il existe deux points tels, que le rapport de leurs distances aux deux points A et B soit égal à un rapport donné, et il n'y en a que deux; l'un est situé sur la droite AB, l'autre est situé sur son prolongement (fig. 106).*

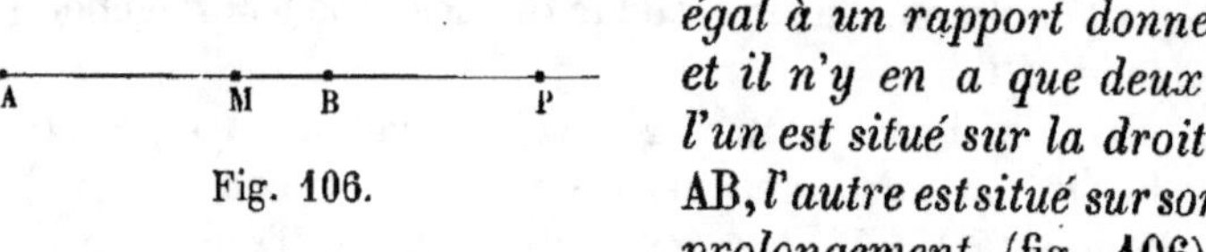

Fig. 106.

Pour fixer les idées, je suppose que le rapport des distances du point cherché aux points A et B soit égal à $\frac{5}{2}$. Partageons la ligne AB en $5+2$ ou 7 parties égales et prenons 5 de ces parties à partir du point A; nous aurons ainsi un point M tel que

$$\frac{MA}{MB} = \frac{5}{2};$$

et si le point M se déplace entre A et B, le rapport $\frac{MA}{MB}$ changera, parce que l'un des termes de ce rapport augmentera, tandis que l'autre diminuera. Le point M est donc le seul qui partage AB proportionnellement aux nombres 5 et 2.

Cherchons maintenant un point sur le prolongement de AB; ce point devant être plus éloigné du point A que du point B, ne peut être que sur le prolongement de AB au delà du point B; pour l'obtenir, je partage AB en $5-2$ ou 3 parties égales, et je porte, à partir du point A, 5 de ces parties; j'obtiens ainsi un point P, tel que

$$\frac{PA}{PB} = \frac{5}{2}.$$

Si maintenant le point P se déplace sur le prolongement de AB, le rapport $\frac{PA}{PB}$ changera; on a, en effet,

$$\frac{PA}{PB} = \frac{PB + AB}{PB} = 1 + \frac{AB}{PB}.$$

Or, lorsque le point P se déplace sur le prolongement de AB, le rapport $\frac{AB}{PB}$, dont le numérateur est fixe et le dénominateur variable, varie; et il en est de même, par conséquent, du rapport $\frac{PA}{PB}$. Le point P est donc le seul point situé sur le prolongement de AB qui soit tel, que le rapport de ses distances aux points A et B soit égal à $\frac{5}{2}$.

155. Théorème. *Une parallèle à un côté d'un triangle détermine sur les deux autres côtés des segments proportionnels.*

Soit DE une droite parallèle au côté BC du triangle ABC (fig. 107); je dis qu'on a :

$$\frac{AD}{DB} = \frac{AE}{EC}.$$

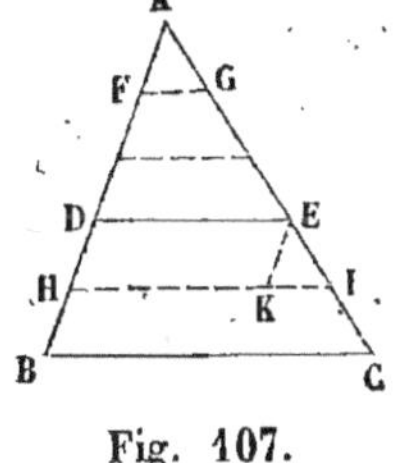

Fig. 107.

Je suppose que les lignes AD et BD aient une commune mesure contenue 3 fois, par exemple, dans AD et 2 fois dans DB; le rapport $\frac{AD}{DB}$ sera alors égal à $\frac{3}{2}$. Par les points de division de AB je mène des parallèles à BC; elles partagent AC en segments tous égaux. En effet, prenons par exemple les segments AG, EI ; je mène EK parallèle à AB ; les lignes EK et DH sont égales comme côtés opposés d'un parallélogramme ; mais DH = AF par construction ; donc EK = AF. Les triangles AFG, EKI ont alors le côté AF = EK, l'angle AFG = EKI comme ayant les côtés parallèles et dirigés dans le même sens (**62**), et l'angle FAG = KEI comme correspondants ; donc ces triangles sont égaux, et AG = EI ; il en sera de même des autres segments de la ligne AC. Or AE contient 3 de ces parties et EC en contient 2 ; donc le rapport $\dfrac{AE}{EC} = \dfrac{3}{2}$; donc il est égal à $\dfrac{AD}{DB}$. C. Q. F. D.

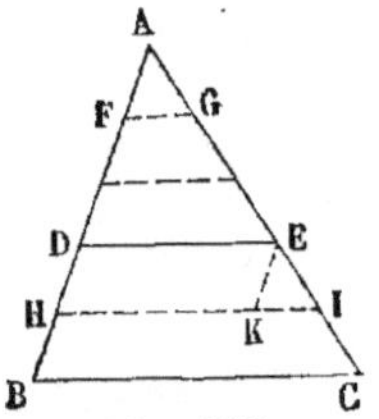

Fig. 107.

Le théorème étant démontré pour le cas où les deux lignes AD et DB ont une commune mesure, quelque petite qu'elle soit, est encore vrai quand ces lignes sont incommensurables.

154. COROLLAIRE. Si dans la proportion

$$\frac{AD}{DB} = \frac{AE}{EC}$$

on change les moyens de place, elle devient

$$\frac{AD}{AE} = \frac{DB}{EC} ;$$

de celle-ci on tire, par une propriété connue des rapports égaux,

$$\frac{AD}{AE} = \frac{DB}{EC} = \frac{AD + DB}{AE + EC},$$

et en remplaçant AD + DB par AB, et AE + EC par AC,

$$\frac{AD}{AE} = \frac{DB}{EC} = \frac{AB}{AC},$$

égalité de rapports qu'on peut énoncer ainsi :

Lorsqu'on coupe deux côtés d'un triangle par une parallèle au troisième côté, le rapport des deux premiers côtés est égal au rapport des segments compris entre le sommet et la sécante, et aussi au rapport des segments compris entre la sécante et le troisième côté.

REMARQUE. Le théorème et le corollaire précédents sont encore vrais quand la sécante, au lieu de couper les côtés mêmes du triangle, coupe leurs prolongements; et ils se démontrent de la même manière.

155. COROLLAIRE II. *Des parallèles interceptent sur deux droites AC, DF des segments proportionnels* (fig. 108).

Soient AD, BE, CF, trois parallèles qui coupent les droites AC et DF; je dis qu'on a :

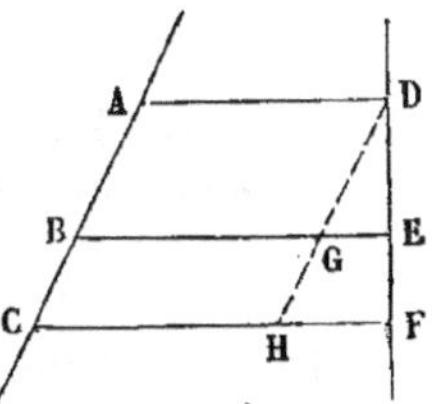

Fig. 108.

$$\frac{AB}{DE} = \frac{BC}{EF}.$$

En effet, par le point D je mène DH parallèle à AC; on a (**154**) :

$$\frac{DG}{DE} = \frac{GH}{EF};$$

or DG = AB, GH = BC (**72**); donc

$$\frac{AB}{DE} = \frac{BC}{EF}. \qquad \text{C. Q. F. D.}$$

156. THÉORÈME. Réciproquement, *si une ligne partage deux côtés d'un triangle en segments proportionnels, elle est parallèle au troisième côté* (fig. 109).

Je suppose que la ligne DE partage les côtés AB et AC en segments proportionnels, en sorte qu'on ait :

Fig. 109.

$$\frac{AD}{DB} = \frac{AE}{EC};$$

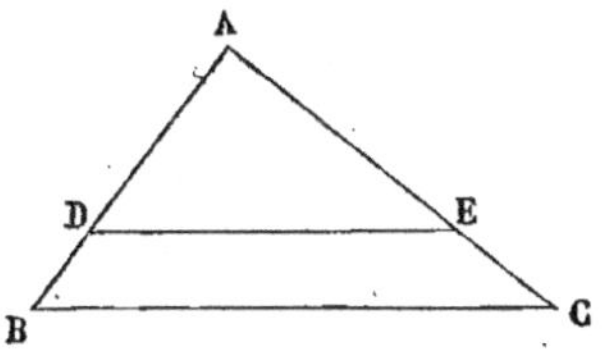

je dis que DE est parallèle à BC. En effet, si par le point D je mène une parallèle à BC, elle partage le côté AC en segments proportionnels à AD et DB (**155**) ; or le point E est le seul qui partage AC dans le rapport de AD à DB (**152**) ; donc la parallèle menée passe par le point E. c. q. f. d.

REMARQUE. Le théorème serait encore vrai et se démontrerait de même, si les points D et E, au lieu d'être situés sur les côtés AB et AC eux-mêmes, comme dans la figure, se trouvaient sur les prolongements de ces côtés, pourvu toutefois que ces deux points soient du même côté du point A.

§ XIII. Polygones semblables. — Conditions de similitude des triangles. — Rapport des périmètres de deux polygones semblables.

157. DÉFINITIONS. Deux polygones sont dits *semblables*, lorsqu'ils ont les angles égaux et les côtés homologues proportionnels. On appelle côtés *homologues* de deux polygones semblables ceux qui sont adjacents, de part et d'autre, à des angles égaux. Dans deux triangles semblables, les côtés homologues sont opposés à des angles égaux. On appelle de même sommets homologues de deux polygones semblables les sommets des angles égaux, et diagonales homologues, celles qui joignent des sommets homologues.

Le rapport de deux côtés homologues des deux polygones semblables porte le nom de *rapport de similitude* de ces deux polygones ; ce rapport a une valeur constante, quels que soient les côtés homologues que l'on considère dans les deux polygones.

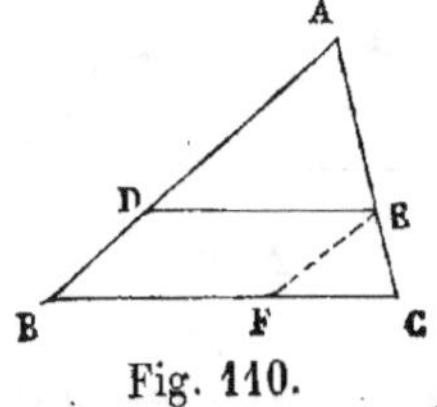

Fig. 110.

158. THÉORÈME. *Toute parallèle* DE *à l'un des côtés d'un triangle* ABC *détermine un nouveau triangle* ADE *semblable au premier* (fig. 110).

En effet, d'abord les deux triangles ABC, ADE sont équiangles comme ayant l'angle A commun et les autres angles égaux chacun à chacun comme correspondants. Les côtés homologues sont proportionnels; en effet, on a la proportion (**154**):

$$\frac{AD}{AE} = \frac{AB}{AC},$$

d'où l'on tire :

$$\frac{AD}{AB} = \frac{AE}{AC}; \qquad [1]$$

je mène ensuite EF parallèle à AB; on a alors (**154**) :

$$\frac{AE}{BF} = \frac{AC}{BC}, \quad ou \quad \frac{AE}{AC} = \frac{BF}{BC},$$

et comme BF = DE (**72**), on a :

$$\frac{AE}{AC} = \frac{DE}{BC}. \qquad [2]$$

Les proportions [1] et [2] ont un rapport commun, $\dfrac{AE}{AC}$; donc les trois rapports sont égaux, et l'on a :

$$\frac{AD}{AB} = \frac{AE}{AC} = \frac{DE}{BC},$$

ce qui montre que les deux triangles ADE, ABC ont les côtés proportionnels; comme ils sont équiangles, ils sont semblables. c. q. f. d.

REMARQUE. Si la droite DE parallèle à BC coupait les prolongements des côtés AB et AC au delà du point A, la démonstration précédente serait un peu modifiée : les angles en A seraient égaux comme opposés par le sommet, et les angles B et ADE seraient égaux comme alternes-internes et non plus comme correspondants.

159. THÉORÈME. *Deux triangles* ABC, A′B′C′, *qui ont les angles égaux chacun à chacun, sont semblables* (fig. 111).

On a, par hypothèse, A = A′, B = B′, C = C′; je prends sur AB une longueur AD égale à A′B′ et je mène DE parallèle à BC; le triangle ADE est semblable à ABC (**158**).

Je dis de plus que ce même triangle ADE est égal au triangle A′B′C′; ils ont, en effet, le côté AD égal à A′B′ par construction, l'angle A égal à l'angle A′ par hypothèse, et enfin l'angle ADE égal à l'angle B′, parce que tous les deux sont égaux au même angle B. Les deux triangles ADE, A′B′C′ sont égaux (**31**) ; et par conséquent le triangle A′B′C′ est semblable au triangle ABC. C. Q. F. D.

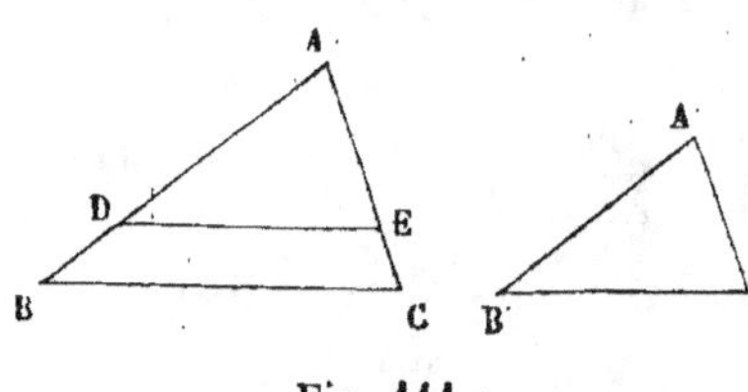

Fig. 111.

REMARQUE. Il suffit que les deux triangles ABC, A′B′C′ aient deux angles égaux pour être semblables ; car s'ils ont deux angles égaux chacun à chacun, ils sont équiangles (**67**).

160. THÉORÈME. *Deux triangles* ABC, A′B′C′, *qui ont un angle égal compris entre côtés proportionnels, sont semblables* (fig. 112).

On a, par hypothèse,

$$A = A', \quad \frac{AB}{A'B'} = \frac{AC}{A'C'}. \qquad [1]$$

Je prends sur AB une longueur AD égale à A′B′, et je mène DE parallèle à BC ; le triangle ADE est semblable à ABC (**158**). Par conséquent, on a :

$$\frac{AB}{AD} = \frac{AC}{AE}; \qquad [2]$$

les proportions [1] et [2] ont les trois premiers termes égaux, puisque AD = A′B′ ; donc AE = A′C′ ; par suite les triangles ADE, A′B′C′ ont l'angle A = A′ par hypothèse, AD = A′B′ par construction et AE = A′C′ par démonstration ; donc ils sont égaux (**32**), et par conséquent A′B′C′ est semblable à ABC.

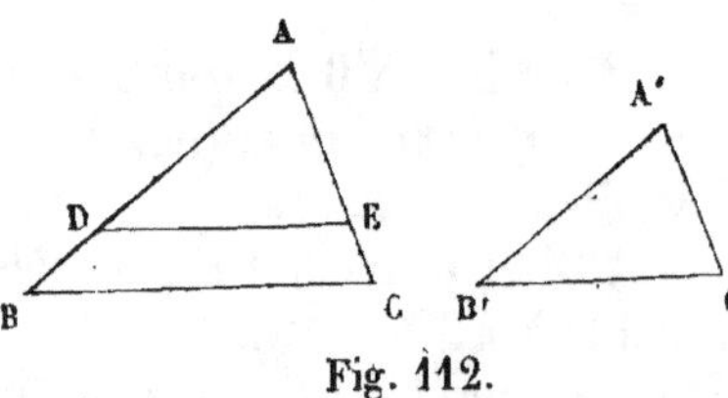

Fig. 112.

161. Théorème. *Deux triangles ABC, A'B'C', qui ont les côtés proportionnels, sont semblables* (fig. 113).

Je suppose qu'on ait :

$$\frac{AB}{A'B'} = \frac{AC}{A'C'} = \frac{BC}{B'C'}. \qquad [1]$$

Je prends sur AB une longueur AD = A'B', et je mène DE parallèle à BC; le triangle ADE est semblable à ABC (**158**). On aura alors :

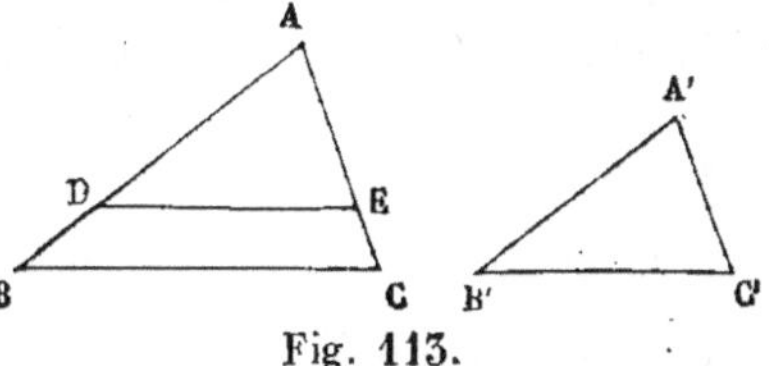

Fig. 113.

$$\frac{AB}{AD} = \frac{AC}{AE} = \frac{BC}{DE}; \qquad [2]$$

en comparant les égalités de rapports [1] et [2], et remarquant que AD = A'B', on en déduit :

$$AE = A'C'; \quad DE = B'C';$$

les triangles ADE, A'B'C' ont alors les trois côtés égaux ; donc ils sont égaux, et A'B'C' est semblable à ABC.

162. Théorème. *Deux triangles qui ont les côtés parallèles ou perpendiculaires sont semblables.*

Ces deux triangles ont alors les angles égaux ou supplémentaires chacun à chacun (**62** et **63**); désignons par A, B, C, A', B', C', les angles des deux triangles. On ne peut pas avoir en même temps :

$$A + A' = 2\,dr., \quad B + B' = 2\,dr., \quad C + C' = 2\,dr.,$$

car la somme des six angles serait égale à 6 droits, ce qui est impossible (**65**). On ne peut avoir non plus :

$$A = A', \quad B + B' = 2\,dr., \quad C + C' = 2\,dr.,$$

car la somme des six angles surpasserait encore 4 droits, ce qui est impossible. On devra donc avoir :

$$A = A' \quad et \quad B = B';$$

mais alors les triangles sont équiangles et semblables (**159**).

163. Théorème. *Deux polygones ABCDE, A'B'C'D'E', composés d'un même nombre de triangles semblables et semblablement placés, sont semblables* (fig. 114).

En effet, je dis en premier lieu que les deux polygones ont les angles égaux chacun à chacun. Les angles B et B' sont égaux comme angles homologues des deux triangles semblables ABC, A'B'C'; les angles E et E' sont égaux pour la même raison. Les angles BCD, B'C'D' sont égaux comme composés l'un et l'autre de deux angles égaux chacun à chacun, l'angle BCA égal à B'C'A' à cause de la similitude des triangles ABC, A'B'C', et l'angle ACD égal à l'angle A'C'D' à cause de la si-

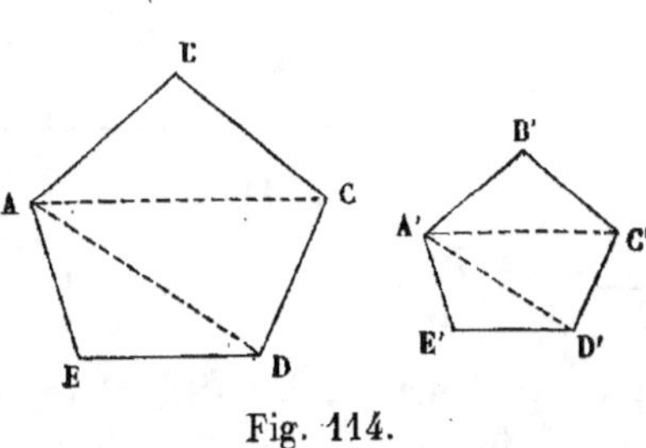

Fig. 114.

militude des triangles ACD, A'C'D'. Les deux angles CDE, C'D'E' sont égaux pour une raison analogue. Enfin les angles BAE, B'A'E', composés d'un même nombre d'angles égaux chacun à chacun, sont aussi égaux ; donc les deux *polygones* sont équiangles.

Je dis, en second lieu, que les deux polygones ont les côtés homologues proportionnels ; en effet, la similitude des triangles ABC et A'B'C', ACD et A'C'D', ADE et A'D'E' donne les égalités de rapports suivantes :

$$\frac{AB}{A'B'} = \frac{BC}{B'C'} = \frac{AC}{A'C'},$$

$$\frac{AC}{A'C'} = \frac{CD}{C'D'} = \frac{AD}{A'D'},$$

$$\frac{AD}{A'D'} = \frac{DE}{D'E'} = \frac{EA}{E'A'},$$

d'où l'on tire, à cause des rapports communs,

$$\frac{AB}{A'B'} = \frac{BC}{B'C'} = \frac{CD}{C'D'} = \frac{DE}{D'E'} = \frac{EA}{E'A'}.$$

égalité qui démontre la proportionnalité des côtés homologues. Donc enfin les polygones sont équiangles et ont les côtés proportionnels ; par conséquent ils sont semblables. c. q. f. d.

164. Théorème. Réciproquement, *deux polygones semblables ABCDE, A′B′C′D′E′ peuvent être décomposés en un même nombre de triangles semblables et semblablement disposés* (fig. 115).

Par les sommets homologues A et A′ je mène toutes les diagonales possibles dans les deux polygones ; elles décomposent chacun d'eux en autant de triangles qu'il y a de côtés moins deux ; ces triangles sont donc en même nombre ; je dis de plus qu'ils sont semblables chacun à chacun.

Prenons d'abord les deux triangles ABC, A′B′C′ ; ils ont l'angle B égal à l'angle B′, comme angles ho-

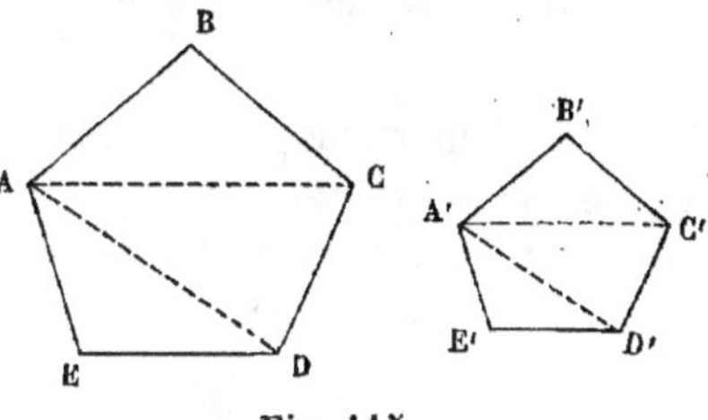

Fig. 115.

mologues des deux polygones semblables ; la similitude des deux polygones donne en outre la proportion :

$$\frac{AB}{A′B′} = \frac{BC}{B′C′} ;$$

donc les deux triangles ABC, A′B′C′ ont un angle égal compris entre côtés proportionnels, et par conséquent sont semblables (**160**).

Il résulte de là que l'angle BCA est égal à l'angle B′C′A′, et comme l'angle BCD est égal à l'angle B′C′D′ en vertu de l'hypothèse, l'angle ACD, différence des angles BCD et BCA, est égal à l'angle A′C′D′, différence des angles B′C′D′ et B′C′A′. La similitude des deux triangles ABC, A′B′C′, donne la proportion :

$$\frac{BC}{B′C′} = \frac{CA}{C′A′} ;$$

celle des deux polygones donne :

$$\frac{BC}{B'C'} = \frac{CD}{C'D'};$$

de la comparaison de ces deux proportions on déduit :

$$\frac{CA}{C'A'} = \frac{CD}{C'D'};$$

donc les deux triangles ACD, A'C'D' ont un angle égal compris entre côtés proportionnels ; donc ils sont semblables.

On démontrerait de même la similitude des autres triangles.

165. Théorème. *Le rapport des périmètres de deux polygones semblables ABCDE, A'B'C'D'E' est égal au rapport de deux côtés homologues* (fig. 115).

On a, par hypothèse,

$$\frac{AB}{A'B'} = \frac{BC}{B'C'} = \frac{CD}{C'D'} = \frac{DE}{D'E'} = \frac{EA}{E'A'},$$

d'où l'on tire immédiatement par une propriété connue des rapports égaux :

$$\frac{AB + BC + CD + DE + EA}{A'B' + B'C' + C'D' + D'E' + E'A'} = \frac{AB}{A'B'}. \qquad \text{C. Q. F. D.}$$

Il est d'ailleurs aisé de se rendre compte de l'exactitude de ce théorème par des considérations très simples. Supposons, pour fixer les idées, que le rapport de deux côtés homologues des deux polygones soit égal à $\frac{5}{3}$; cela veut dire que chaque côté du premier polygone vaut les $\frac{5}{3}$ du côté homologue du second polygone ; par suite le périmètre du premier polygone vaut aussi les $\frac{5}{3}$ du périmètre du second ; et c'est précisément ce qu'il fallait démontrer.

§ XIV. Relations entre la perpendiculaire abaissée du sommet de l'angle droit d'un triangle rectangle sur l'hypoténuse, les segments de l'hypoténuse, l'hypoténuse elle-même et les côtés de l'angle droit.

166. Définitions. On appelle *projection* d'un point sur une droite le pied de la perpendiculaire abaissée de ce point sur la droite.

On appelle *projection* d'une droite AB sur une droite CD, la portion A′B′ de cette dernière droite comprise entre les projections A′ et B′ des deux extrémités de AB (fig. 116).

Nous rappelons que lorsque les deux moyens d'une proportion sont égaux, chacun d'eux s'appelle une *moyenne proportionnelle* entre les deux extrêmes. On sait aussi que cette définition

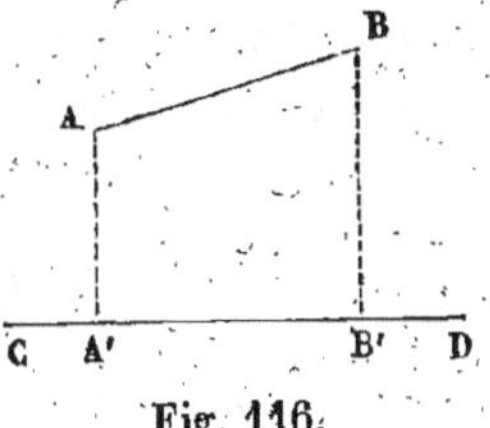

Fig. 116.

revient à dire que la moyenne proportionnelle entre deux nombres est un troisième nombre dont le carré est égal au produit des deux premiers ; ainsi, la moyenne proportionnelle entre 2 et 18 est 6, parce que le carré de 6 est égal au produit 2×18 (Voy. l'*Arithmétique*).

167. Théorème. *Si du sommet A de l'angle droit d'un triangle rectangle ABC on abaisse une perpendiculaire sur l'hypoténuse :*

1° Chaque côté de l'angle droit est moyen proportionnel entre l'hypoténuse entière et sa projection sur l'hypoténuse ;

2° La perpendiculaire est moyenne proportionnelle entre les segments de l'hypoténuse (fig. 117).

1° Les deux triangles ABC, ABD sont rectangles et ont l'angle B commun ; donc ils sont semblables (**159**) ; si l'on écrit que les côtés homologues de ces deux triangles sont proportionnels, on a :

$$\frac{BC}{AB} = \frac{AB}{BD}, \quad \text{ou} \quad \overline{AB}^2 = BC \times BD ;$$

ce qui prouve que le côté AB de l'angle droit est moyen proportionnel entre l'hypoténuse entière BC et la projection BD

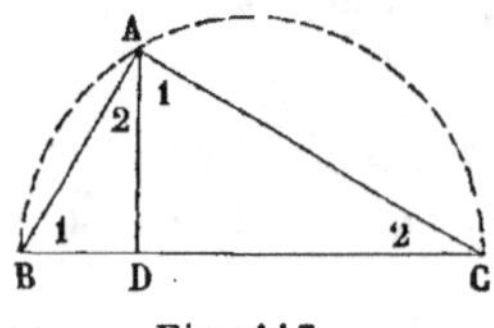

Fig. 117.

de ce côté sur l'hypoténuse. En comparant de même les triangles semblables ABC, DAC, on trouverait pareillement :

$$\overline{AC}^2 = BC \times CD.$$

2° Les deux triangles ABD, CAD, équiangles au triangle ACB, sont équiangles entre eux; donc ils sont semblables, et on a la proportion :

$$\frac{BD}{AD} = \frac{AD}{CD}, \quad \text{ou} \quad \overline{AD}^2 = BD \times CD;$$

ce qui montre que la perpendiculaire AD est moyenne proportionnelle entre les segments BD et CD de l'hypoténuse.

168. COROLLAIRE I. En joignant un point quelconque A d'une demi-circonférence aux deux extrémités du diamètre BC (fig. 117), on forme un triangle rectangle (**114**); donc, en vertu du théorème précédent :

1° *Toute corde d'un cercle est moyenne proportionnelle entre le diamètre qui passe par son extrémité et sa projection sur ce diamètre ;*

2° *La perpendiculaire abaissée d'un point quelconque d'une circonférence sur un diamètre est moyenne proportionnelle entre les deux segments du diamètre.*

169. COROLLAIRE II. *Les carrés des deux côtés de l'angle droit d'un triangle rectangle sont proportionnels aux projections de ces côtés sur l'hypoténuse.*

On a (fig. 117) :

$$\overline{AB}^2 = BC \times BD,$$
$$\overline{AC}^2 = BC \times CD;$$

en divisant membre à membre, et en remarquant que BC,

facteur commun aux deux termes du second membre, disparaît, on a :

$$\frac{\overline{AB}^2}{\overline{AC}^2} = \frac{BD}{CD}.$$

C. Q. F. D.

170. Théorème. *Le carré de l'hypoténuse d'un triangle rectangle est égal à la somme des carrés des côtés de l'angle droit* (fig. 118).

On a (**167**, 1°) :

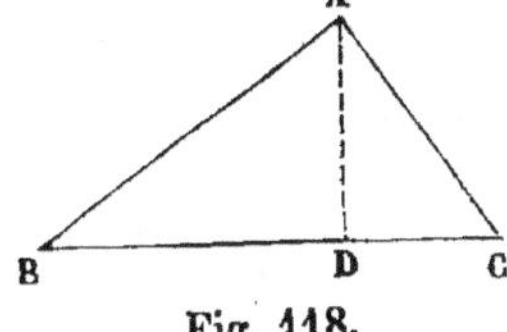

Fig. 118.

$$\overline{AB}^2 = BC \times BD,$$
$$\overline{AC}^2 = BC \times CD;$$

en ajoutant, on obtient :

$$\overline{AB}^2 + \overline{AC}^2 = BC \times (BD + CD) = BC \times BC = \overline{BC}^2.$$

C. Q. F. D.

Remarque. La découverte de ce théorème est attribuée au philosophe grec Pythagore.

171. Applications. Les théorèmes des nos **167** et **170** fournissent des relations entre les trois côtés d'un triangle rectangle, la perpendiculaire abaissée du sommet de l'angle droit sur l'hypoténuse et les deux segments de l'hypoténuse, en tout six quantités. Deux de ces quantités étant données, on peut, à l'aide de ces relations, calculer les quatre autres ; de là neuf problèmes distincts sur le triangle rectangle, dont la solution se déduit des théorèmes précédents ; nous allons en résoudre quelques-uns.

I. Les deux côtés de l'angle droit d'un triangle rectangle sont égaux, le premier à 21 mètres, le second à 28 mètres. Trouver l'hypoténuse, les deux segments et la perpendiculaire.

L'hypoténuse se calcule aisément à l'aide du théorème précédent : il suffit d'ajouter les carrés des deux côtés et d'extraire la racine carrée de cette somme. *On trouve ainsi* :

$$\sqrt{21^2 + 28^2} = \sqrt{1225} = 35 \text{ mètres.}$$

Les segments de l'hypoténuse se calculent au moyen de la propriété du n° **167**, 1°; on en déduit, en effet :

$$BD = \frac{\overline{AB}^2}{BC}; \quad CD = \frac{\overline{AC}^2}{BC};$$

ce qui donne ici

$$BD = \frac{21^2}{35} = \frac{441}{35} = 12^m,60 ;$$

$$CD = \frac{28^2}{35} = \frac{784}{35} = 22^m,40.$$

Enfin la perpendiculaire AD s'obtient en appliquant la deuxième partie du même théorème,

$$\overline{AD}^2 = BD \times CD,$$

ce qui donne ici

$$\overline{AD}^2 = 12,6 \times 22,4 = 282,24,$$

d'où

$$AD = \sqrt{282,24} = 16^m,80.$$

II. L'hypoténuse d'un triangle rectangle a une longueur de 13 mètres, et l'un des côtés de l'angle droit est égal à 5 mètres ; trouver l'autre côté de l'angle droit, les segments de l'hypoténuse et la perpendiculaire.

Le carré du second côté de l'angle droit est égal au carré de l'hypoténuse diminué du carré du premier côté. (**170**), c'est-à-dire à $13^2 - 5^2$; donc ce second côté est égal à

$$\sqrt{13^2 - 5^2} = \sqrt{144} = 12 \text{ mètres.}$$

Mais on peut aussi calculer d'abord les deux segments de

l'hypoténuse ; celui qui est la projection du côté donné s'obtient aisément par la formule

$$BD = \frac{\overline{AB}^2}{\overline{BC}} = \frac{5^2}{13} = \frac{25}{13} = 1^m,923,$$

à un millimètre près.

L'autre segment s'obtient par différence ; il est égal à

$$13^m - \frac{25^m}{12} = \frac{144^m}{13} = 11^m,077,$$

à un millimètre près

La perpendiculaire s'obtient en prenant la moyenne proportionnelle entre les deux segments, ce qui donne

$$\sqrt{\frac{25}{13} \times \frac{144}{13}} = \frac{60^m}{13} = 4^m,615,$$

à un millimètre près.

Enfin le second côté de l'angle droit se trouve en calculant la moyenne proportionnelle entre l'hypoténuse et le second segment, ce qui donne

$$\sqrt{13 \times \frac{144}{13}} = \sqrt{144} = 12 \text{ mètres.}$$

III. Les segments de l'hypoténuse d'un triangle rectangle sont égaux, le premier à $16^m,15$, et le second à $25^m,60$; calculer les côtés du triangle et la perpendiculaire.

L'hypoténuse est égale à la somme des deux segments, c'est-à-dire à

$$16^m,15 + 25^m,60 = 41^m,75.$$

Les côtés de l'angle droit s'obtiennent par des moyennes proportionnelles ; le premier est égal à

$$\sqrt{41,75 \times 16,15} = \sqrt{674,2625} = 25^m,967,$$

à un millimètre près ; le second est égal à

$$\sqrt{41,75 \times 25,60} = \sqrt{1068,80} = 32^m,693,$$

à un millimètre près.

Enfin la perpendiculaire est moyenne proportionnelle entre les deux segments ; sa valeur est donc

$$\sqrt{16,15 \times 25,60} = \sqrt{413,44} = 20^{m},333,$$

à un millimètre près.

IV. On donne la perpendiculaire $AD = 18$ mètres et le segment $BD = 5$ mètres ; trouver l'autre segment et les côtés du triangle rectangle.

De l'égalité

$$\overline{AD}^2 = BD \times CD$$

on tire

$$CD = \frac{\overline{AD}^2}{BD} = \frac{18^2}{5} = \frac{324}{5} = 64^{m},8.$$

L'hypoténuse est alors égale à

$$5^{m} + 64^{m},8 = 69^{m},8.$$

Les côtés de l'angle droit peuvent se calculer au moyen du théorème du n° **167**, ou bien en appliquant le théorème **170** aux triangles rectangles ABD, ACD ; j'emploie le premier moyen, et j'ai :

$$AB = \sqrt{BC \times BD} = \sqrt{69,8 \times 5} = 18^{m},684,$$
$$AC = \sqrt{BC \times CD} = \sqrt{69,8 \times 64,8} = 67^{m},254,$$

à un millimètre près.

§ XV. Théorème relatif au carré du nombre qui exprime la longueur du côté d'un triangle opposé à un angle aigu ou obtus.

172. THÉORÈME. *Le carré du côté d'un triangle opposé à un angle aigu* A *est égal à la somme des carrés des deux autres côtés, moins deux fois le produit de l'un de ces côtés par la projection de l'autre sur le premier* (fig. 119).

Du sommet B j'abaisse la perpendiculaire BD sur le côté AC; dans le triangle rectangle BCD, j'ai (170) :

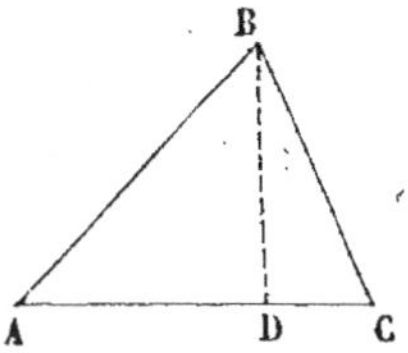

$$\overline{BC}^2 = \overline{BD}^2 + \overline{DC}^2 ; \qquad [1]$$

dans le triangle rectangle ABD, j'ai de même :

$$\overline{BD}^2 + \overline{AD}^2 = \overline{AB}^2 ; \qquad [2]$$

on a de plus, sur la figure, DC = AC — AD; et en élevant au carré [1] :

$$\overline{DC}^2 = \overline{AC}^2 + \overline{AD}^2 - 2AC \times AD ; \qquad [3]$$

j'ajoute les égalités [1], [2], [3], et il vient après réductions :

$$\overline{BC}^2 = \overline{AB}^2 + \overline{AC}^2 - 2AC \times AD. \qquad \text{C. Q. F. D.}$$

Fig. 119.

173. THÉORÈME. *Dans un triangle obtusangle ABC, le carré du côté opposé à l'angle obtus A est égal à la somme des carrés des autres côtés, plus deux fois le produit de l'un de ces côtés par la projection de l'autre sur le premier* (fig. 120).

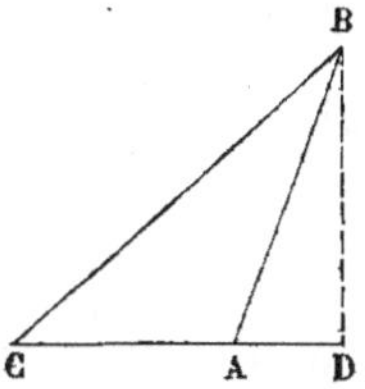

Du point B j'abaisse la perpendiculaire BD sur le côté opposé; le triangle rectangle BCD donne (170) :

$$\overline{BC}^2 = \overline{BD}^2 + \overline{CD}^2 ; \qquad [1]$$

le triangle rectangle ABD donne de même :

$$\overline{BD}^2 + \overline{AD}^2 = \overline{AB}^2 ; \qquad [2]$$

Fig. 120.

1. Nous supposons connue la composition du carré de la somme ou de la différence de deux nombres; on démontre en arithmétique ou en algèbre que *le carré de la somme de deux nombres est égal à la somme des carrés de ces deux nombres augmentée du double de leur produit*; et que *le carré de la différence de deux nombres est égal à la somme des carrés de ces nombres diminuée du double de leur produit.*

on a sur la figure : $CD = AC + AD$, et en élevant au carré, on a :

$$\overline{CD}^2 = \overline{AC}^2 + \overline{AD}^2 + 2AC \times AD ; \qquad [3]$$

j'ajoute les égalités [1], [2], [3], et j'ai :

$$\overline{BC}^2 = \overline{AB}^2 + \overline{AC}^2 + 2AC \times AD. \qquad \text{c. q. f. d.}$$

174. Corollaire. *Un angle d'un triangle est aigu, droit ou obtus, suivant que le carré du côté opposé à cet angle est inférieur, égal ou supérieur à la somme des carrés des deux autres côtés.*

Cela résulte immédiatement du rapprochement des théorèmes des numéros **170, 172** et **173**.

175. Application. Les théorèmes précédents permettent de résoudre la question suivante :

Étant donnés les trois côtés d'un triangle, trouver la distance d'un sommet au côté opposé. Cette distance s'appelle la *hauteur* du triangle.

Supposons qu'on veuille calculer la hauteur BD (fig. 119 et 120) ; on cherchera d'abord la projection AD du côté AB sur le côté AC ; si l'angle A est aigu, on aura (**172**) :

$$\overline{BC}^2 = \overline{AB}^2 + \overline{AC}^2 - 2AC \times AD ;$$

d'où l'on tire facilement :

$$AD = \frac{\overline{AB}^2 + \overline{AC}^2 - \overline{BC}^2}{2AC} ;$$

si l'angle A est obtus, on aura (**173**) :

$$AD = \frac{\overline{BC}^2 - \overline{AB}^2 - \overline{AC}^2}{2AC} .$$

Connaissant AD, on obtiendra BD, dans le triangle rectangle ABD, par la formule

$$BD = \sqrt{\overline{AB}^2 - \overline{AD}^2} .$$

Exemple. On donne :

$$AB = 25^m,$$
$$BC = 41^m,$$
$$AC = 32^m;$$

calculer la hauteur BD.

Je fais les carrés des trois côtés, ce qui donne :

$$\overline{AB}^2 = 625,$$
$$\overline{BC}^2 = 1681,$$
$$\overline{AC}^2 = 1024.$$

$\overline{BC}^2$ est plus grand que $\overline{AB}^2 + \overline{AC}^2 = 1649$; donc l'angle est obtus et l'on a :

$$AD = \frac{\overline{BC}^2 - \overline{AB}^2 - \overline{AC}^2}{2AC} = \frac{32}{64} = 0^m,5.$$

Par suite,

$$BD = \sqrt{\overline{AB}^2 - \overline{AD}^2} = \sqrt{624,75} = 24^m,995,$$

à un millimètre près.

§ XVI. Théorème relatif aux sécantes d'un cercle issues d'un même point.

176. Théorème. *Si d'un point pris dans le plan d'un cercle on lui mène des sécantes, le produit des distances du point aux deux points où chaque sécante coupe la circonférence est le même pour toutes les sécantes.*

Nous distinguerons deux cas :

1° Le point donné P est dans l'intérieur de la circonférence (fig. 121). Je mène par ce point deux sécantes quelconques BPA, DPC, et je joins les points C et B, A et D; les deux triangles CPB, APD ont l'angle D égal à B, comme inscrits dans le même segment

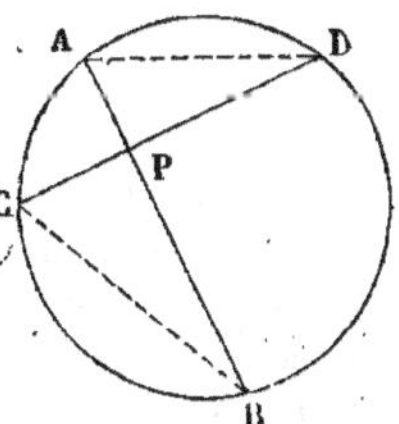

Fig. 121.

(**116**), et l'angle C égal à A pour la même raison ; donc ils sont semblables (**159**), et on a la proportion :

$$\frac{PB}{PD} = \frac{PC}{PA}, \quad \text{ou} \quad PB \times PA = PC \times PD. \quad \text{c. q. f. d.}$$

2° Le point P est extérieur à la circonférence (fig. 122). Je mène par ce point deux sécantes quelconques, PBA, PDC, et je joins BC et AD ; les deux triangles PAD, PCB ont l'angle P commun, et l'angle A égal à C comme inscrits dans le même segment (**116**) ; donc ils sont semblables (**159**), et on a la proportion :

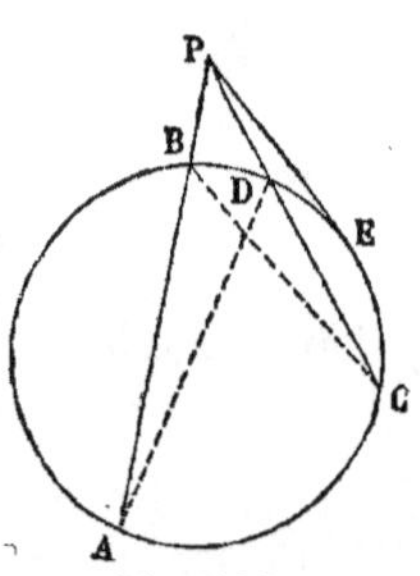

Fig. 122.

$$\frac{PA}{PC} = \frac{PD}{PB}, \quad \text{ou} \quad PA \times PB = PC \times PD.$$

c. q. f. d.

177. Corollaire. *Si d'un point P pris hors d'un cercle on lui mène une tangente et une sécante, la tangente est moyenne proportionnelle entre la sécante entière et sa partie extérieure* (fig. 122).

Soient PBA la sécante et PE la tangente ; je mène par le point P une autre sécante PDC ; on a alors :

$$PD \times PC = PA \times PB ;$$

si maintenant la sécante PDC tourne autour du point P en se rapprochant de PE, les points D et C tendent à se confondre en un seul au point E, et la relation précédente devient alors :

$$\overline{PE}^2 = PA \times PB. \quad \text{c. q. f. d.}$$

§ XVII. Problèmes : Diviser une droite donnée en parties égales, en parties proportionnelles à des longueurs données. — Trouver une quatrième proportionnelle à trois lignes données, une moyenne proportionnelle à deux lignes données. — Construire sur une droite donnée un polygone semblable à un polygone donné.

178. Problème. *Diviser une droite en un certain nombre de parties égales.*

Proposons-nous, par exemple, de diviser la droite AB (fig. 123) en cinq parties égales. Par l'une des extrémités A de la droite donnée, je mène une ligne quelconque indéfinie AG, sur laquelle je porte, à partir du point A et à la suite les unes des autres, cinq longueurs AC, CD, DE, EF, FG, égales entre elles ; puis je joins BG, et par les points C, D, E et F je mène des parallèles à BG. Ces lignes divisent AB en cinq parties égales ; il résulte en effet de la démonstration du

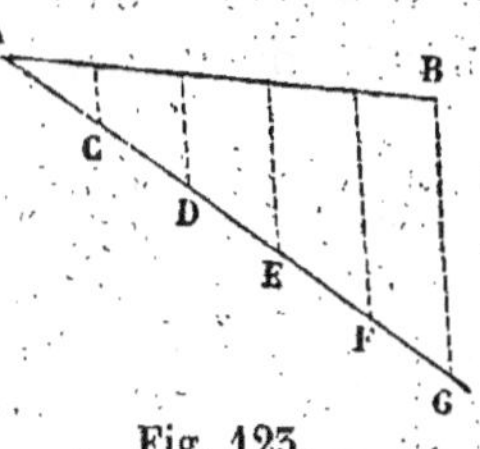

Fig. 123.

théorème du n° **153** que, lorsqu'un côté AG d'un triangle est divisé en parties égales, des parallèles au côté BG, menées par les points de division, divisent l'autre côté AB en un même nombre de parties égales.

179. PROBLÈME. *Diviser une droite donnée* AB *en parties proportionnelles à des longueurs données* M, N, P (fig. 124).

Par le point A je mène une droite indéfinie quelconque, sur laquelle je porte à la suite l'une de l'autre trois longueurs AC, CD, DE, respectivement égales aux lignes M, N, P ; je joins BE ; par les points C et D je mène des parallèles à BE ; ces lignes partagent la ligne AB en segments proportionnels aux longueurs M, N, P (**155**).

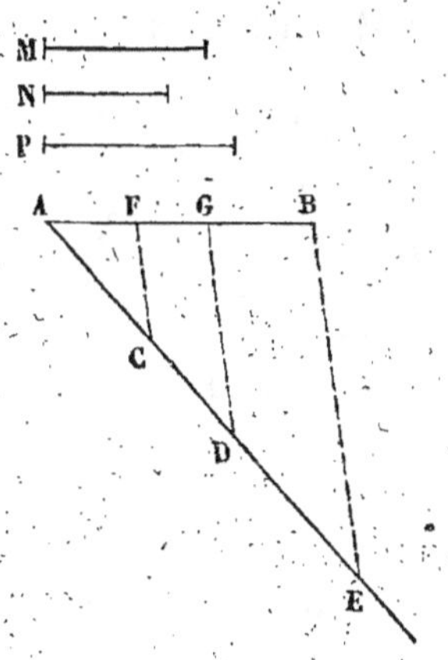

Fig. 124.

REMARQUE. Si l'on voulait diviser la *ligne* AB en parties proportionnelles à des nombres donnés, comme 4, 3 et 5, par exemple, on prendrait une longueur arbitraire comme unité, et on construirait trois lignes M, N, P, respectivement égales à 4 fois, 3 fois et 5 fois l'unité de longueur ; on serait ainsi ramené au problème précédent.

7

180. PROBLÈME. *Construire une quatrième proportionnelle à trois lignes données* M, N, P (fig. 125).

On appelle *quatrième proportionnelle* à trois lignes données, le quatrième terme d'une proportion dont les trois lignes données sont les trois premiers termes.

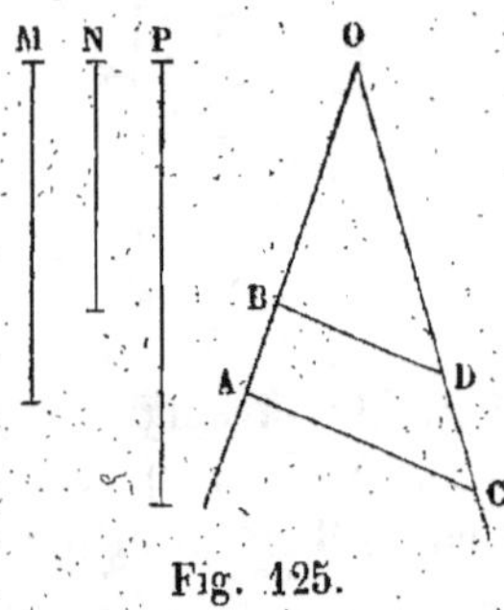

Fig. 125.

Pour construire la quatrième proportionnelle aux lignes M, N, P, je fais un angle quelconque O; sur l'un des côtés je prends, à partir du point O, deux longueurs OA, OB, respectivement égales à M et à N, et sur l'autre côté je prends une longueur OC = P; puis je joins AC, et je mène BD parallèle à AC; OD est la quatrième proportionnelle demandée; car les triangles semblables OAC, OBD (**158**) donnent :

$$\frac{OA}{OB} = \frac{OC}{OD}, \quad \text{ou} \quad \frac{M}{N} = \frac{P}{OD}.$$

181. PROBLÈME. *Construire une moyenne proportionnelle à deux droites données* a *et* b.

Première solution (fig. 126).

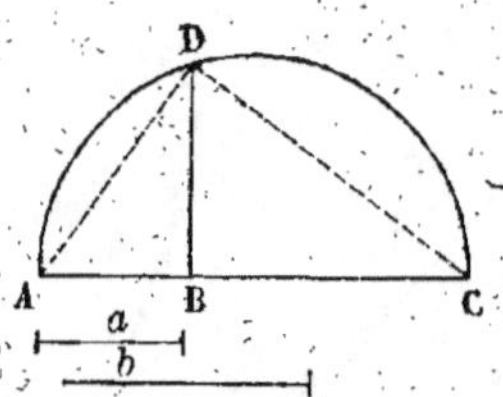

Fig. 126.

Sur une droite indéfinie je prends à la suite l'une de l'autre deux longueurs AB, BC, respectivement égales à *a* et à *b*; sur AC comme diamètre, je décris une demi-circonférence, et je mène BD perpendiculaire à AC; cette ligne BD est moyenne proportionnelle entre AB et BC (**168**, 2°).

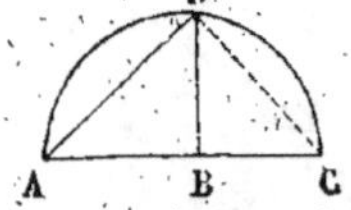

Deuxième solution (fig. 127). Sur une ligne indéfinie je porte, à partir d'un même point A, deux longueurs AB et AC respectivement égales à *a* et à *b*; sur AC comme diamètre, je décris une demi-circonférence et j'élève BD perpendiculaire au diamètre; enfin je joins

Fig. 127.

AD : c'est la moyenne proportionnelle demandée (**168, 1°**).

Troisième solution (fig. 128). Sur une ligne indéfinie je porte, à partir du même point A, deux longueurs AC et AB respectivement égales à
a et à b; puis par les points B et C je
fais passer une circonférence quelconque,
et du point A je mène une tangente AD à

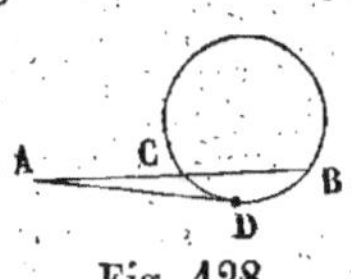
Fig. 128.

cette circonférence : c'est la moyenne proportionnelle demandée (**177**).

182. Problème. *Construire sur une droite donnée un polygone semblable à un polygone donné* (fig. 129).

Soient ABCDE le polygone donné et A'B' le côté donné qui doit être l'homologue de AB. Du point A je mène dans le
polygone ABCDE toutes
les diagonales possibles;
puis au point A' je fais
avec A'B' un angle égal à
BAC, et au point B', avec
la même droite, un angle
égal à ABC ; je forme
ainsi un triangle A'B'C'
semblable à ABC (**159**).

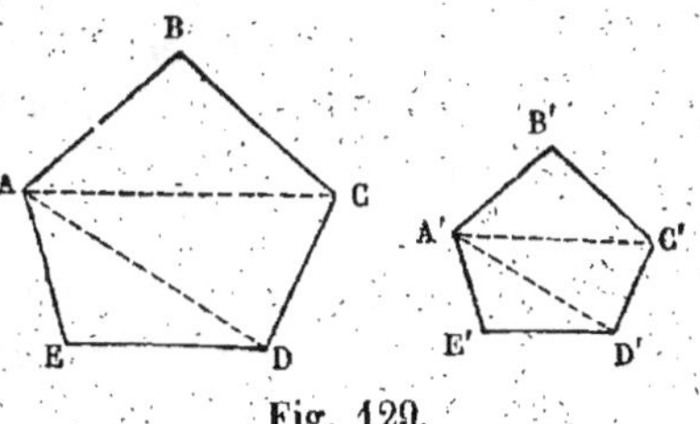
Fig. 129.

Je fais de même sur A'C' un triangle semblable à ACD, et ainsi de suite ; le nouveau polygone A'B'C'D'E' sera semblable au premier (**165**).

On peut encore déterminer chacun des sommets du polygone A'B'C'D'E' par l'in-
tersection de droites partant toutes des points A'
et B' (fig. 130). Pour
cela, dans le polygone
donné, on mènera toutes
les diagonales possibles
par le point A et par le
point B ; puis on fera au

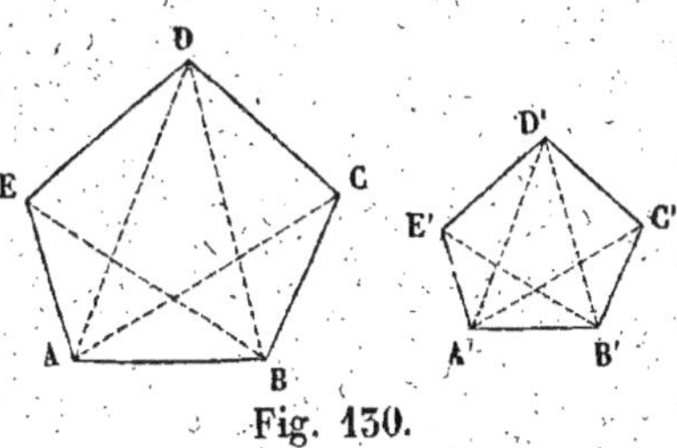
Fig. 130.

point A' des angles B'A'C', C'A'D', D'A'E', respectivement

égaux aux angles BAC, CAD, DAE ; on fera de même au point B′ des angles A′B′E′, E′B′D′, D′B′C′ respectivement égaux aux angles ABE, EBD, DBC. Alors le point C′ sera déterminé par l'intersection des droites A′C′ et B′C′ ; le point D′, par l'intersection des droites A′D′ et B′D′ ; et ainsi des autres.

§ XVIII. Polygones réguliers. — Leur inscription dans le cercle : carré, hexagone.

183. Définitions. Un polygone est *régulier*, lorsqu'il a tous ses côtés égaux et tous ses angles égaux.

Un polygone est *inscrit* dans un cercle, quand ses sommets sont sur la circonférence, et réciproquement cette circonférence est dite *circonscrite* au polygone.

Un polygone est *circonscrit* à une circonférence, quand tous ses côtés sont tangents à la circonférence, et cette circonférence est alors *inscrite* dans le polygone.

184. Théorème. *Si l'on partage une circonférence en parties égales aux points A, B, C..., et qu'on joigne les points de division, le polygone ainsi formé est régulier* (fig. 131).

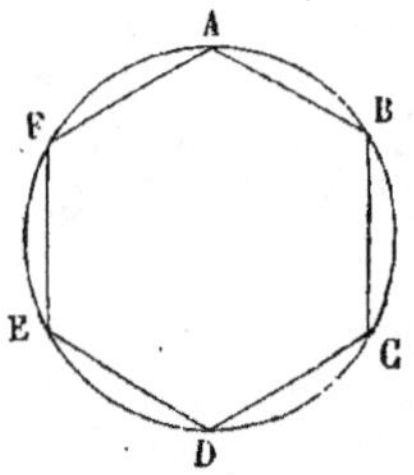

En effet, les côtés AB, BC, CD,... sont égaux comme cordes sous-tendant des arcs égaux, et les angles A, B, C,... sont égaux comme inscrits dans des segments égaux, formés chacun par deux des parties égales de la circonférence.

Fig. 131.

185. Théorème. *Tout polygone régulier ABCDEFGH peut être inscrit dans un cercle et circonscrit à un autre cercle* (fig. 132).

Par trois sommets consécutifs A, B, C, je fais passer une circonférence ; soit O son centre ; je dis qu'elle passe par le sommet suivant D. En effet, joignons OA, OD, et abaissons OI perpendiculaire sur la corde BC ; CI sera égale à BI (**92**). Faisons alors tourner le quadrilatère OICD autour de OI pour le rabattre sur OIBA ; les angles CIO et OIB étant égaux comme droits, la ligne IC prendra la direction IB, et comme ces lignes sont égales, le point C tombera au point B ; l'angle ICD = IBA, puisque le polygone est régulier : donc CD prendra la direction BA, et comme CD = BA, le point D tombera au point A ; donc OD = OA, et par suite la circonférence décrite du point O comme centre, avec OA pour rayon, passe par le point D. On ferait voir de même qu'elle passe par les autres sommets du polygone ; donc le polygone peut être inscrit dans un cercle.

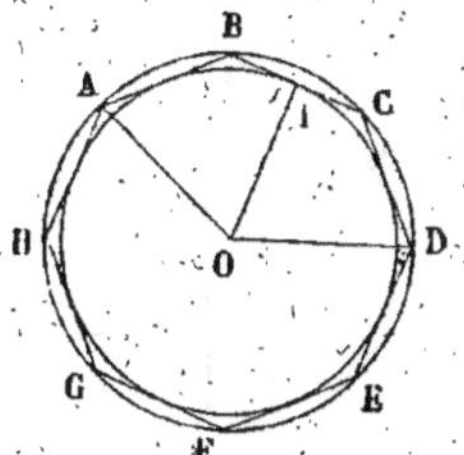

Fig. 132.

Je dis maintenant que ce même polygone peut être circonscrit à un autre cercle ; en effet, les côtés AB, BC, CD, etc., sont des cordes égales de la circonférence circonscrite au polygone, donc elles sont également distantes du centre (**94**) ; par conséquent, si du centre O nous abaissons des perpendiculaires telles que OI sur tous les côtés du polygone, ces perpendiculaires sont égales ; donc enfin la circonférence décrite du point O comme centre avec OI pour rayon touche tous les côtés du polygone en leurs milieux ; elle est inscrite dans ce polygone.

186. CorOLLAIRE. On appelle *centre* d'un polygone régulier, le centre commun des circonférences inscrite et circonscrite à ce polygone ; le *rayon* du polygone est le rayon du cercle circonscrit ; on donne le nom d'*apothème* au rayon du cercle inscrit.

On appelle *angle au centre* d'un polygone régulier, l'angle de deux rayons consécutifs ; n désignant le nombre des côtés du polygone, son angle au centre a pour valeur $\dfrac{4\,\text{dr.}}{n}$. Quant à l'angle même du polygone, sa valeur est (**71**) $2\,\text{dr.} - \dfrac{4\,\text{dr.}}{n}$.

187. Problème. *Inscrire un carré dans un cercle* (fig. 133).

Je mène dans le cercle deux diamètres perpendiculaires AC,

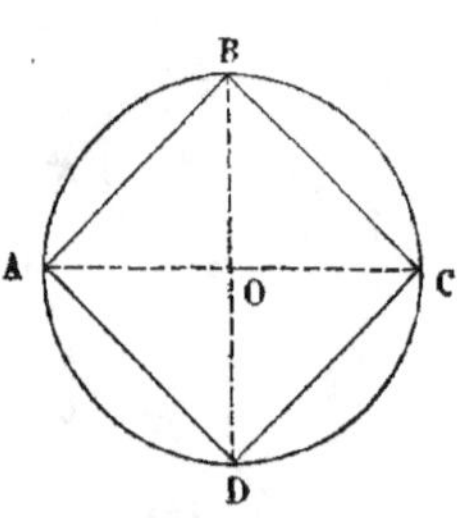

Fig. 133.

BD et je joins leurs extrémités; ABCD est un carré; car les diamètres perpendiculaires divisent la circonférence en quatre parties égales; et par suite le polygone ABCD est régulier (**184**).

188. Corollaire. Dans le triangle rectangle AOB, on a (**170**) :

$$\overline{AB}^2 = \overline{OA}^2 + \overline{OB}^2 = 2\overline{OA}^2;$$

d'où l'on tire

$$AB = OA\sqrt{2}, \qquad \text{ou} \qquad \frac{AB}{OA} = \sqrt{2};$$

donc *le rapport du côté du carré inscrit dans un cercle au rayon de ce cercle est égal à* $\sqrt{2}$.

$\sqrt{2}$ est incommensurable, c'est-à-dire que cette quantité ne peut être exprimée exactement ni par un nombre entier ni par un nombre fractionnaire; nous avons donc là un exemple de deux longueurs qui n'ont pas de commune mesure.

Remarque. En divisant en deux parties égales les arcs AB, BC, etc., on inscrirait un octogone régulier, et en continuant de même, on inscrirait les polygones réguliers de 16, 32, 64, etc., côtés.

189. Problème. *Inscrire dans un cercle un hexagone régulier et un triangle équilatéral* (fig. 134).

Soit AB le côté de l'hexagone régulier inscrit dans le cercle O; l'angle au centre AOB est égal à $\dfrac{4}{6}$ ou $\dfrac{2}{3}$ de droit (**186**); la somme des deux angles OAB, OBA vaut alors 2 dr. — $\dfrac{2}{3}$ dr. $= \dfrac{4}{3}$ dr.; or ces angles sont égaux, puisque OA = OB;

donc chacun d'eux vaut $\frac{2}{3}$ dr., et par suite le triangle OAB a ses trois angles égaux; donc il est équilatéral (**41**); donc AB est égal au rayon.

Alors, pour inscrire un hexagone régulier dans un cercle, il suffit d'y inscrire à la suite l'une de l'autre six cordes égales au rayon. En joignant ensuite de deux en deux les sommets de l'hexagone régulier ABCDEF, on aura le triangle équilatéral inscrit ACE.

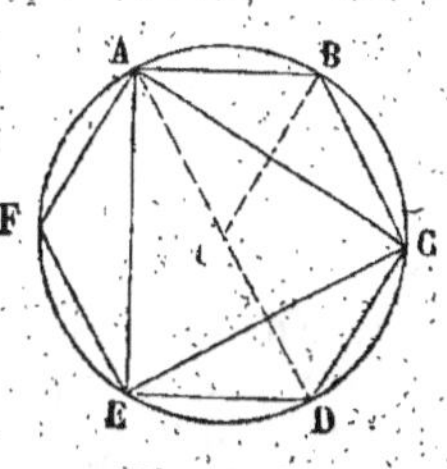

Fig. 134.

190. Corollaire. Menons le diamètre AD ; le triangle rectangle ACD donne :

$$\overline{AC}^2 = \overline{AD}^2 - \overline{DC}^2,$$

ou, en appelant R le rayon du cercle,

$$\overline{AC}^2 = 4R^2 - R^2 = 3R^2,$$

et

$$AC = R\sqrt{3};$$

le côté du triangle équilatéral inscrit est égal au rayon multiplié par $\sqrt{3}$.

$\sqrt{3}$ est incommensurable ; donc le côté du triangle équilatéral inscrit dans un cercle et le rayon de ce cercle n'ont pas de commune mesure.

Remarque. En divisant successivement en 2, 4, 8, 16,... parties égales chacun des arcs sous-tendus par les côtés de l'hexagone, on inscrira les polygones réguliers de 12, 24, 48, 96,... côtés.

EXERCICES SUR LE LIVRE III

THÉORÈMES ET PROBLÈMES

1. Sur une droite AB, on marque deux points M et P qui sont tels, que $\dfrac{MA}{MB} = \dfrac{PA}{PB}$; on prend le milieu O de la distance MP ; démontrer que OM est moyenne proportionnelle entre OA et OB.

2. La bissectrice de l'angle d'un triangle partage le côté opposé en parties proportionnelles aux côtés adjacents.

3. La ligne qui joint les milieux des côtés non parallèles d'un trapèze passe par les milieux des diagonales, et la portion de cette ligne comprise entre les diagonales est égale à la demi-différence des bases du trapèze.

4. Par deux points A et B donnés sur une circonférence, tracer deux cordes parallèles dont la somme soit égale à une longueur donnée. (Concours académique de Dijon, Troisième, 1867.)

5. Les trois médianes d'un triangle se coupent en un même point, qui est situé aux deux tiers de la longueur de chaque médiane à partir du sommet.

6. Si des trois sommets d'un triangle et du point de concours de ses médianes on abaisse des perpendiculaires sur une droite quelconque du plan extérieure au triangle, la quatrième de ces perpendiculaires est égale au tiers de la somme des trois autres.

7. Un polygone ABCDE... étant donné, on joint tous ses sommets à un point quelconque O du plan, et l'on divise les droites OA, OB, OC,... en parties proportionnelles aux points A′, B′, C′,... de telle sorte qu'on ait :

$$\frac{OA}{OA'} = \frac{OB}{OB'} = \frac{OC}{OC'} = \ldots$$

Démontrer que le polygone A'B'C'D'... est semblable au polygone ABCD....

8. On joint un point fixe pris dans le plan du cercle à tous les points de la circonférence, et on divise les lignes ainsi obtenues en segments proportionnels. Trouver le lieu géométrique des points de division.

9. Trouver le lieu des points de concours des médianes des triangles inscrits dans un même segment de cercle.

10. Deux circonférences O et O' étant données, on mène dans ces circonférences des rayons parallèles et de même sens, et on joint leurs extrémités ; toutes les lignes ainsi obtenues rencontrent la ligne des centres prolongée en un même point, qui s'appelle le *centre de similitude externe* des deux circonférences.

11. Si dans deux circonférences on mène des rayons parallèles et de sens contraire, les lignes qui joignent leurs extrémités rencontrent toutes la ligne des centres en un même point, qui s'appelle le *centre de similitude interne* des deux circonférences.

12. Les tangentes communes extérieures à deux circonférences passent par le centre de similitude externe, et les tangentes communes intérieures par le centre de similitude interne.

13. La distance d'un point d'une circonférence à une corde quelconque est moyenne proportionnelle entre les distances de ce même point aux tangentes menées par les extrémités de la corde.

14. Le produit de deux côtés d'un triangle est égal au produit de la hauteur qui tombe sur le troisième côté par le diamètre du cercle circonscrit au triangle.

15. Trouver le lieu des points tels, que le rapport de leurs distances à deux droites fixes soit égal à un rapport donné.

16. Un angle donné tourne autour de son sommet fixe ; sur les côtés de cet angle on prend, à partir du sommet, des longueurs variables, mais dont le rapport est invariable et donné. Si les extrémités d'une de ces longueurs décrivent une droite donnée de position, quelle ligne décrivent les extrémités de

l'autre longueur variable ? (Concours académique de Dijon, Seconde, 1868.)

17. On donne deux points fixes sur une circonférence et on les joint par deux cordés à un même point de la circonférence. Au milieu de l'une de ces cordes on mène une droite qui coupe la seconde sous un angle donné (65 degrés, par exemple). On demande le lieu du point d'intersection lorsque le troisième point parcourt la circonférence.

Discuter le problème. (Concours général, Troisième, 1883.)

18. On donne un quadrilatère ABCD. Inscrire dans ce quadrilatère un trapèze isocèle MNPQ, dont le sommet M est donné sur le côté AB, et dont les deux côtés parallèles MN, PQ, sont parallèles à la diagonale AC du quadrilatère. Pour quelles positions du point M ce trapèze se réduit-il à un triangle ? (Concours général, Philosophie, 1879.)

19. Si, par les extrémités d'un diamètre d'un cercle, on lui mène deux tangentes parallèles, la partie d'une troisième tangente quelconque comprise entre les deux premières est divisée par le point de contact en deux segments dont le produit est égal au carré du rayon.

20. Si d'un point P pris hors d'un cercle O on lui mène deux tangentes, la corde qui passe par les points de contact coupe le diamètre qui passe par le point P en un point Q tel, que le produit $OP \times OQ$ est égal au carré du rayon.

21. Si de tous les points d'une ligne droite située dans le plan d'un cercle on mène à ce cercle des couples de tangentes, les cordes passant par les points de contact de chacun des couples de tangentes rencontrent en un point fixe le diamètre perpendiculaire à la droite donnée. Ce point s'appelle le *pôle* de la droite. — Réciproque.

22. Dans un triangle rectangle, l'inverse du carré de la perpendiculaire abaissée du sommet de l'angle droit sur l'hypoténuse est égal à la somme des inverses des carrés des côtés de l'angle droit.

23. Si du milieu d'un côté de l'angle droit d'un triangle rectangle on abaisse une perpendiculaire sur l'hypoténuse, la

différence des carrés des segments déterminés sur l'hypoténuse est égale au carré de l'autre côté.

24. Lorsque deux circonférences sont tangentes extérieurement, la portion de la tangente commune extérieure comprise entre les points de contact est moyenne proportionnelle entre les diamètres des deux circonférences.

25. Trouver la hauteur d'un trapèze dont on connaît les quatre côtés.

26. La perpendiculaire abaissée du sommet de l'angle droit d'un triangle rectangle sur l'hypoténuse partage ce triangle en deux triangles partiels; démontrer que le carré du rayon du cercle inscrit dans le triangle total est égal à la somme des carrés des rayons des cercles inscrits dans les triangles partiels. (Concours général, Seconde, 1877.)

27. La somme des carrés de deux côtés d'un triangle est égale à deux fois le carré de la moitié du troisième côté, plus deux fois le carré de la médiane qui tombe sur ce troisième côté.

28. La somme des carrés des diagonales d'un parallélogramme est égale à la somme des carrés des quatre côtés.

29. La somme des carrés des côtés d'un quadrilatère est égale à la somme des carrés des diagonales, plus quatre fois le carré de la ligne qui joint les milieux des diagonales.

30. Le lieu géométrique des points tels, que la somme des carrés de leurs distances à deux points fixes A et B soit constante, est un cercle dont le centre est au milieu de la ligne AB.

31. Si l'on joint un point M quelconque pris dans le plan d'un triangle ABC aux trois sommets et au point de concours G des médianes, on a

$$\overline{MA}^2 + \overline{MB}^2 + \overline{MC}^2 = \overline{AG}^2 + \overline{BG}^2 + \overline{CG}^2 + 3\overline{MG}^2.$$

32. Trouver dans l'intérieur d'un triangle un point tel, que la somme des carrés de ses distances aux trois sommets soit la plus petite possible.

33. Trouver le lieu géométrique des points tels, que la

somme des carrés de leurs distances aux trois sommets d'un triangle soit constante.

34. La différence des carrés de deux côtés d'un triangle est égale au double du produit du troisième côté par la projection sur ce côté de la médiane correspondante.

35. Le lieu géométrique des points tels, que la différence des carrés de leurs distances à deux points fixes soit constante, est une ligne droite perpendiculaire à celle qui joint les deux points fixes.

36. Lorsque trois circonférences sont sécantes deux à deux, les trois cordes communes concourent en un même point.

37. Un point fixe P étant donné dans le plan d'un cercle O, on joint ce point P à un point quelconque A de la circonférence, et on détermine sur cette droite un point M tel, que le produit $PA \times PM$ soit constant. Trouver le lieu que décrit le point M quand le point A parcourt la circonférence O.

38. D'un point donné hors d'un cercle, lui mener une sécante telle, que la corde interceptée soit moyenne proportionnelle entre la sécante entière et sa partie extérieure.

39. Décrire une circonférence qui passe par deux points donnés et qui soit tangente à une droite ou à une circonférence donnée.

40. Décrire une circonférence qui passe par un point donné et qui soit tangente à deux droites données.

41. Étant donnés deux cercles, trouver le lieu des points d'où l'on peut leur mener des tangentes égales.

42. Déterminer sur une droite AB les deux points qui sont tels, que le rapport de leurs distances aux deux points A et B soit égal au rapport de deux lignes données M et N.

43. Construire un triangle rectangle, connaissant l'un des côtés de l'angle droit, et la somme ou la différence de l'hypoténuse et de l'autre côté.

44. Inscrire dans un triangle un rectangle semblable à un rectangle donné.

45. Étant donné un quadrilatère ABCD, lui circonscrire un quadrilatère semblable à un autre quadrilatère donné. — Cas particulier où ce dernier quadrilatère est un carré. — In-

versement, inscrire dans le quadrilatère ABCD un quadrilatère semblable à un quadrilatère donné.

46. Construire un triangle ABC, connaissant les longueurs
des deux côtés AB et AC, et celle de la bissectrice AD de
l'angle A. (Concours général, Seconde, 1876.)

47. Étant données deux circonférences qui se touchent
extérieurement, on mène par le point de contact A, dans les
deux circonférences, les cordes AB et AC perpendiculaires
entre elles; on joint par une droite BC les extrémités de ces
cordes, et l'on divise cette droite en deux parties qui soient
dans un rapport donné. Trouver le lieu des points de division. (Concours général, Troisième, 1870.)

48. Un angle droit tourne autour de son sommet situé à
l'intérieur d'une circonférence. Trouver le lieu géométrique
des milieux des cordes interceptées sur la circonférence par
les côtés de cet angle, et le lieu des projections des sommets
de l'angle droit sur ces mêmes cordes.

49. Un rectangle ABCD a un sommet A fixe; les deux sommets B et D sont assujettis à se mouvoir sur une circonférence
donnée; quel est le lieu décrit par le sommet C opposé au
sommet A?

50. Étant donnés une circonférence et deux points A et B
sur un même diamètre, on joint respectivement aux points A
et B les extrémités P et Q d'un diamètre mobile PQ; les
droites PA et QB ainsi obtenues se coupent en un point M. On
demande de trouver le lieu géométrique décrit par ce point
M, quand on fait mouvoir le diamètre PQ. (Concours général,
Troisième, 1866.)

51. On donne deux circonférences C et C' et une droite D
perpendiculaire à la ligne des centres. Par chaque point P de
la droite on mène des tangentes à l'une et à l'autre circonférence, et dans chacune d'elles on joint les points de contact.
Les deux cordes de contact ainsi obtenues se coupent en un
point M dont on demande le lieu géométrique. (Concours général, Philosophie, 1866.)

52. Étant donnés trois points A, B, C en ligne droite, on
fait passer par les points A et B une circonférence de cercle,

et l'on joint le point C au milieu I de l'arc AB. On demande le lieu du point M où la ligne IC rencontre la circonférence, lorsque le rayon de cette circonférence varie. (Concours général, Troisième, 1867.)

53. Un point fixe P étant donné dans le plan d'un cercle O, on mène par ce point des droites quelconques, et sur chacune d'elles on prend un point M tel, que la ligne PM soit égale à la longueur de la tangente menée du point M au cercle. Trouver le lieu du point M.

54. Étant donnés un carré ABCD inscrit dans un cercle et un point I dans le plan de ce cercle, on mène les droites qui joignent ce point aux quatre sommets A, B, C, D du carré; soient A', B', C', D', les points où ces droites rencontrent le cercle une seconde fois; démontrer que l'on a entre les côtés du quadrilatère A'B'C'D' la relation

$$A'B' \times C'D' = B'C' \times A'D'.$$

Réciproquement, étant donnés quatre points A', B', C', D' sur un cercle, tels que l'on ait cette même relation

$$A'B' \times C'D' = B'C' \times A'D',$$

on propose de trouver, dans le plan du cercle, un point I tel que, si l'on mène les droites qui le joignent aux points A', B', C', D', les points A, B, C, D, où ces droites rencontrent une seconde fois le cercle, soient les sommets d'un carré. (Concours général, Philosophie, 1881.)

55. On donne sur une circonférence deux points A, B, diamétralement opposés; on prend sur cette circonférence un point quelconque C, et l'on porte sur la droite AC, de part et d'autre du point C, des longueurs égales CD, CD', telles que le rapport de chacune à la longueur CB soit égal à un rapport donné. On fait mouvoir le point C sur la circonférence, et on demande :

1° Les lieux des points D et D';

2° Les lieux du point de concours des hauteurs du triangle ABD, et du point de concours des hauteurs du triangle ABD';

3° Le lieu du centre du cercle inscrit au triangle BDD′;

4° Les lieux des centres des cercles ex-inscrits au même triangle BDD′. (Concours général, Seconde, 1878.)

56. Sur le côté BC d'un triangle ABC ou sur son prolongement, on prend un point arbitraire D. On fait passer deux circonférences, l'une par les points A, B et D, l'autre par les points A, C et D; soient O et O′ les centres de ces deux circonférences.

On propose :

1° De démontrer que le rapport des rayons de ces deux circonférences est indépendant de la position du point D sur le côté BC;

2° De déterminer la position que doit occuper le point D pour que les deux rayons aient la plus petite longueur possible;

3° De démontrer que le triangle AOO′ est semblable au triangle ABC;

4° De trouver le lieu décrit par le point M qui partage la droite OO′ dans le rapport de deux longueurs données m et n; on examinera le cas particulier où le point M est le pied de la perpendiculaire abaissée du point A sur OO′. (Concours général, Seconde, 1880.)

57. On donne deux droites parallèles R′R, S′S et une droite perpendiculaire à ces parallèles rencontrant R′R en A et S′S en B. Sur R′R, à partir du point A, on porte une longueur arbitraire AA′, et sur S′S, à partir du point B, et du même côté par rapport à AB, on porte une longueur BB′ telle, que le produit des longueurs AA′ et BB′ soit égal au carré de AB; on mène les droites AB′ et BA′, et on désigne par M leur point de rencontre; on mène par le point M une perpendiculaire à AB, et on désigne par P et Q les points où elle rencontre les droites AB et A′B′. Enfin on désigne par C le point où la droite A′B′ rencontre la droite AB.

1° Trouver le lieu décrit par le point M quand on fait varier la longueur AA′;

2° Démontrer que le point M est le milieu de PQ;

3° Démontrer que la tangente au point M à la courbe que

décrit ce point passe par le point C. (Concours général, Seconde, 1879.)

58. Si l'on partage une circonférence en parties égales, et que par les points de division on mène des tangentes à cette circonférence, elles formeront un polygone régulier.

59. Un polygone circonscrit à un cercle est régulier si tous ses angles sont égaux entre eux.

60. Si l'on prolonge de deux en deux les côtés d'un hexagone régulier, on obtient un triangle équilatéral dont le côté est triple de celui de l'hexagone.

61. Le côté du triangle équilatéral circonscrit à un cercle est double de celui du triangle équilatéral inscrit dans le même cercle.

62. On peut recouvrir exactement un plan en juxtaposant des triangles équilatéraux égaux, ou des carrés égaux, ou des hexagones réguliers égaux. — Le triangle équilatéral, le carré et l'hexagone régulier sont les seuls polygones réguliers qui jouissent de cette propriété.

63. Si, dans un pentagone régulier ABCDE, on mène les diagonales AC et BE, le quadrilatère formé par ces deux lignes et par les côtés DC et DE est un losange.

64. Si l'on mène toutes les diagonales d'un pentagone régulier, elles forment par leurs intersections mutuelles un autre pentagone régulier.

65. Inscrire un triangle équilatéral dans un carré donné, en plaçant l'un des sommets du triangle, soit à l'un des sommets du carré, soit au milieu d'un de ses côtés.

66. Étant donné un carré, on propose d'en détacher quatre triangles rectangles isocèles égaux tels, que l'octogone ainsi obtenu soit régulier.

67. Calculer les rayons des cercles inscrit et circonscrit au triangle équilatéral, au carré, à l'hexagone régulier, connaissant la longueur du côté de chacun de ces polygones.

68. Calculer les côtés d'un triangle rectangle, sachant que l'un des côtés de l'angle droit est égal à 21 mètres, et que la somme de l'hypoténuse et de l'autre côté est double de cette longueur.

69. Deux mobiles partent en même temps du sommet d'un angle droit, et en parcourent les deux côtés, le premier avec une vitesse uniforme de 12 mètres par seconde, le second avec une vitesse uniforme de 16 mètres par seconde. Au bout de combien de temps ces deux mobiles seront-ils éloignés de 90 kilomètres ?

70. Deux cercles dont les rayons ont respectivement $0^m,5$ et $1^m,2$ de longueur, se coupent de telle façon que les tangentes menées par l'un des points d'intersection sont perpendiculaires entre elles ; on demande la distance des centres de ces cercles.

71. Étant donné un cercle dont le rayon a $3^m,15$ de longueur, on lui mène une tangente ; trouver sur cette droite un point tel, que si on le joint au centre, la partie extérieure de cette sécante soit égale au diamètre du cercle. On calculera la distance de ce point au point de contact de la tangente.

72. On donne un cercle dont le rayon est égal à $4^m,85$ et un point distant du centre de $7^m,28$; calculer la longueur de la tangente menée de ce point au cercle.

73. Deux circonférences se coupent, et par l'un des points d'intersection on leur mène une sécante parallèle à la ligne des centres. Les longueurs des cordes interceptées sur cette sécante par les deux circonférences sont 14 mètres et 9 mètres et celle de la corde commune est 8 mètres ; trouver les diamètres des deux circonférences.

74. Dans un triangle ABC, on donne la base BC égale à 72 mètres, la hauteur qui tombe sur le côté BC égale à 45 mètres, et la médiane qui tombe sur le même côté égale à 60 mètres ; trouver les longueurs des côtés AB et AC.

75. Deux cordes parallèles d'un cercle sont distantes de 1 mètre, et leurs longueurs respectives sont 6 mètres et 8 mètres. Trouver le rayon du cercle.

76. Deux circonférences sont tangentes extérieurement ; l'une a un rayon de $12^m,45$; l'autre un rayon double. On leur mène une tangente commune extérieure, et on demande de calculer la distance des points de contact de cette tangente.

77. Deux circonférences dont les rayons sont respectivement égaux à $65^m,80$ et $59^m,75$ se coupent, et la distance de leurs centres est égale à $5^m,60$; calculer la longueur de la corde commune.

78. On donne deux côtés d'un triangle ABC, AB $= 16$ mètres, AC $= 24$ mètres, et l'angle A $= 60^\circ$. On demande de calculer la hauteur qui tombe sur AC, le côté BC et la hauteur qui tombe sur ce côté.

79. Dans un cercle dont le rayon a une longueur de $3^m,45$, on inscrit un trapèze dont la grande base est un diamètre, et dont l'un des côtés non parallèles est égal au rayon. Calculer la hauteur de ce trapèze.

80. Deux circonférences dont les rayons ont respectivement 9 mètres et $6^m,50$ de longueur, sont tangentes intérieurement. Trouver la hauteur du trapèze qui a pour bases le rayon de la grande circonférence qui aboutit au point de contact, et une corde de cette même circonférence parallèle à la ligne des centres et tangente à la petite circonférence.

81. On donne un cercle dont le rayon a 6 mètres de longueur, et un point distant du centre de 3 mètres ; par ce point on mène deux cordes inclinées de 45° sur le diamètre qui passe par ce point, et de chaque côté de ce diamètre. Trouver les diagonales du quadrilatère inscrit qui a pour sommets les extrémités de ces cordes.

82. Les deux côtés de l'angle droit d'un triangle rectangle ont 17 mètres et 24 mètres de longueur ; trouver la longueur de la bissectrice de l'angle droit.

83. Le côté d'un octogone régulier est égal à 25 mètres ; on demande de calculer son apothème et son rayon.

84. Connaissant le côté a d'un polygone régulier inscrit dans un cercle de rayon R, calculer le côté du polygone régulier semblable circonscrit à ce même cercle. — Application au carré et à l'hexagone régulier circonscrits au cercle de rayon 1.

LIVRE IV

LES AIRES

191. Définitions. On appelle *aire* l'étendue d'une portion limitée de surface. Les deux mots *aire* et *surface* ont des sens différents, le second se rapportant à la forme de la surface et le premier à son étendue; toutefois, dans le langage ordinaire, on dit souvent *surface* pour *aire*, quand il n'y a pas de confusion possible; on emploie aussi le mot de *superficie* comme synonyme d'*aire*.

Deux figures *équivalentes* sont deux figures qui ont des aires égales, qu'elles soient ou non superposables. Ainsi un triangle peut être équivalent à un rectangle, à un parallélogramme, à un cercle.

192. On prend pour *unité d'aire* l'aire du carré qui a pour côté l'unité de longueur : par conséquent, lorsqu'on prend le mètre pour unité de longueur, il faut prendre pour unité d'aire le carré qui a un mètre de côté; ce carré porte le nom de *mètre carré*; de même, quand on mesure les longueurs au moyen du décimètre, on doit mesurer les aires en prenant comme unité le carré qui a un décimètre de côté, et qu'on appelle *décimètre carré*; et ainsi de suite. D'après cela, les unités superficielles employées en France sont le *myriamètre carré*, le *kilomètre carré*, l'*hectomètre carré*, le *décamètre carré*, le *mètre carré*, le *décimètre carré*, le *centimètre carré* et le *millimètre carré*. Dans la mesure des surfaces des champs, on emploie exclusivement l'hectomètre carré, le décamètre carré et le mètre carré, auxquels on donne alors les noms d'*hectare*, d'*are*, et de *centiare ;* pour cette raison, ces trois unités superficielles s'appellent des mesures *agraires*.

193. Le *décamètre carré* vaut cent *mètres carrés*. En effet, plaçons dix mètres carrés les uns à côté des autres le long d'une droite AB (fig. 135) ; nous obtiendrons ainsi un rectangle ayant dix mètres de longueur sur un mètre de largeur; plaçons maintenant les uns à côté des autres dix rectangles égaux au précédent, de manière qu'ils se touchent par leur plus grande dimension; nous formerons évidemment un carré ABCD ayant dix mètres de côté, c'est-à-dire un décamètre carré. Or ce carré est composé de dix

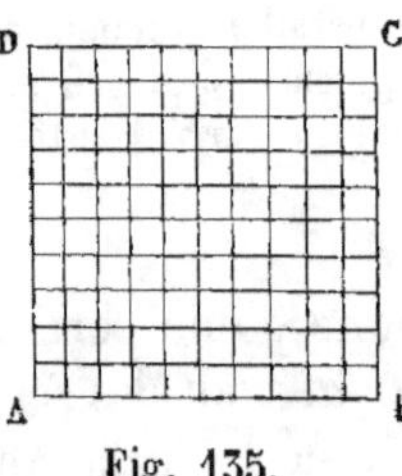

Fig. 135.

rectangles égaux, contenant chacun dix mètres carrés; il vaut donc dix fois dix ou cent mètres carrés.

On démontrerait de même que le myriamètre carré vaut 100 kilomètres carrés; le kilomètre carré, 100 hectomètres carrés, etc., et en général que *chacune des unités d'aire vaut 100 fois celle qui la suit immédiatement par ordre de grandeur;* il résulte de cette simplicité de rapports qu'il suffit, pour passer d'une de ces unités à une autre, de multiplier ou de diviser les nombres qui expriment les aires par 100, ou par 10 000 ou par 1 000 000, etc., ce qui est toujours aisé à faire sans calcul. Une aire est-elle exprimée en hectomètres carrés, par exemple, il suffira de multiplier le nombre qui la représente par 100 si l'on veut qu'elle soit exprimée en décamètres carrés, par 10 000 si on veut la rapporter au mètre carré, et ainsi de suite.

194. On appelle *bases* d'un parallélogramme deux côtés opposés quelconques, et *hauteur* du parallélogramme la longueur de la perpendiculaire commune aux deux bases. Dans un rectangle, la base et la hauteur sont deux côtés consécutifs du rectangle; on les appelle alors souvent les deux *dimensions* du rectangle.

On appelle *base* d'un triangle la longueur d'un côté quelconque de ce triangle, et *hauteur*, la longueur de la perpendiculaire abaissée du sommet opposé sur cette base.

Enfin l'on nomme *bases* d'un trapèze les longueurs des côtés parallèles, et *hauteur* du trapèze, la longueur de la perpendiculaire commune aux deux bases.

195. Théorème. *L'aire d'un rectangle a pour mesure le produit de sa base par sa hauteur.*

Je considère d'abord le cas où les côtés du rectangle sont des multiples exacts de l'unité de longueur; supposons, par exemple, que la base du rectangle ABCD (fig. 136) soit égale à 5 mètres, et la hauteur à 3 mètres; je partage AB en cinq parties égales, et AD en trois parties égales; toutes ces parties seront des mètres. Par chacun des points de division de AB, je mène des parallèles à AD, et par chacun des points de division de AD, des parallèles à AB; ces lignes décomposent le rectangle en carrés qui ont tous un mètre de côté, et qui sont, par conséquent, des mètres carrés; il

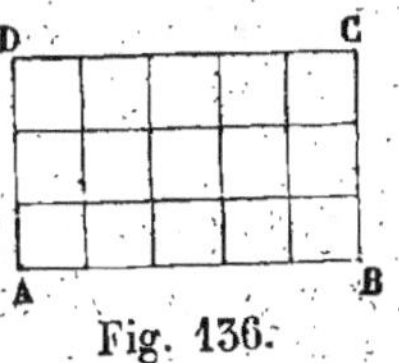

Fig. 136.

suffit de compter combien il y en a. Or cinq de ces carrés sont rangés le long de AB et forment une première tranche, et le rectangle tout entier renferme trois tranches pareilles; il contient donc trois fois cinq mètres carrés; en d'autres termes, son aire est égale à

$$5 \times 3 = 15 \text{ mètres carrés};$$

elle est donc bien exprimée par le produit de la base par la hauteur.

Supposons en second lieu que les dimensions du rectangle ne soient pas des multiples de l'unité de longueur; prenons, par exemple, un rectangle dont la base soit égale à 5^m,2, et dont la hauteur soit 1^m,83. Pour ramener ce cas au précédent, je prends le centimètre pour unité de longueur, et par suite le centimètre carré pour unité d'aire; la base sera 520 centim., et la hauteur 183 centim.; et l'aire du rectangle sera, d'après la démonstration précédente,

$$520 \times 183 \text{ centim. carrés.}$$

Il faut maintenant exprimer cette aire en mètres carrés; or on sait que le centimètre carré est la dix-millième partie du mètre carré; donc, pour rapporter l'aire trouvée au mètre carré comme unité, il suffira de diviser le nombre trouvé par 10 000, c'est-à-dire de séparer quatre chiffres décimaux sur la droite du produit 520×183; et cela donnera justement le produit des deux nombres décimaux 5,2 et 1,83; l'aire cherchée est donc

$$5,2 \times 1,83 = 9^{mq},516.$$

L'aire s'obtient donc encore dans ce cas en multipliant les nombres qui représentent la base et la hauteur du rectangle. C. Q. F. D.

196. REMARQUE. Il est indispensable, pour que ce théorème soit exact, que les deux dimensions du rectangle soient exprimées au moyen de la même unité de longueur; cela ressort clairement de la démonstration. Ainsi, si l'on demande l'aire d'un rectangle dont la base est égale à 67 mètres et la hauteur à 4 décimètres, il faudra d'abord rapporter ces deux lignes à une même unité, au mètre par exemple, ce qui donnera 67 mètres et $0^m,4$, et alors l'aire sera égale à $67 \times 0,4 = 26^{mq},8$.

197. COROLLAIRE. *L'aire d'un carré a pour mesure le carré de son côté.*

En effet, un carré n'est autre chose qu'un rectangle dont les deux dimensions sont égales entre elles; il faut donc, pour avoir l'aire, multiplier le côté par lui-même, c'est-à-dire faire le carré de ce côté.

Il résulte de là que, pour avoir le côté d'un carré dont on connaît l'aire, il faut extraire la racine carrée du nombre qui mesure cette aire. Ainsi, si l'aire d'un carré est égale à 64 mètres carrés, le côté de ce carré sera $\sqrt{64}$ ou 8 mètres.

Applications. I. Une pièce de terre rectangulaire a 258^m,6 de longueur et 123^m,45 de largeur; trouver l'aire de cette pièce de terre, et l'exprimer en hectares, ares et centiares.

L'aire est égale à 258,6 × 123,45 = 31924^{mq},17; et comme l'are est un décamètre carré, et vaut par conséquent 100 mètres carrés, et que l'hectare vaut 100 fois plus ou 10 000 mètres carrés, cette aire équivaut à 3 hectares 19 ares 24 centiares 17 décimètres carrés.

II. L'un des côtés d'un appartement est un mur de forme rectangulaire qui a 4^m,72 de longueur sur 3^m,40 de hauteur. On veut recouvrir le mur avec du papier de tenture dont la largeur est de 0^m,465. Combien en faudra-t-il de mètres?

Toutes les bandes de papier, mises bout à bout, formeraient une surface rectangulaire ayant 0^m,465 de largeur et équivalente à celle du mur à recouvrir, c'est-à-dire à 4,72 × 3,40 mètres carrés; pour avoir la longueur du papier, il suffira de diviser 4,72 × 3,40 par 0,465; cette longueur est donc

$$\frac{4,72 \times 3,40}{0,465} = 34^m,58,$$

à un centimètre près.

III. Une dalle carrée a 27^c,5 de côté; quelle est son aire?

Il suffit de faire le carré de 27,5, ce qui donne 756^{cq},25, ou encore, 7 décimètres carrés 56 centimètres carrés 25 millimètres carrés.

IV. L'aire d'un carré est égale à 17^{mq},368; quel est le côté de ce carré?

Il suffit d'extraire la racine carrée de 17,368, ce qui donne 4^m,167, à un millimètre près par défaut.

V. Trouver le côté d'un carré équivalent à un rectangle dont les dimensions sont 3^m,2 et 4^m,75.

L'aire du carré est égale à 3,2 × 4,75 = 15^{mq},2, et son côté est égal à la racine carrée de ce nombre, c'est-à-dire à 3^m,898, à un millimètre près.

198. Théorème. *L'aire d'un parallélogramme a pour mesure le produit de sa base par sa hauteur* (fig. 137).

Soit ABCD le parallélogramme qu'il faut mesurer; par les extrémités A et B de la base j'élève des perpendiculaires à cette ligne jusqu'à la rencontre du côté opposé en E et en F; je forme ainsi un rectangle ABEF, que je dis être équivalent au parallélogramme ABCD.

En effet, les deux triangles rectangles AFD, BEC ont les hypoténuses AD et BC égales comme parallèles comprises entre parallèles, et les côtés AF et BE égaux pour la même raison; donc ces triangles sont égaux (**47**). Cela posé, si du trapèze ABCF on retranche le triangle ADF, il reste le parallélogramme ABCD, et si du même trapèze on retranche le triangle BEC égal au premier, il reste le rectangle ABEF; donc ce rectangle est équivalent au parallélogramme. D'ailleurs l'aire du rectangle a pour mesure le produit $AB \times BE$; donc l'aire du parallélogramme a la même mesure, c'est-à-dire le produit de sa base AB par sa hauteur BE. c. q. f. d.

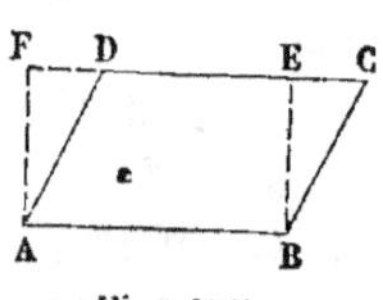

Fig. 137.

199. Théorème. *L'aire d'un triangle a pour mesure la moitié du produit de sa base par sa hauteur* (fig. 138).

Soit ABC un triangle qui a pour base AB et pour hauteur CE; je mène par les sommets B et C des parallèles aux côtés opposés; je forme ainsi un parallélogramme ABDC qui a même base AB et même hauteur CE que le triangle ABC. Les deux triangles ABC, DCB sont égaux, comme ayant les trois côtés égaux; donc le triangle ABC est la moitié du parallélogramme ABDC. Or l'aire de ce dernier a pour mesure le produit $AB \times CE$; donc l'aire du triangle est égale à la moitié de ce produit, c'est-à-dire à la moitié du produit de sa base par sa hauteur. c. q. f. d.

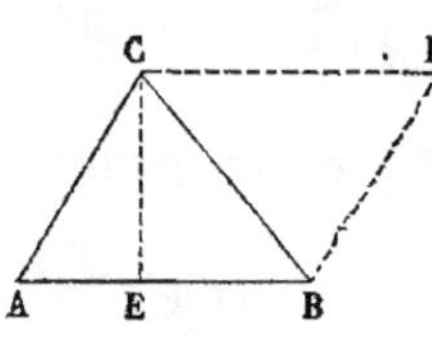

Fig. 138.

200. Corollaire I. *Tout triangle est la moitié du rectangle qui aurait la même base et la même hauteur.* C'est ce qui résulte du simple rapprochement des théorèmes des n°s 195 et 199.

201. Corollaire II. *Deux triangles qui ont même base et même hauteur sont équivalents.* Car ils ont la même mesure.

En particulier, si deux triangles ABC, A'BC (fig. 139) ont même base BC et leurs sommets A et A' sur une parallèle à la base, ils sont équiva- lents ; car leurs hauteurs sont égales (**75**).

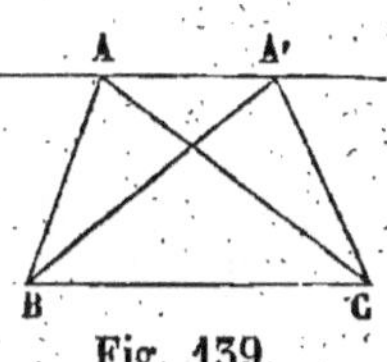

Fig. 139.

202. Corollaire III. *Deux triangles qui ont même base sont entre eux comme leurs hauteurs, et deux triangles qui ont même hauteur sont entre eux comme leurs bases.*

Prenons d'abord deux triangles qui ont même base B, et soient H et H' leurs hauteurs ; les aires respectives de ces deux triangles seront

$$\tfrac{1}{2}B \times H, \qquad \tfrac{1}{2}B \times H',$$

et le rapport de ces deux aires sera exprimé par le quotient

$$\frac{\tfrac{1}{2}B \times H}{\tfrac{1}{2}B \times H'};$$

mais ce quotient ne changera pas si l'on divise ses deux termes par $\tfrac{1}{2}B$; il est donc égal à $\dfrac{H}{H'}$, c'est-à-dire au rapport des hauteurs. c. q. f. d.

Le même raisonnement servirait à démontrer que le rapport de deux triangles de même hauteur est égal au rapport de leurs bases.

Remarque. On démontrerait de même que *deux rectangles ou deux parallélogrammes qui ont la même base sont entre eux comme leurs hauteurs et que deux rectangles ou deux parallélogrammes qui ont la même hauteur sont entre eux comme leurs bases.*

APPLICATIONS. I. La base d'un triangle est égale à $72^m,25$ et sa hauteur à $45^m,40$; quelle est l'aire du triangle?

Cette aire est égale à $\frac{1}{2}$ $72,25 \times 45,40 = 72,25 \times 22,70$ $= 1640^{mq},075$ ou bien 16 décamètres carrés 40 mètres carrés 7 décimètres carrés 50 centimètres carrés.

II. Trouver le côté du carré équivalent au triangle précédent.

C'est la racine carrée du nombre 1640,075 qui mesure l'aire, c'est-à-dire $40^m,498$, à un millimètre près par excès.

III. L'aire d'un triangle est égale à $74^{décam.q.},469$, et sa base est égale à $401^m,8$; quelle est la hauteur du triangle?

Je commence par rapporter l'aire et la base données à des unités correspondantes; je rapporterai ici l'aire au mètre carré, puisque la base est rapportée au mètre; alors l'aire sera $7446^{mq},9$. Ce nombre est égal au produit de la *hauteur* par la moitié de la base; j'aurai donc la hauteur en divisant l'aire 7446,9 par la moitié de la base, c'est-à-dire par 200,9, ce qui donne $37^m,068$, à un millimètre près par excès.

205. THÉORÈME. *L'aire d'un trapèze a pour mesure le produit de la demi-somme de ses bases parallèles par sa hauteur.*

Soit ABCD un trapèze dont les bases sont AB et CD (fig. 140), et dont la hauteur est DH; je prolonge la base AB d'une longueur BE égale à l'autre base DC, et je joins DE, qui rencontre en F le côté BC du trapèze. Les deux triangles BEF, CDF ont les côtés BE et CD égaux par construction, les angles BEF,

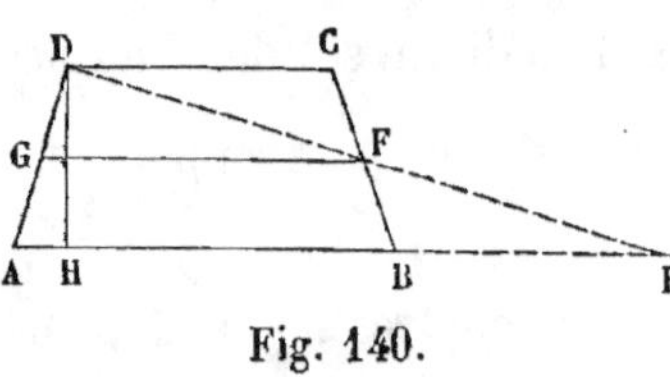

Fig. 140.

CDF égaux comme alternes-internes formés par les parallèles BE, CD, coupées par la sécante DE, et les angles EBF, DCF égaux pour la même raison : ces deux triangles sont donc égaux (**31**).

Si je les retranche successivement du polygone total AEFCD, le trapèze ABCD et le triangle ADE, que j'obtiens pour restes, sont équivalents. Or le triangle ADE a pour mesure $\frac{1}{2}$ AE $\times$ DH,

ou bien $\frac{AB+CD}{2} \times$ DH, puisque AE est égale à AB+CD;

donc l'aire du trapèze a pour mesure $\frac{AB+CD}{2} \times$ DH, c'est-à-dire le produit de la demi-somme des bases par la hauteur. C. Q. F. D.

204. Corollaire. Il résulte de l'égalité des triangles BEF et CDF que le point F est à la fois le milieu de CB et le milieu de DE. Si par ce point F nous menons une parallèle FG au côté AE du triangle DAE, elle détermine un triangle DGF semblable au triangle DAE (**158**); et l'on a :

$$\frac{DG}{DA} = \frac{GF}{AE} = \frac{DF}{DE} = \frac{1}{2};$$

d'où il résulte d'abord que le point G est le milieu de DA, et ensuite que la droite FG est la moitié de AE. Donc *la ligne qui joint les milieux des côtés non parallèles d'un trapèze est parallèle aux bases de ce trapèze et égale à leur demi-somme.*

Alors le théorème précédent peut s'énoncer ainsi :
L'aire d'un trapèze a pour mesure le produit de sa hauteur par la ligne qui joint les milieux des côtés non parallèles.

205. Problème. *Construire un triangle équivalent à un polygone donné ABCDE (fig. 141).*
Je détache du polygone un triangle ABC par la diagonale AC ; par le sommet B je mène une parallèle à AC jusqu'à la rencontre de DC prolongée en F, et je joins AF ;

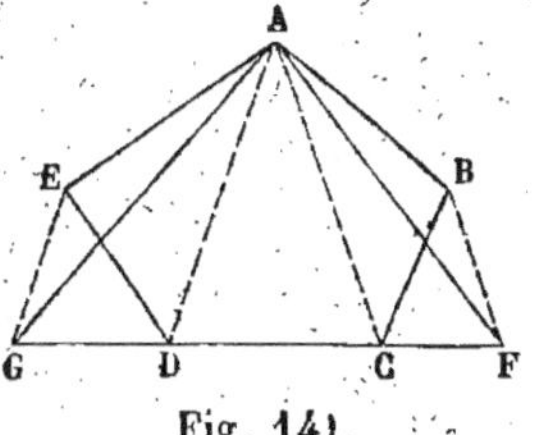

Fig. 141.

les deux triangles ACB, ACF ont même base AC et leurs

sommets B et F sur une parallèle à la base, donc ils sont équivalents (**201**); on peut alors remplacer le triangle ABC par le triangle ACF sans altérer l'aire du polygone, et l'on a ainsi un polygone AFDE équivalent au polygone donné, et qui a un côté de moins. En recommençant la même opération, on finira par arriver à un triangle GAF équivalent au polygone donné.

206. PROBLÈME. *Trouver l'aire d'un polygone quelconque.*

Première méthode. On décompose le polygone ABCDE (fig. 142) donné en triangles par les diagonales issues d'un même sommet A; on mesure les aires de tous ces triangles et on les ajoute. Ainsi, dans la figure, où l'on a tracé les hauteurs des divers triangles, l'aire du polygone a pour mesure la somme suivante :

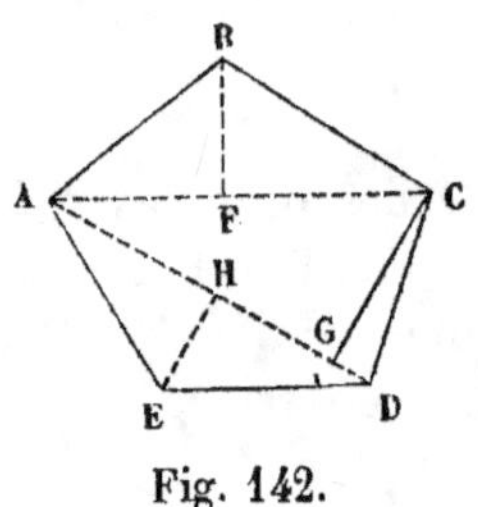

Fig. 142.

$$\frac{1}{2}\,AC \times BF + \frac{1}{2}\,AD \times CG + \frac{1}{2}\,AD \times EH.$$

Deuxième méthode. Dans le polygone ABCDEFG (fig. 143), menons une diagonale AE, et de tous les sommets abaissons des perpendiculaires sur cette diagonale; nous décomposons ainsi le polygone en trapèzes et en triangles rectangles; et en additionnant les aires de ces trapèzes et de ces triangles, nous aurons l'aire du polygone. Les hauteurs des triangles et des trapèzes étant toutes dirigées suivant la diagonale AE, il suffit, pour avoir toutes les aires partielles, de mesurer les différentes parties de la diagonale et les perpendiculaires

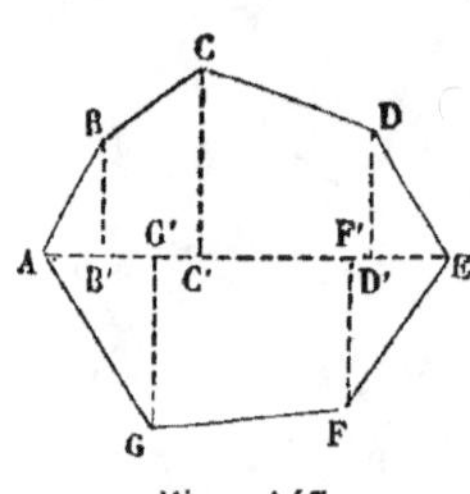

Fig. 143.

BB′, CC′, etc. L'aire du polygone aura alors pour mesure la somme

$$\frac{1}{2} BB' \times AB' + \frac{BB' + CC'}{2} \times B'C' + \frac{CC' + DD'}{2} \times C'D'$$

$$+ \frac{1}{2} DD' \times D'E + \frac{1}{2} FF' \times EF' + \frac{FF' + GG'}{2} \times F'G'.$$

$$+ \frac{1}{2} GG' \times AG'.$$

Cette méthode est la plus commode sur le terrain.

Troisième méthode. On transforme le polygone donné en un triangle équivalent (**205**), et on mesure l'aire de ce triangle. Cette méthode est la plus rapide, lorsque le polygone donné est tracé sur le papier.

APPLICATIONS. I. Mesurer l'aire du polygone ABCDE (fig. 142), sachant qu'on a

$$AC = 22^m, \qquad BF = 17^m,80,$$
$$AD = 21^m,30, \qquad CG = 11^m,25,$$
$$EH = 6^m.$$

L'aire demandée est égale à

$$\frac{1}{2} \cdot 22 \times 17,80 + \frac{1}{2} \cdot 21,30 \times 11,25 + \frac{1}{2} \cdot 21,30 \times 6$$

ou, en simplifiant,

$$11 \times 17,80 + 10,65 \times 17,25 = 203^{mq},2925.$$

II. Mesurer l'aire du polygone ABCDEFG (fig. 143), sachant qu'on a

$$AB' = 3^m,80, \qquad BB' = 6^m,40,$$
$$B'C' = 5^m,70, \qquad CC' = 10^m,82,$$
$$C'D' = 10^m,10, \qquad DD' = 7^m,50.$$
$$D'E = 4^m,50, \qquad FF' = 8^m,70,$$
$$EF' = 5^m,80, \qquad GG' = 10^m.$$
$$F'G' = 11^m,55,$$
$$G'A = 6^m,75.$$

L'aire demandée est égale à

$$\frac{6,40}{2}\times 3,80 + \frac{6,40+10,82}{2}\times 5,70$$

$$+\frac{10,82+7,50}{2}\times 10,10 + \frac{7,50}{2}\times 4,50 + \frac{8,70}{2}\times 5,80$$

$$+\frac{8,70+10}{2}\times 11,55 + \frac{10}{2}\times 6,75$$

ou, en faisant tous les calculs, 337^{mq}, 6005.

207. PROBLÈME. *Trouver l'aire approchée d'une figure limitée par une courbe.*

On marque sur la courbe un grand nombre de points assez rapprochés les uns des autres pour qu'on puisse assimiler à une ligne droite la portion de la courbe comprise entre deux points consécutifs, et l'on remplace la ligne courbe par la ligne brisée qu'on obtient en joignant ces points deux à deux. L'aire du polygone ainsi obtenue diffère très peu de l'aire donnée, et peut lui être substituée ; l'erreur commise est d'autant moindre que les sommets du polygone sont plus rapprochés les uns des autres.

208. THÉORÈME. *Le carré* BCDE *construit sur l'hypoténuse* BC *d'un triangle rectangle* ABC *est équivalent à la somme des carrés* ABFG *et* ACHK *construits sur les deux côtés de l'angle droit* (fig. 144).

J'abaisse du point A sur BC une perpendiculaire AL que je prolonge jusqu'à sa rencontre avec DE en M ; je dis que le rectangle LBEM est équivalent au carré ABFG. En effet, joignons AE et CF ; les deux triangles ABE, FBC ont le côté AB = FB

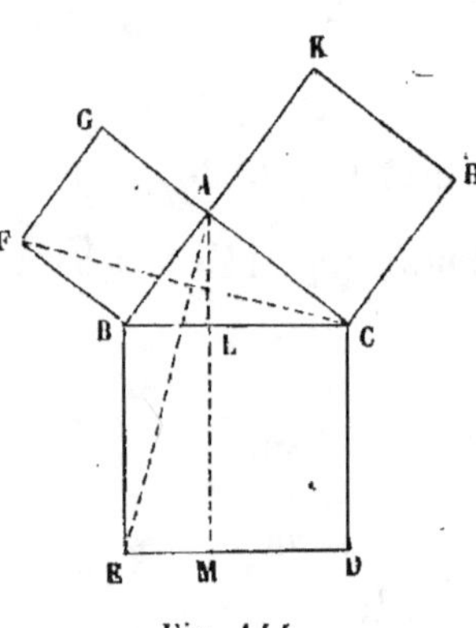

Fig. 144.

comme côtés d'un même carré, BE = BC pour la même

raison, et l'angle ABE égal à l'angle FBC comme formés tous
les deux en ajoutant un angle droit à l'angle ABC ; ces deux
triangles sont donc égaux.

Or le triangle ABE a même base que le rectangle BEML et
même hauteur, puisque le sommet A du triangle est sur le
prolongement de l'autre base ML du rectangle ; donc l'aire du
rectangle BEML est double de celle du triangle ABE (**200**).
De même le triangle FBC a même base BF que le carré ABFG
et même hauteur, puisque son sommet C est sur le prolongement de AG ; donc l'aire du carré ABFG est double de celle
du triangle FBC. Par conséquent, le rectangle BEML est équivalent au carré ABFG.

On montrerait de même que le rectangle CLMD est équivalent au carré ACHK ; donc enfin le carré BCDE, qui est la
somme des deux rectangles, est équivalent à la somme des deux
carrés ABFG, ACHK. c. q. -f. d.

209. Corollaires. L'aire du carré construit sur BC a pour
mesure le carré du nombre qui mesure BC ; de même les aires
des carrés construits sur AB et sur AC ont respectivement pour
mesures les carrés des nombres qui mesurent AB et AC ; donc
le théorème précédent peut encore être énoncé de la manière
suivante :

*Le carré du nombre qui mesure l'hypoténuse d'un triangle
rectangle est égal à la somme des carrés des nombres qui
mesurent les deux côtés de l'angle droit.*

Nous avons fait voir, dans la démonstration du théorème
précédent, que le carré construit sur AB est équivalent au
rectangle BEML ; si l'on exprime les aires de ces deux figures
à l'aide des théorèmes n°s **195** et **197**, on aura :

$$\overline{AB}^2 = BE \times BL = BC \times BL,$$

égalité qui exprime que *le côté AB de l'angle droit du triangle rectangle est une moyenne proportionnelle entre l'hypoténuse entière BC et la projection de ce côté sur l'hypoténuse.*

Nous retrouvons ainsi deux propriétés déjà établies par
une autre méthode aux n°s **170** et **167**.

210. Problème. *Construire un carré équivalent à la somme ou à la différence de deux carrés donnés.*

Premier cas. — Proposons-nous d'abord de construire un carré équivalent à la somme de deux carrés dont les côtés sont donnés. Sur les côtés d'un angle droit, je prends, à partir du sommet A (fig. 145), deux longueurs AB et AC, respectivement égales aux côtés des carrés donnés, et je joins BC; cette ligne est le côté du carré cherché (**208**).

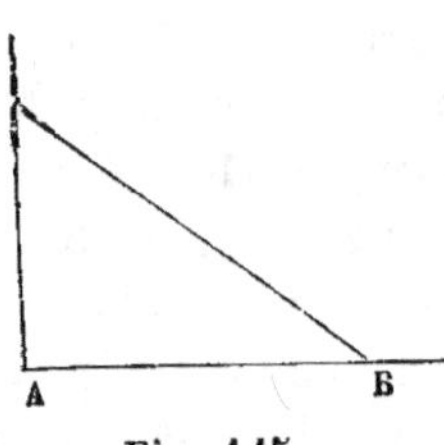

Fig. 145.

Deuxième cas. — Proposons-nous, en second lieu, de construire un carré égal à la différence de deux carrés donnés. Sur l'un des côtés d'un angle droit, je prends, à partir du sommet A (fig. 145), une longueur AB égale au côté du plus petit des deux carrés donnés, et du point B comme centre, avec un rayon égal au côté du plus grand carré, je décris un arc de cercle qui coupe en C le second côté de l'angle droit; AC est le côté du carré cherché. Car si l'on joint BC, on forme un triangle rectangle ABC, et il résulte du théorème du n° **208** que le carré construit sur AC est équivalent à la différence des carrés construits sur BC et sur AB, c'est-à-dire à la différence des carrés donnés.

Remarque. Le problème précédent pourrait servir à construire un carré double d'un carré donné, ou encore à construire un carré équivalent à la somme de plusieurs carrés donnés diminuée de la somme de plusieurs autres carrés donnés.

§ XX. Rapport des aires de deux polygones semblables.

211. Théorème. *Le rapport des aires de deux polygones semblables est égal au carré du rapport des côtés homologues.*

1° Je démontrerai d'abord le théorème pour deux triangles semblables ABC, A'B'C' (fig. 146). Des sommets homologues A

et A′, je mène les hauteurs AD, A′D′ ; les deux triangles ABD,
A′B′D′ ont les angles D et D′ égaux comme droits, et les angles
B et B′ égaux comme
angles homologues des
deux triangles sembla-
bles ; ces triangles sont
donc semblables (**159**)
et l'on a la proportion

$$\frac{AD}{A'D'} = \frac{AB}{A'B'} \,;$$

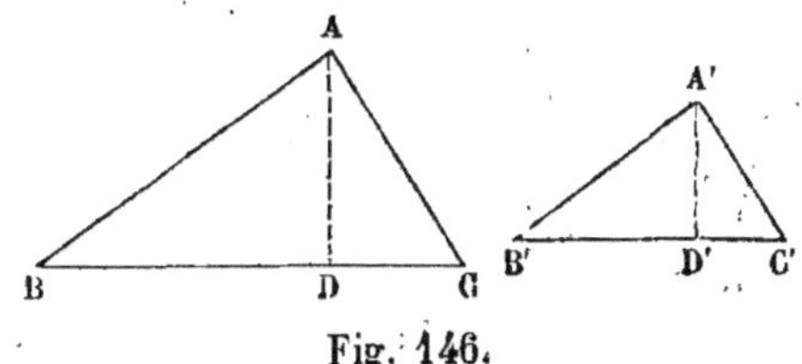

Fig. 146.

ce qui veut dire que, dans deux triangles semblables, le rapport de deux hauteurs homologues est égal au rapport des
côtés homologues. Cela posé, l'aire du triangle ABC a pour

mesure le produit $\frac{1}{2} BC \times AD$; et celle du triangle A′B′C′ est

égale à $\frac{1}{2} B'C' \times A'D'$; le rapport de ces deux aires est donc

$\frac{BC \times AD}{B'C' \times A'D'}$, qu'on peut écrire $\frac{BC}{B'C'} \times \frac{AD}{A'D'}$. Mais nous venons

de faire voir que le rapport $\frac{AD}{A'D'}$ est égal à $\frac{AB}{A'B'}$; $\frac{BC}{B'C'}$ est aussi

égal à $\frac{AB}{A'B'}$ à cause de la similitude des deux triangles ; donc

le rapport des deux triangles est égal à

$$\frac{AB}{A'B'} \times \frac{AB}{A'B'} = \frac{\overline{AB}^2}{\overline{A'B'}^2}. \qquad \text{C. Q. F. D.}$$

On peut encore démontrer ce théorème par des considérations extrêmement simples : Lorsqu'on double les côtés d'un
triangle, les hauteurs sont doublées en même temps ; or, si on
doublait seulement la base sans changer la hauteur, l'aire du
triangle doublerait ; si l'on double ensuite la hauteur, l'aire
sera encore doublée ; elle deviendra donc quatre fois plus
grande. On verrait de même qu'en triplant tous les côtés d'un
triangle on rendrait l'aire neuf fois plus grande, et ainsi

de suite ; donc les aires de deux triangles semblables sont proportionnelles aux carrés des côtés homologues.

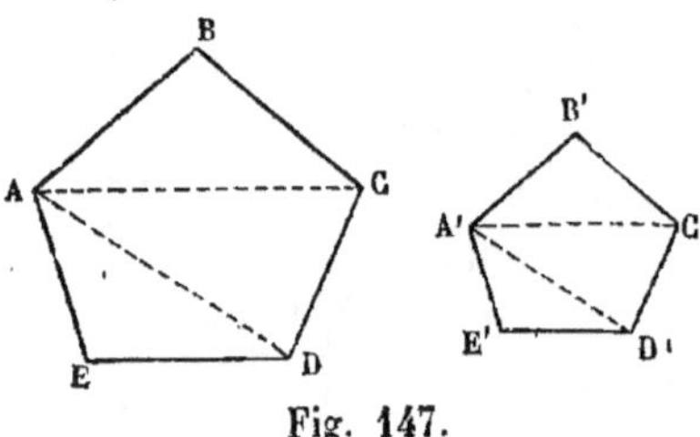

Fig. 147.

2° Je considère maintenant deux polygones semblables quelconques ABCDE, A'B'C'D'E' (fig. 147) ; je les décompose en triangles semblables chacun à chacun. On aura alors, d'après ce qui précède,

$$\frac{ABC}{A'B'C'} = \frac{\overline{AB}^2}{\overline{A'B'}^2} ; \qquad \frac{ACD}{A'C'D'} = \frac{\overline{CD}^2}{\overline{C'D'}^2} ; \text{ etc.}$$

D'autre part, les polygones étant semblables, on a

$$\frac{AB}{A'B'} = \frac{CD}{C'D'} = \frac{DE}{D'E'},$$

et, par suite,

$$\frac{\overline{AB}^2}{\overline{A'B'}^2} = \frac{\overline{CD}^2}{\overline{C'D'}^2} = \frac{\overline{DE}^2}{\overline{D'E'}^2}.$$

De toutes ces égalités de rapports, on tire :

$$\frac{ABC}{A'B'C'} = \frac{ACD}{A'C'D'} = \frac{ADE}{A'D'E'} = \frac{\overline{AB}^2}{\overline{A'B'}^2},$$

et enfin

$$\frac{ABC + ACD + ADE}{A'B'C' + A'C'D' + A'D'E'} = \frac{\overline{AB}^2}{\overline{A'B'}^2}. \qquad \text{C. Q F. D.}$$

On peut encore donner à cette démonstration une autre forme. Supposons, pour fixer les idées, que le rapport des côtés homologues des deux polygones soit égal à $\frac{3}{2}$; le rapport des aires de deux triangles de même rang pris dans les deux polygones sera le carré de $\frac{3}{2}$ ou $\frac{9}{4}$; ce qui veut dire que chacun des triangles qui composent le premier polygone est les $\frac{9}{4}$ du triangle correspondant dans le second polygone;

par suite, le premier polygone vaut les $\frac{9}{4}$ du second, ou, en d'autres termes, le rapport des aires de ces deux polygones est égal au rapport des carrés des côtés homologues. C. Q. F. D.

212. COROLLAIRE. *Si, sur les trois côtés d'un triangle rectangle comme côtés homologues, on construit des polygones semblables, le polygone construit sur l'hypoténuse est équivalent à la somme des polygones construits sur les deux côtés de l'angle droit.*

Désignons par a l'hypoténuse et par b et c les deux côtés de l'angle droit du triangle rectangle, par S, S′, S″ les aires des polygones semblables construits sur ces trois côtés, on aura :

$$\frac{S}{a^2} = \frac{S'}{b^2} = \frac{S''}{c^2} ;$$

d'où l'on tire

$$\frac{S}{a^2} = \frac{S' + S''}{b^2 + c^2} ;$$

les dénominateurs de ces deux rapports sont égaux (**170**); donc les numérateurs le sont aussi, et l'on a :

$$S = S' + S''. \qquad \text{C. Q. F. D.}$$

§ XXI Rapport de la circonférence au diamètre. — Mesure de la circonférence.

213. DÉFINITION. La circonférence étant une ligne courbe, on ne peut obtenir immédiatement la longueur de cette ligne, comme celle de la ligne droite, en la comparant à l'unité de longueur. De là la nécessité de définir ce qu'il faut entendre par *longueur d'une circonférence.*

A cet effet, imaginons qu'on inscrive un polygone régulier dans la circonférence (fig. 148), et qu'on double indéfiniment le

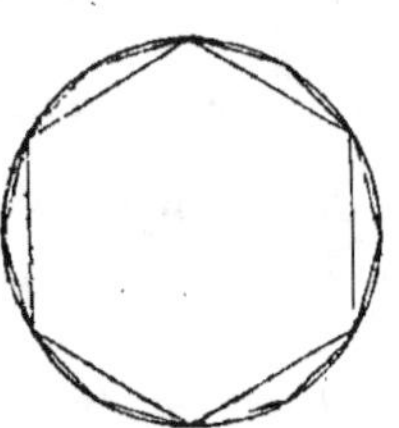

Fig. 148.

nombre des côtés de ce polygone; on obtiendra ainsi une série de polygones dont les périmètres iront toujours en augmentant; mais ils ne croîtront pas sans limite, parce que chacun d'eux est plus petit que le périmètre d'un polygone régulier circonscrit, ainsi qu'il est facile de s'en assurer. Il résulte de là que les périmètres des polygones réguliers inscrits successifs tendent vers une limite fixe qu'ils ne peuvent jamais atteindre, mais dont ils peuvent approcher autant qu'on veut; c'est cette limite que nous appellerons la longueur de la circonférence.

La longueur d'une circonférence est la limite vers laquelle tend le périmètre d'un polygone régulier inscrit, lorsque le nombre des côtés de ce polygone augmente indéfiniment.

On définirait de même la longueur d'un arc de cercle.

214. Théorème. *Deux polygones réguliers d'un même nombre de côtés sont semblables, et le rapport de leurs périmètres est égal au rapport de leurs rayons.*

L'angle d'un polygone régulier de n côtés est égal à

$$2 \text{ dr.} - \frac{4 \text{ dr.}}{n} ;$$

donc deux polygones réguliers de n côtés sont équiangles; de plus, les côtés de ces polygones sont proportionnels, puisque dans chaque polygone ils sont tous égaux; donc les deux polygones sont semblables.

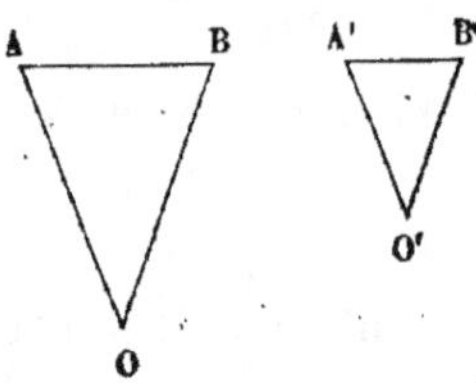

Fig. 149.

Soient alors AB, A'B' les côtés des deux polygones réguliers semblables, O, O' leurs centres (fig. 149); les angles AOB et A'O'B' sont égaux chacun à $\dfrac{4 \text{ dr.}}{n}$, et les côtés qui comprennent ces angles sont proportionnels ; donc les triangles AOB, A'O'B' sont semblables, et l'on a :

$$\frac{AB}{A'B'} = \frac{OA}{O'A'} ;$$

mais le rapport des périmètres des deux polygones est égal à $\frac{AB}{A'B'}$ **(165)** ; donc il est aussi égal au rapport des rayons.

215. Théorème. *Le rapport des longueurs de deux circonférences est égal au rapport de leurs rayons.*

Si dans les deux circonférences O et O' (fig. 150) nous inscrivons deux polygones réguliers d'un même nombre de côtés, le rapport de leurs périmètres sera égal au rapport des rayons OA et OA', et cela est vrai quelque grand que soit le nombre des côtés. Or, quand on augmente indéfiniment le nombre des côtés des deux polygones, leurs périmètres ont pour

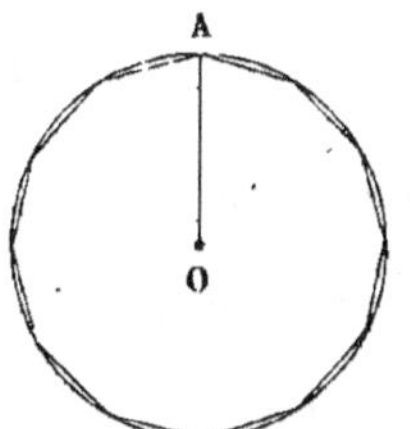
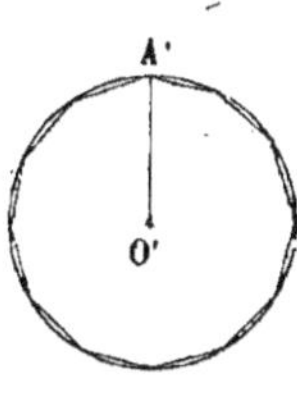

Fig. 150.

limites respectives les longueurs des deux circonférences ; donc le rapport des deux circonférences est égal au rapport des rayons.

216. Corollaire I. *Le rapport de la circonférence au diamètre est un nombre constant.*

Désignons par C et C' les longueurs de deux circonférences dont les rayons sont R et R' ; on aura, d'après le théorème précédent,

$$\frac{C}{C'} = \frac{R}{R'} ;$$

en doublant les deux termes du second rapport, ce qui n'en change pas la valeur, on obtient :

$$\frac{C}{C'} = \frac{2R}{2R'},$$

ou, en changeant les moyens de place,

$$\frac{C}{2R} = \frac{C'}{2R'}.$$

Ainsi le rapport d'une circonférence à son diamètre est égal au rapport d'une autre circonférence à son diamètre; en d'autres termes, le rapport d'une circonférence à son diamètre est un nombre constant, quelle que soit la circonférence. C. Q. F. D.

Désignons par la lettre π ce rapport constant; on aura alors :

$$\frac{C}{2R} = \pi,$$

d'où les deux formules :

$$C = 2\pi R, \qquad R = \frac{C}{2\pi} = \frac{C}{2} \times \frac{1}{\pi},$$

qui servent à calculer la longueur d'une circonférence dont on connaît le rayon, ou, inversement, le rayon d'une circonférence de longueur donnée. Il faut pour cela connaître le nombre π; on démontre que π est incommensurable : sa valeur approchée en décimales est

$$\pi = 3,141592653589793238\,46\ldots$$

On peut aussi prendre les valeurs approchées très simples $\frac{22}{7}$ et $\frac{355}{113}$; dans la plupart des applications, on prend $\pi = 3,1416$, valeur approchée à moins d'un cent-millième. Il est utile aussi de connaître la valeur de $\frac{1}{\pi}$; la voici :

$$\frac{1}{\pi} = 0,318309886183790\ldots$$

Applications. I. Calculer la longueur d'une circonférence dont le rayon est égal à $56^m,45$.

On a :

$$C = 56^m,45 \times 2 \times \pi = 112^m,90 \times \pi = 354^m,686,$$

à un millimètre près.

II. La circonférence d'un bassin circulaire, mesurée avec une corde, a été trouvée de $34^m,62$; quel est le rayon de ce bassin ?

On a :

$$R = \frac{C}{2} \times \frac{1}{\pi} = 17^m,31 \times \frac{1}{\pi}$$

$$= 17^m,31 \times 0,31830988\ldots = 5^m,510,$$

à un millimètre près.

III. Calculer le rayon d'un méridien terrestre, en supposant que la circonférence de ce méridien soit égale à $40\,000\,000$ mètres.

La demi-circonférence vaut alors $20\,000\,000$ mètres, et, par suite, le rayon est donné par la formule

$$R = 20\,000\,000^m \times \frac{1}{\pi} = 6\,366\,198^m,$$

à moins d'un mètre par excès.

217. Corollaire II. La longueur d'un arc de cercle se déduit facilement de celle de la circonférence. Soient R le rayon de l'arc, n le nombre de degrés de cet arc, l sa longueur et C la longueur de la circonférence entière; il est évident que le rapport de l'arc à la circonférence est égal au rapport de n à 360; on a donc :

$$\frac{l}{C} = \frac{n}{360};$$

remplaçons C par $2\pi R$, et nous aurons la formule

$$l = \frac{2\pi R n}{360} = \frac{\pi R n}{180}.$$

APPLICATIONS. I. Quelle est la longueur de l'arc de 48° dans une circonférence dont le rayon est de 7^m?

On a :

$$l = \frac{\pi \times 7 \times 48}{180} = \frac{\pi \times 7 \times 4}{15} = \frac{28\pi}{15} = 5^m,864,$$

à un millimètre près.

II. La longueur de l'arc de 31°17′ dans une circonférence est de 145^m,6; quel est le rayon de cette circonférence?

De la formule précédente on tire

$$R = \frac{180\,l}{\pi n} \; ;$$

comme, dans notre exemple, l'arc donné contient des minutes, je le convertis en minutes, ainsi que le nombre 180 qui représente le nombre de degrés de la demi-circonférence, et j'ai alors :

$$R = \frac{10800 \times 145,6}{1877 \times \pi} = \frac{1572480}{1877} \times \frac{1}{\pi} = 266^m,668,$$

à un millimètre près.

III. Dans un cercle, un arc a une longueur égale au rayon; quel est le nombre de degrés, de minutes et de secondes de cet arc?

De la formule $l = \dfrac{\pi R n}{180}$ on tire

$$n = \frac{180\,l}{\pi R},$$

et comme ici l est égal à R, la formule se simplifie et devient

$$n = \frac{180}{\pi} = 180 \times \frac{1}{\pi} = 57°,29577951\ldots$$

Pour évaluer en minutes la fraction décimale de degré, il faut la multiplier par 60, ce qui donne 17′,7467706 ; et la fraction décimale de minute sera convertie à son tour en secondes, en la multipliant par 60, ce qui donne $44'',8062\ldots$ L'arc demandé vaut donc

$$57^\circ 17' 44'',806,$$

à un millième de seconde près.

218. REMARQUE. *Deux arcs qui contiennent le même nombre de degrés, de minutes et de secondes ont des longueurs proportionnelles à leurs rayons. On les appelle des arcs semblables.*

En effet, pour avoir la longueur d'un arc, il faut multiplier son rayon par la quantité $\dfrac{\pi n}{180}$, quantité invariable si la mesure de l'arc en degrés, minutes et secondes reste la même; donc, si le rayon devient double, triple, quadruple, etc., la longueur de l'arc deviendra en même temps double, triple, quadruple, etc., c'est-à-dire qu'elle sera proportionnelle au rayon.

219. PROBLÈME. *Étant donné le côté c d'un polygone régulier inscrit dans un cercle de rayon R, calculer le côté c′ du polygone régulier inscrit d'un nombre de côtés double.*

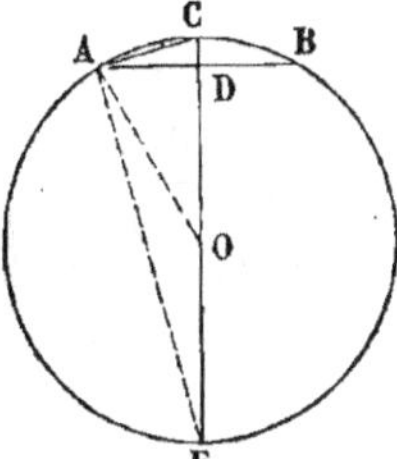

Soit AB le côté c donné (fig. 151); je mène le diamètre CE perpendiculaire à AB; AC sera le côté c' cherché; or on a (**168**, 1°) :

$$\overline{AC}^2 = CE \times CD = CE \times (CO - OD);$$

et d'ailleurs

$$OD = \sqrt{\overline{OA}^2 - \overline{AD}^2} = \sqrt{R^2 - \frac{c^2}{4}};$$

Fig. 151.

donc enfin

$$c'^2 = 2R\left(R - \sqrt{R^2 - \frac{c^2}{4}}\right),$$

ou

$$c' = \sqrt{R\left(2R - \sqrt{4R^2 - c^2}\right)}.$$

APPLICATIONS. I. Supposons que le rayon de la circonférence soit égal à 1, et que le polygone régulier donné soit le carré inscrit dans le cercle; alors $AB = \sqrt{2}$ (188), et l'on a :

$$OD = \sqrt{\overline{OA}^2 - \overline{AD}^2} = \sqrt{1 - \left(\frac{\sqrt{2}}{2}\right)^2} = \sqrt{1 - \frac{1}{2}} = \sqrt{\frac{1}{2}}$$

ou encore, en multipliant par 2 les deux termes de la fraction sous le radical,

$$CD = \sqrt{\frac{2}{4}} = \frac{\sqrt{2}}{2} \, ;$$

de là on déduit :

$$CD = OC - OD = 1 - \frac{\sqrt{2}}{2} = \frac{2 - \sqrt{2}}{2} ;$$

par suite,

$$\overline{AC}^2 = CD \times CE = \frac{2 - \sqrt{2}}{2} \times 2 = 2 - \sqrt{2}$$

et

$$AC = \sqrt{2 - \sqrt{2}} \, ;$$

telle est la valeur du côté de l'octogone régulier inscrit dans le cercle dont le rayon est égal à 1.

II. Supposons, en second lieu, que le polygone donné soit l'hexagone régulier, le rayon étant toujours égal à 1.

Alors $AB = 1$, et l'on a :

$$OD = \sqrt{\overline{OA}^2 - \overline{AD}^2} = \sqrt{1 - \left(\frac{1}{2}\right)^2} = \sqrt{\frac{3}{4}} = \frac{\sqrt{3}}{2} ;$$

par suite,

$$CD = OC - OD = 1 - \frac{\sqrt{3}}{2} = \frac{2 - \sqrt{3}}{2}$$

et

$$\overline{AC}^2 = CD \times CE = \frac{2 - \sqrt{3}}{2} \times 2 = 2 - \sqrt{3},$$

d'où l'on tire

$$AC = \sqrt{2 - \sqrt{3}} \, ;$$

c'est la valeur du côté du dodécagone régulier inscrit dans le cercle de rayon 1.

220. Problème. *Calculer une valeur approchée du nombre π.*

Je prends une circonférence de rayon 1; alors la formule $C = 2\pi R$ donne $\pi = \dfrac{C}{2}$; et pour avoir π, il suffit de calculer la longueur de la demi-circonférence de rayon 1. Pour cela, je calculerai les demi-périmètres des polygones réguliers inscrits de 4, 8, 16, 32, etc. côtés; ces demi-périmètres seront des valeurs approchées de $\dfrac{C}{2}$ ou de π. Or le côté du carré inscrit dans le cercle de rayon 1 est $\sqrt{2}$; la formule du numéro précédent nous permettra de calculer le côté de l'octogone régulier; on calculera ensuite le côté du polygone régulier de 16 côtés, et ainsi de suite; connaissant les côtés de ces polygones, on aura facilement les demi-périmètres. Voici leurs valeurs :

4 côtés	2,82842
8 —	3,06146
16 —	3,12144
32 —	3,13654
64 —	3,14033
128 —	3,14127

et ainsi de suite. Ces nombres sont des valeurs de plus en plus approchées de π.

Remarque. C'est par une méthode analogue qu'Archimède a trouvé pour π la valeur approchée $\dfrac{22}{7}$.

§ XXII. Aire d'un polygone régulier. — Aire d'un cercle, d'un secteur circulaire.

221. Théorème. *L'aire d'un polygone régulier a pour mesure le produit de son périmètre par la moitié de son apothème.*

Soit ABCDEF un polygone régulier (fig. 152); je le décompose en triangles par des rayons OA, OB, OC...; ces triangles

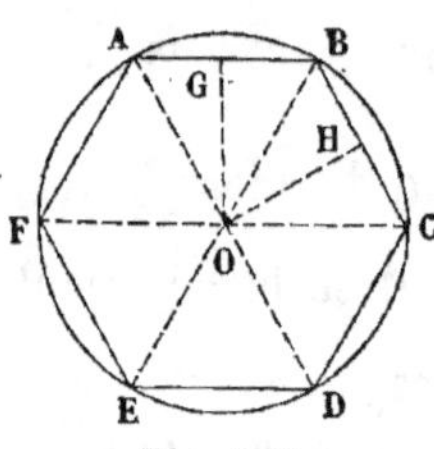
Fig. 152.

ont pour bases les côtés du polygone et pour hauteurs les lignes égales OG, OH, etc.; chacun de ces triangles a pour mesure le produit de sa base par la moitié de l'apothème; donc la somme de tous les triangles ou le polygone entier a pour mesure la somme des bases multipliée par la moitié de l'apothème, c'est-à-dire le produit du périmètre par la moitié de l'apothème. C. Q. F. D.

EXEMPLE. Trouver l'aire d'un hexagone régulier dont le côté est a.

Le périmètre est $6a$; il faut calculer l'apothème. Or le triangle rectangle OAG (fig. 152) a pour hypoténuse $OA = a$, et le côté AG est égal à $\dfrac{a}{2}$; donc l'apothème OG est donné par la formule

$$OG = \sqrt{a^2 - \frac{a^2}{4}} = \sqrt{\frac{3a^2}{4}} = \frac{a}{2}\sqrt{3}.$$

Par conséquent, l'aire de l'hexagone est égale à

$$6 \times \frac{a}{4}\sqrt{3} = \frac{3a^2\sqrt{3}}{2}.$$

222. THÉORÈME. *L'aire du cercle est égale à la circonférence multipliée par la moitié du rayon.*

Supposons que dans le cercle donné on inscrive un polygone régulier d'un très grand nombre de côtés; l'aire de ce polygone différera très peu de celle du cercle, le périmètre de ce polygone différera de même très peu de la circonférence, et l'apothème sera très voisin du rayon du cercle; et si l'on augmente de plus en plus le nombre des côtés du polygone régulier, il se rapprochera indéfiniment du cercle, son périmètre tendra à devenir égal à la circonférence, et l'apothème différera du rayon aussi peu qu'on voudra. On peut donc regarder le cercle comme un polygone régulier d'un nombre illimité de côtés, ayant pour périmètre la circonférence, et pour apothème le rayon ; par conséquent, en vertu du théorème précédent, l'aire du cercle a pour mesure le produit de sa circonférence par la moitié du rayon. C. Q. F. D.

223. REMARQUE. Désignons comme précédemment le rayon du cercle par R, la longueur de la circonférence par C, et soit S l'aire de ce même cercle ; le théorème précédent donne

$$S = \frac{C \times R}{2};$$

mais nous savons d'autre part (**216**) qu'on a :

$$C = 2\pi R.$$

On peut remplacer C par cette valeur dans la première formule et l'on a :

$$S = \frac{2\pi R \times R}{2} = \pi R^2, \qquad [1]$$

formule qui s'énonce ainsi :

L'aire du cercle est égale au carré de son rayon multiplié par le nombre π.

Au lieu de remplacer, dans l'expression de S, la circonférence par sa valeur en fonction du rayon, on pourrait au contraire remplacer R par la valeur $R = \dfrac{C}{2\pi}$ (**216**), et on aurait ainsi :

$$S = \frac{C}{2} \times \frac{C}{2\pi} = \frac{C^2}{4\pi} = \left(\frac{C}{2}\right)^2 \times \frac{1}{\pi}. \qquad [2]$$

Cette formule, d'un usage moins fréquent que la précédente, s'énonce ainsi :

L'aire du cercle est égale au carré de la demi circonférence multiplié par $\dfrac{1}{\pi}$.

Applications. I. Le diamètre d'une pièce de cinq francs en argent est de 37 millimètres. Trouver la surface de cette pièce.

Le rayon est égal à $\dfrac{37^{mm}}{2} = 18^{mm},5$; et alors la formule [1] donne

$$S = 18,5^2 \times \pi = 1075^{mmq},21,$$

à moins d'un centième de millimètre carré près.

II. La circonférence d'un grand cercle du globe terrestre est égale à 40 000 kilomètres : trouver la surface de ce grand cercle.

La formule [2] donne

$$S = 20000^2 \times \frac{1}{\pi} = 127323954^{kq},$$

à moins d'un kilomètre carré près.

III. Calculer le rayon d'un cercle qui aurait une superficie d'un hectare.

De la formule [1] on tire immédiatement

$$R^2 = \frac{S}{\pi},$$

ce qui donne, dans notre exemple, en prenant le mètre pour unité de longueur,

$$R^2 = 10000 \times \frac{1}{\pi} = 3183,0988 ;$$

et, en extrayant la racine carrée des deux membres,

$$R = \sqrt{3183,0988} = 56^m,42,$$

à un centimètre près.

224. Corollaire. *Les aires de deux cercles sont proportionnelles aux carrés de leurs rayons.*

Soient, en effet, R et R′ les rayons des deux cercles, S et S′ leurs surfaces ; on a :

$$S = \pi R^2, \qquad S' = \pi R'^2 ;$$

en divisant ces deux égalités membre à membre, on obtient :

$$\frac{S}{S'} = \frac{\pi R^2}{\pi R'^2};$$

enfin, si l'on divise par π les deux termes du second rapport, ce qui n'en change pas la valeur, on a :

$$\frac{S}{S'} = \frac{R^2}{R'^2}.$$

C. Q. F. D.

225. Définition. On appelle *secteur de cercle*, ou simplement *secteur*, la portion du cercle comprise entre deux rayons.

226. Théorème. *L'aire d'un secteur est égale à l'arc qui lui sert de base multiplié par la moitié du rayon.*

Soit AOB le secteur donné; inscrivons dans l'arc AB une ligne brisée ayant tous ses côtés égaux, ACDB, et supposons qu'on augmente indéfiniment le nombre des côtés; l'aire comprise entre cette ligne brisée et les deux rayons OA et OB se rapprochera de plus en plus de l'aire du secteur, en même temps que la longueur de la ligne brisée inscrite dans l'arc AB tendra à devenir égale à celle de l'arc lui-même. Or on ferait voir comme au n° **221** que l'aire du polygone formé par les rayons OA, OB et la

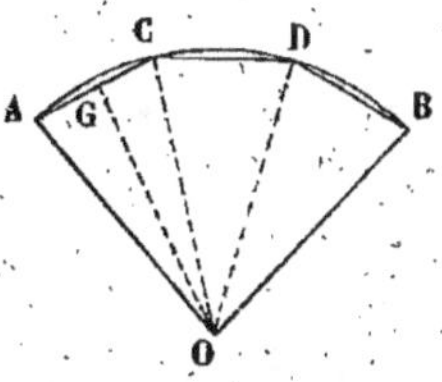

Fig. 153.

ligne brisée inscrite a pour mesure la longueur de cette ligne brisée multipliée par la moitié de son apothème OG; d'où l'on conclut, comme on l'a fait pour le cercle, que l'aire du secteur est égale à la longueur de l'arc AB, multipliée par la moitié de OA. c. q. f. d.

227. Remarque. Désignons par R le rayon du secteur, par l la longueur de l'arc AB et par S l'aire du secteur; nous aurons, d'après le théorème précédent,

$$S = \frac{l \times R}{2};$$

si nous remplaçons l pár sa valcur donnée au n° **217**, nous aurons :

$$S = \frac{\pi R n}{180} \times \frac{R}{2} = \frac{\pi R^2 n}{360},$$

formule ordinairement employée pour calculer l'airè du secteur, et qui peut servir à résoudre plusieurs questions relatives au secteur circulaire; nous ne nous y arrêterons pas.

228. Corollaire. *Le rapport de l'aire du secteur à l'aire du cercle est égal au rapport de l'arc du secteur à la circonférence.*

Ces deux aires s'obtiennent en multipliant par une même quantité, qui est la moitié du rayon, d'une part l'arc du secteur, d'autre part la circonférence; donc leur rapport est égal à celui de l'arc à la circonférence.

EXERCICES SUR LE LIVRE IV

THÉORÈMES ET PROBLÈMES.

1. Le carré qui a pour côté la diagonale d'un autre carré a une aire double de celle de ce carré.

2. Si l'on joint deux à deux les milieux des côtés d'un quadrilatère, on forme un parallélogramme qui équivaut à la moitié du quadrilatère.

3. Deux quadrilatères qui ont des diagonales égales et également inclinées, sont équivalents.

4. Avec des diagonales de longueur donnée, on peut construire une infinité de quadrilatères; sous quel angle ces diagonales doivent-elles se couper pour que les aires de ces quadrilatères soient aussi grandes que possible?

5. L'aire d'un quadrilatère dont les diagonales sont perpendiculaires a pour mesure la moitié du produit des diagonales.

6. Si l'on joint un point pris dans l'intérieur d'un parallélo-

gramme aux quatre sommets, les quatre triangles formés sont tels, que la somme de deux triangles opposés est équivalente à la somme des deux autres.

7. Si l'on joint un point P pris à l'intérieur d'un parallélogramme ABCD à tous les sommets, et qu'on considère les trois triangles ayant pour sommet commun le point P, et pour bases respectives la diagonale et les deux côtés qui partent du même point A, le premier de ces triangles est égal à la différence des deux autres. Comment faut-il modifier l'énoncé du théorème quand le point P est extérieur au parallélogramme?

8. Étant donné un quadrilatère, par le milieu de chaque diagonale on mène une parallèle à l'autre diagonale; ces deux lignes se coupent en un point qu'on joint aux milieux des quatre côtés du quadrilatère. Ces lignes décomposent le quadrilatère donné en quatre quadrilatères équivalents.

9. On construit des carrés sur les trois côtés d'un triangle rectangle, et on joint deux à deux les sommets voisins de ces trois carrés; on a ainsi un hexagone dont on demande de trouver l'aire.

10. Partager un triangle en parties équivalentes par des lignes partant d'un même sommet.

11. Parmi tous les triangles qu'on peut construire avec deux côtés donnés, quel est le plus grand?

12. De tous les triangles inscrits dans un même cercle et ayant même base, quel est le plus grand?

13. Quel est le plus grand de tous les triangles inscrits dans un même cercle, et ayant un sommet commun?

14. Parmi tous les rectangles qu'on peut inscrire dans un même cercle, quel est le plus grand?

15. Deux triangles qui ont un angle égal sont entre eux comme les produits des côtés qui comprennent l'angle égal.

16. Partager un trapèze en parties équivalentes par des lignes rencontrant les deux bases.

17. Construire un carré équivalent à un rectangle, à un parallélogramme, à un triangle, à un polygone quelconque donnés.

18. Démontrer que le carré construit sur la différence de deux

lignes A et B est équivalent à la somme des carrés construits sur ces deux lignes, plus deux fois le rectangle qui a l'une de ces lignes pour base et l'autre pour hauteur.

19. Démontrer que le carré construit sur la différence de deux lignes A et B est équivalent à la somme des carrés construits sur ces deux lignes, moins deux fois le rectangle qui a l'une de ces lignes pour base et l'autre pour hauteur.

20. Démontrer que la différence des carrés construits sur deux lignes A et B est équivalente au rectangle qui a pour base la somme A + B et pour hauteur la différence A — B.

21. Par les extrémités d'une droite AB et d'un même côté de cette droite, on lui élève deux perpendiculaires AC et BD telles que l'aire du trapèze ABDC ait une valeur constante donnée. Du milieu E de la droite AB on abaisse une perpendiculaire EM sur la droite CD. Trouver le lieu décrit par le pied M de cette perpendiculaire, quand on fait varier les longueurs des perpendiculaires AC et BD. — Même problème quand les lignes AC et BD, au lieu d'être perpendiculaires à AB, sont parallèles à une droite fixe donnée. (Concours général, Troisième, 1880.)

22. On donne un parallélogramme ABCD et un point P dans son plan : mener par ce point P une ligne qui forme avec les droites AB et AC, prolongées au besoin, un triangle équivalent au parallélogramme.

23. Partager un triangle en parties équivalentes ou proportionnelles à des lignes données par des parallèles à la base.

24. Soit un cercle O. Déterminer avec la règle et le compas un point extérieur S tel, que si l'on mène une tangente SA à la circonférence, et si du point de contact A on abaisse une perpendiculaire AP sur OS, le rapport des triangles SAO, PAO, soit égal à celui de 3 à 2. (Concours académique de Dijon, Troisième, 1865.)

25. Construire un polygone semblable à un polygone donné et équivalent à un autre polygone donné.

26. On obtient une valeur approchée de la demi-circonférence en prenant la somme des côtés du triangle équilatéral et du carré inscrits dans ce cercle. — Erreur commise.

27. Si au triple du diamètre d'une circonférence on ajoute le cinquième du côté du carré inscrit, on obtient une valeur approchée de la circonférence. — Erreur commise.

28. Connaissant le côté d'un polygone régulier d'un nombre pair de côtés inscrit dans un cercle de rayon connu, trouver la valeur du côté du polygone régulier inscrit dans le même cercle, et qui a deux fois moins de côtés.

29. Les côtés des polygones réguliers de 4, 8, 16, 32, 64, etc., côtés, inscrits dans un cercle de rayon 1, ont pour expressions :

$$4 \text{ côtés} \quad \sqrt{2}$$

$$8 \text{ »} \quad \sqrt{2-\sqrt{2}}$$

$$16 \text{ »} \quad \sqrt{2-\sqrt{2+\sqrt{2}}}$$

$$32 \text{ »} \quad \sqrt{2-\sqrt{2+\sqrt{2+\sqrt{2}}}}$$

$$64 \text{ »} \quad \sqrt{2-\sqrt{2+\sqrt{2+\sqrt{2+\sqrt{2}}}}}$$

et ainsi de suite.

30. Si deux arcs de même longueur ont des rayons différents, le rapport des angles au centre correspondant à ces arcs est inverse du rapport des rayons.

31. Le dodécagone régulier inscrit dans un cercle est équivalent au carré qui a pour côté le côté du triangle équilatéral inscrit dans le même cercle.

32. L'aire de l'hexagone régulier inscrit dans un cercle est moyenne proportionnelle entre les aires des triangles équilatéraux inscrit et circonscrit au même cercle.

33. Si l'on appelle A et B les aires de deux polygones réguliers semblables, l'un inscrit, l'autre circonscrit à un même cercle, et par A′ l'aire du polygone régulier inscrit d'un nombre de côtés double, A′ est moyenne proportionnelle entre A et B.

34. Étant donné le rayon R d'un cercle, trouver les aires du triangle équilatéral, du carré, de l'hexagone régulier, de l'octogone régulier et du dodécagone régulier inscrits dans ce cercle. — Application au cas où R est égal à 1000 mètres.

35. L'aire d'une couronne circulaire comprise entre deux circonférences concentriques a pour mesure la longueur de la circonférence menée à égale distance des deux premières, multipliée par la demi-différence des rayons.

36. Si l'on marque un point C sur un diamètre AB d'une demi-circonférence, et qu'on décrive deux demi-circonférences sur les segments AC et BC, l'aire comprise entre ces trois demi-circonférences est équivalente au cercle ayant pour diamètre la moyenne proportionnelle entre AC et BC.

37. Partager un cercle en parties équivalentes par des circonférences concentriques.

38. Étant donné un rectangle ABCD, dans lequel la hauteur AD est la moitié de la base AB (fig. 154), des points A et B comme centres, avec AD pour rayon, on décrit des arcs de cercle DE et CE ; et sur AB comme diamètre on décrit la demi-circonférence AKB, qui coupe les arcs précédents en G et en H. On demande : 1° de calculer la surface EGKH comprise entre les trois arcs de cercle ; 2° de calculer la surface du quadrilatère DGHC obtenu en joignant DG, GH et HC. On donne AD = $15^m,55$.

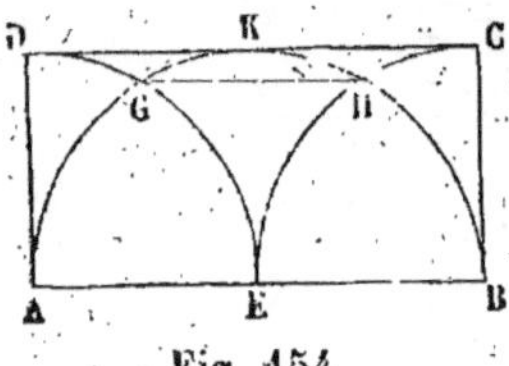

Fig. 154.

39. On mène dans un cercle deux cordes parallèles, l'une égale au côté de l'hexagone régulier, l'autre à celui du triangle équilatéral ; l'aire de la portion de cercle comprise entre ces deux cordes est égale au sixième du cercle entier.

40. Étant donné un quadrilatère ABCD, trouver dans l'intérieur un point S tel, que, si on le joint à tous les sommets, les aires des quatre triangles ainsi formés soient égales deux à deux, c'est-à-dire qu'on ait ASB = CSD et ASD = BSC. (Concours général, Philosophie, 1867.)

41. On donne une circonférence O et une droite RS tangente à cette circonférence au point A ; on prend un diamètre quelconque BC, et des extrémités B, C de ce diamètre on abaisse les perpendiculaires BB', CC' sur la tangente RS ; on mène les cordes AB, AC.

Démontrer que le rapport de l'aire du triangle ABC à l'aire du trapèze BB'C'C est le même quelle que soit la direction du diamètre BC. (Concours général, Troisième, 1879.)

42. Soit ABC un triangle dans lequel l'angle A est droit, et l'angle B double de l'angle C. On construit au dehors du triangle ABC : 1° sur l'hypoténuse BC le carré BCDE ; 2° sur le côté AB le triangle équilatéral ABF ; 3° sur le côté AC le triangle équilatéral ACG. On joint le point F au point G, et au point E, extrémité du côté BE du carré BCDE.

On suppose l'hypoténuse BC égale à a, et on demande de calculer :

1° Les côtés AB et AC du triangle ABC ;

2° La distance du point F à la droite BE et la distance du point G à la droite AF ;

3° La surface du quadrilatère EFGD.

On appliquera les formules trouvées en supposant l'hypoténuse a égale à 5 mètres. (Concours général, Troisième, 1877.)

43. Soit a la longueur du côté d'un triangle équilatéral ABC ; calculer la distance du point A à un point M situé sur AB, entre A et B, de façon que, si l'on désigne par P et par Q les pieds des perpendiculaires abaissées du point M sur les côtés AC et BC du triangle, le rapport de l'aire du quadrilatère APQB à l'aire du triangle ABC soit égal à un nombre donné m.

Indiquer les conditions de possibilité ; appliquer en supposant m égal à $\dfrac{15}{32}$, et, dans ce cas, déterminer par une construction géométrique la position du point M. (Concours général, Seconde, 1879.)

44. Étant donnés un triangle ABC et un nombre positif m plus petit que l'unité, on prend sur le côté AB un point C_1 tel que $AC_1 = m \cdot AB$; sur le côté BC un point A_1 tel que $BA_1 = m \cdot BC$; enfin sur le côté CA un point B_1 tel que $CB_1 = m \cdot CA$.

1° Trouver l'aire du triangle $A_1B_1C_1$.

2° On considère une suite indéfinie de triangles $A_1B_1C_1$, $A_2B_2C_2, \ldots A_pB_pC_p\ldots$, dont chacun se déduit du précédent comme le triangle $A_1B_1C_1$ se déduit du triangle ABC ; trouver la limite de la somme des aires de ces triangles quand le nombre entier p augmente indéfiniment.

3° Étudier les variations de la limite précédente quand le nombre m varie entre 0 et 1.

4° Déterminer la position du point de rencontre des médianes des triangles $A_1B_1C_1$, $A_2B_2C_2$..., $A_pB_pC_p$.... (Concours général, Philosophie, 1883.)

45. Calculer l'aire d'un triangle équilatéral dont le côté est a. Application au cas où $a = 5$ mètres.

46. Un trapèze rectangle a un angle égal à $\frac{2}{3}$ de droit; calculer son aire : 1° quand on donne les deux bases ; 2° quand on donne une base et la hauteur ; 3° quand on donne une base et la longueur du côté oblique aux bases.

47. Dans un trapèze ABCD, la grande base AB est égale à 18 mètres ; les angles A et B sont égaux tous les deux à 45°, et les côtés non parallèles sont tous deux égaux à 7 mètres. Trouver l'aire de ce trapèze et celle du triangle obtenu en prolongeant les côtés non parallèles jusqu'à leur rencontre.

48. Même problème en supposant que les angles A et B soient égaux tous les deux à 60°.

49. Un terrain a la forme d'un trapèze isocèle dont les bases sont égales à 100 mètres et à 40 mètres et le côté égal à 50 mètres. On demande de calculer en ares la surface de ce terrain. (Baccalauréat ès lettres, Paris.)

50. Deux triangles équilatéraux sont placés à côté l'un de l'autre, de manière à avoir un sommet commun, et leurs bases en ligne droite ; on joint les deux sommets et on obtient un quadrilatère dont on demande l'aire, sachant que les côtés des deux triangles équilatéraux ont des longueurs respectivement égales à a et à b. — Application au cas où $a = 1$ mètre, et $b = 2$ mètres.

51. Un polygone est circonscrit à un cercle de 54 mètres de rayon ; le périmètre de ce polygone est égal à 432 mètres. Trouver son aire.

52. Calculer le rayon d'une circonférence dans laquelle l'arc de 17° 28′ 13″ a une longueur de $28^m,315$.

53. On donne trois cercles dont les rayons sont R, R′, R″;

construire un cercle équivalent à la somme de ces trois cercles.

Si les rayons sont exprimés en nombres et qu'on ait, par exemple,

$$R = 4^m, \quad R' = 7^m, \quad R'' = 12^m,$$

calculer le rayon du cercle équivalent à la somme des trois cercles donnés.

54. On donne l'apothème d'un octogone régulier égal à $6^m,162$, et on demande de calculer sa surface.

55. On inscrit dans un cercle donné deux cordes parallèles, dont l'une, AB, est le côté de l'hexagone régulier inscrit, et dont l'autre, CD, est le côté du triangle équilatéral inscrit ; on prolonge les rayons OC et OD jusqu'à la rencontre de AB prolongée aux points E et F. Trouver la surface du cercle qui a pour rayon OE, et démontrer que le triangle OEF a une surface équivalente à la moitié de l'hexagone régulier inscrit dans le cercle donné. (Concours académique de Dijon, Seconde, 1866.)

56. La surface d'une couronne circulaire est égale à 4 mètres carrés, et l'épaisseur de la couronne, c'est-à-dire la différence des rayons des deux circonférences, est égale à $3^m,1416$. Calculer les rayons des deux circonférences.

57. Calculer les aires des segments de cercle dont les arcs sont de 90°, de 60°, de 120° ; le rayon du cercle est égal à $4^m,84$.

58. Soient A et B deux points dont la distance est 1 mètre ; de chacun de ces points comme centre, avec un rayon égal à 1 mètre, on décrit un cercle. Calculer à un centimètre carré près l'aire de la partie commune aux deux cercles. (Concours général, Philosophie, 1864.)

59. La distance des centres de deux cercles égaux, de rayon R, est égale à $R \sqrt{3}$. On demande de calculer l'aire comprise entre les deux cercles. — En supposant ensuite R égal à 1 mètre, on calculera la valeur numérique de l'aire précédente à un centimètre carré près. (Concours général, Troisième, 1882.)

60. Sur chacun des côtés d'un hexagone régulier et à l'extérieur de ce polygone, on construit des carrés; en joignant deux à deux les sommets voisins des carrés consécutifs, on forme un dodécagone. Démontrer que ce dodécagone est régulier, et trouver l'expression de sa surface, celle de son apothème et celle de son rayon, connaissant le côté a de l'hexagone. Application au cas où $a = 0^m,25$.

61. On mène les diagonales d'un trapèze ABCD, lesquelles se coupent en un point O. Étant données les aires p^2 et q^2 des deux triangles AOB, COD, trouver l'expression de l'aire des deux autres triangles AOC, BOD, et celle de l'aire du trapèze. (Concours général, Seconde, 1876.)

DEUXIÈME PARTIE

GÉOMÉTRIE DANS L'ESPACE

LIVRE V

LE PLAN ET LA LIGNE DROITE

§ XXIII. Du plan et de la ligne droite dans l'espace. — Perpendiculaires
et obliques au plan.

229. DÉFINITIONS. Nous avons déjà vu qu'on appelle *plan*
une surface telle, que la ligne droite qui joint deux points
quelconques de cette surface y est contenue tout entière. Il
résulte de cette définition qu'une ligne droite ne peut couper
un plan qu'en un seul point; ce point s'appelle alors le *pied* de
la droite dans le plan.

Une droite qui rencontre un plan est dite *perpendiculaire*
à ce plan, lorsqu'elle est perpendiculaire à toutes les droites
menées par son pied dans ce plan. Quand une droite est perpendiculaire à un plan, réciproquement le plan est dit perpendiculaire à la droite.

Une droite qui rencontre un plan sans lui être perpendiculaire est *oblique* à ce plan.

Un plan est une surface indéfinie; mais, pour plus de clarté
dans les figures, nous le représenterons toujours limité, en
lui donnant la forme d'un parallélogramme; c'est à peu près
sous cette forme qu'on voit un rectangle quand on le regarde
obliquement d'un point de vue très éloigné.

230. THÉORÈME. *Par deux droites, AB, AC, qui se coupent,
on peut faire passer un plan et on n'en peut faire passer
qu'un* (fig. 155).

Concevons un plan quelconque mené par AB, et faisons-le tourner autour de AB jusqu'à ce qu'il contienne un point C de la seconde droite; contenant deux points A et C de cette droite, il la contiendra tout entière; donc il contiendra les deux droites AB et AC.

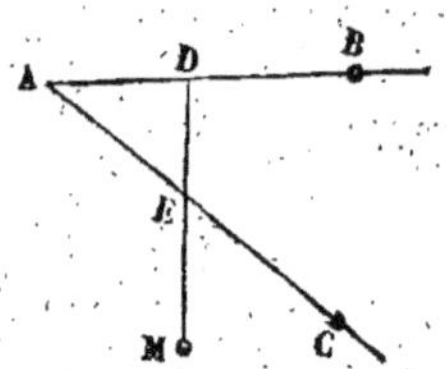

Fig. 155.

Je dis de plus que par AB et AC on ne peut faire passer qu'un plan. Soient, en effet, deux plans P et Q menés par ces deux droites, M un point quelconque du plan P; par ce point je mène dans le plan P une droite rencontrant les deux droites AB et AC aux points D et E; ces points seront aussi situés dans le plan Q; donc la ligne DE entière, et par suite le point M, seront contenus dans le plan Q; tous les points du plan P appartiennent au plan Q; en d'autres termes, les plans P et Q coïncident. C. Q. F. D.

231. Corollaire I. *Par trois points A, B, C, non en ligne droite, on peut faire passer un plan, et on n'en peut faire passer qu'un* (fig. 155).

Joignons AB et AC; le plan mené par ces deux droites contient les trois points A, B, C; et tout plan mené par les trois points contient aussi les deux droites; or les deux droites déterminent un plan et n'en déterminent qu'un; donc il en est de même des trois points A, B, C. c. q. f. d.

232. Corollaire II. *Par une droite et un point extérieur à cette droite on peut faire passer un plan, et on n'en peut faire passer qu'un.*

Si nous joignons le point donné à un point quelconque de la droite donnée, nous aurons deux droites qui se coupent. Le plan de ces deux droites contient la droite et le point donnés, et inversement, tout plan passant par la droite et le point donnés contient les deux droites qui se coupent. Or ces dernières ne déterminent qu'un plan; donc il en est de même de la droite et du point donnés.

233. Corollaire IV. *Deux droites parallèles déterminent un plan et un seul.*

Par la définition même (**53**), deux droites parallèles sont toujours dans un même plan; elles n'en déterminent qu'un, parce qu'on ne peut faire passer qu'un plan par l'une de ces droites et un point de l'autre (**232**).

234. Remarque. On peut déduire des théorèmes qui précèdent divers modes de génération du plan.

Supposons qu'une droite mobile indéfinie tourne autour d'un de ses points et s'appuie constamment sur une autre droite qui ne passe pas par le point fixe; la droite mobile engendrera le plan déterminé par la droite et le point fixe.

De même, une droite mobile qui se déplace parallèlement à elle-même en s'appuyant constamment sur une droite fixe, décrit un plan.

Enfin, il en est de même d'une droite qui se meut en s'appuyant constamment sur deux droites qui se coupent.

235. Théorème. *L'intersection de deux plans est une ligne droite* (fig. 156).

Prenons deux points quelconques A et B sur la ligne d'intersection; ces points étant communs aux deux plans, la ligne droite AB est contenue dans chacun d'eux; elle est donc la ligne d'intersection des deux plans. Les deux plans ne peuvent d'ailleurs avoir aucun point commun en dehors de cette ligne; car s'ils en

Fig. 156.

avaient un seul, ils coïncideraient (**232**), ce qui est contre l'hypothèse.

236. Théorème. *Si une droite AP est perpendiculaire à deux droites PB, PC, qui passent par son pied dans un plan M, elle est perpendiculaire à ce plan* (fig. 157).

Par le point P je mène dans le plan M une droite quelconque PD; je dis que AP est perpendiculaire à PD. En effet, je coupe les droites PB, PC, PD par une même droite BC, et

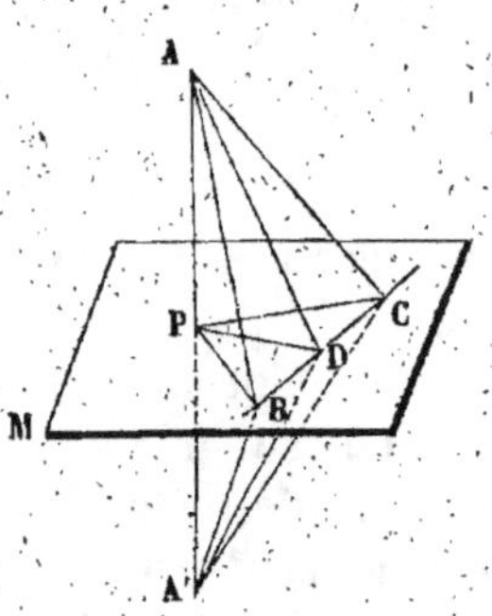

je prolonge la ligne AP au-dessous du plan d'une longueur $PA' = PA$; puis je joins AB, AC, AD, A'B, A'C, A'D. Dans le plan ABA', PB est perpendiculaire sur le milieu de AA'; donc (48) $BA = BA'$; de même $CA = CA'$; donc les triangles ABC, A'BC ont les trois côtés égaux et sont égaux. Si l'on fait tourner le triangle A'BC autour de BC comme charnière, pour l'appliquer sur son égal ABC, le point A' tombera au point A, et comme

Fig. 157.

le point D reste fixe, DA' coïncidera avec DA; ces deux lignes sont donc égales, et le triangle ADA' est isocèle; par suite la ligne DP, qui joint le sommet de ce triangle au milieu de la base, est perpendiculaire à AP (39). La ligne AP est donc perpendiculaire à toute droite passant par son pied dans le plan M; donc elle est perpendiculaire à ce plan. C. Q. F. D.

237. THÉORÈME. *Par un point P donné dans un plan M, on peut toujours mener une perpendiculaire à ce plan, et on ne peut lui en mener qu'une.*

1° Je mène une droite quelconque BC dans le plan M

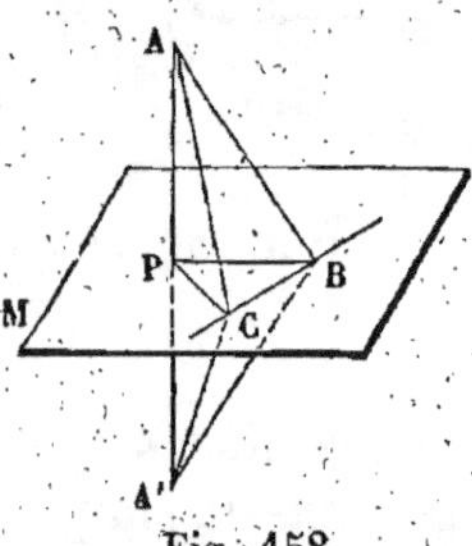

(fig. 158), et du point P j'abaisse une perpendiculaire PB sur cette droite. Dans un plan quelconque mené par BC, je mène BA perpendiculaire à BC, et dans le plan des deux droites PB, BA, j'élève PA perpendiculaire à PB; cette ligne PA est perpendiculaire au plan M. En effet, soit PC une droite quelconque menée dans ce plan par le point P; je prolonge PA au-dessous

Fig. 158.

du plan d'une longueur $PA' = PA$ et je joins AC, A'B, A'C.

La droite CB, perpendiculaire à la fois aux deux droites PB, BA, est perpendiculaire à leur plan PBA (**236**), et par suite à la droite BA′ qui passe par son pied dans ce plan ; les angles CBA, CBA′ sont donc égaux comme droits. Dans le plan ABA′, BP est perpendiculaire au milieu de AA′ ; donc (**48**) BA = BA′. Alors les deux triangles ABC, A′BC ont le côté BC commun, BA = BA′, et l'angle CBA = CBA′ ; ils sont donc égaux et CA = CA′ ; le triangle ACA′ est isocèle ; par conséquent, la droite CP qui joint le sommet au milieu de la base est perpendiculaire à AP. La droite AP, perpendiculaire aux deux droites PB, PC qui passent par son pied dans le plan M, est perpendiculaire à ce plan (**236**). C. Q. F. D.

2° Soit PA perpendiculaire au plan M (fig. 159), PD une autre droite quelconque ; je dis qu'elle est oblique au plan. En effet, par les deux droites AP, PD, je fais passer un plan qui coupe le plan M suivant PE. Dans ce plan, on ne peut mener à PE qu'une

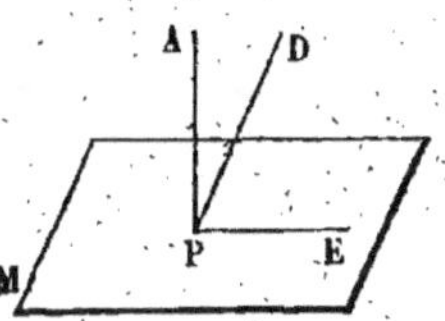

Fig. 159.

perpendiculaire (**17**), et cette perpendiculaire est PA ; donc PD est oblique à PE et par suite au plan M.

238. THÉORÈME. *Par un point A donné hors d'un plan M, on peut mener une perpendiculaire à ce plan et on n'en peut mener qu'une* (fig. 160).

1° Dans le plan M je mène une droite quelconque BC, et du point A j'abaisse sur BC la perpendiculaire AB ; par le point B dans le plan M, je mène BP perpendiculaire à BC, et dans le plan ABP j'abaisse la ligne AP perpendiculaire à BP ; AP est perpendiculaire au plan M (même démonstration qu'au n° **237**).

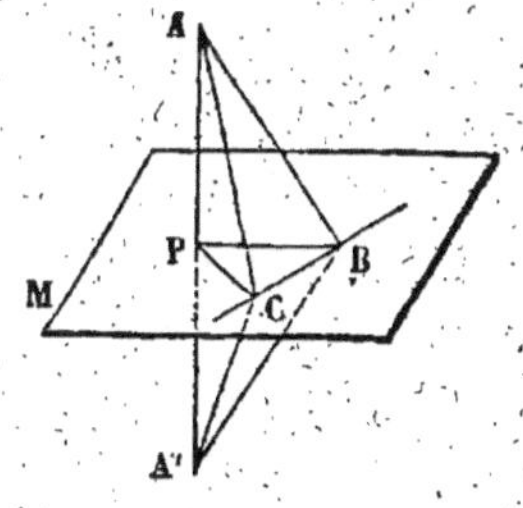

Fig. 160.

2° Toute autre droite AB menée par le point A est oblique au plan M. Car, dans le plan APB,

AP est perpendiculaire à PB ; donc AB est oblique à cette ligne (**42**), et par suite oblique au plan.

239. THÉORÈME. *Par un point* P *pris sur une droite* AB, *on peut toujours mener un plan perpendiculaire à cette droite et on n'en peut mener qu'un* (fig. 161).

1° Par le point P, dans deux plans différents conduits suivant AB, j'élève à cette droite les perpendiculaires PC et PD, et

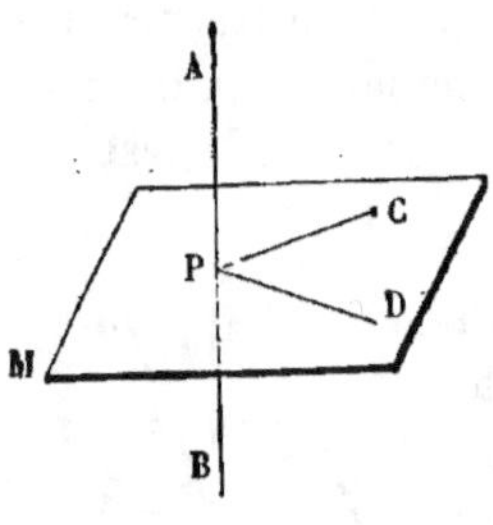

Fig. 161.

je mène le plan M de ces deux lignes : AP, perpendiculaire aux deux droites PB, PC, sera perpendiculaire à ce plan (**236**) ; donc ce plan M est perpendiculaire à AB.

2° Imaginons un autre plan R quelconque passant par le point P, et coupons les plans M et R par un plan APC quelconque mené par AB. Ce plan coupe le plan M suivant la ligne PC perpendiculaire à AB ; donc il coupera le plan R suivant une ligne oblique à AB ; donc AB est oblique au plan R.

240. COROLLAIRE. *Si par un point* P *d'une droite* AB *on lui élève autant de perpendiculaires qu'on voudra, le lieu de toutes ces perpendiculaires est un plan perpendiculaire à la droite* (fig. 161).

En effet, on ne peut mener par le point P qu'un plan perpendiculaire à la droite AB, et ce plan est déterminé par deux quelconques des perpendiculaires menées à AB par le point P ; donc il les contient toutes. C. Q. F. D.

241. THÉORÈME. *Par un point* C *pris hors d'une droite* AB, *on peut toujours mener un plan perpendiculaire à cette droite, et on ne peut en mener qu'un* (fig. 161).

1° Du point C j'abaisse sur AB la perpendiculaire CP, et au point P je mène à AB une autre perpendiculaire PD ; le plan des deux droites CP, PD est perpendiculaire à AB.

2° Soit M un plan perpendiculaire à AB mené par le point C ;

je le coupe par le plan ABC ; la droite d'intersection devra être perpendiculaire à AB ; donc elle coïncidera avec CP ; donc tout plan perpendiculaire à AB mené par le point C doit passer par le point P ; or par le point P on ne peut mener qu'un plan perpendiculaire à AB (**239**) ; donc aussi on ne peut mener par le point C qu'un plan perpendiculaire à la ligne AB. c. q. f. d.

242. Théorème. *Si d'un point A extérieur à un plan on mène la perpendiculaire AP à ce plan et diverses obliques.*

1° La perpendiculaire est plus courte que toute oblique,

2° Deux obliques également écartées du pied de la perpendiculaire sont égales ;

3° De deux obliques inégalement éloignées du pied de la perpendiculaire, celle qui s'en écarte le plus est la plus grande (fig. 162).

1° Soient AP la perpendiculaire et AB une oblique au plan M. Dans le plan APB, AP est perpendiculaire et AB oblique à la droite PB ; donc AP $<$ AB (**43**).

2° Soient AC, AD deux obliques également écartées du pied P de la perpendiculaire. Les deux triangles rectangles APC, APD ont le côté AP commun, PC $=$ PD par hypothèse ; donc ils sont égaux et AC $=$ AD. c. q. f. d.

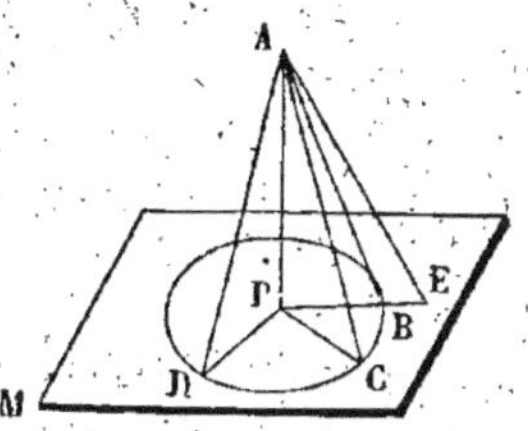

Fig. 162.

3° Soient AC, AE deux obliques telles, qu'on ait PE $>$ PC. Sur PE je prends une longueur PB $=$ PC, et je joins AB ; dans le plan APE, AB et AE sont obliques à PE, et de plus PE $>$ PB : donc (**43**) AE $>$ AB ; mais AB $=$ AC (2°) ; donc AE $>$ AC. c. q. f. d.

243. Corollaire. *Si d'un point A extérieur à un plan M on mène des obliques égales AB, AC, AD, etc., le lieu des pieds de toutes ces obliques est une circonférence de cercle ayant pour centre le pied de la perpendiculaire abaissée du point A sur le plan.*

Car les pieds de toutes ces obliques sont également distants du pied P de la perpendiculaire, puisqu'elles sont égales.

244. REMARQUE. La perpendiculaire abaissée d'un point sur un plan, étant la ligne la plus courte qu'on puisse mener du point au plan, a été prise pour mesure de la *distance* du point au plan.

245. THÉORÈME. *Si du pied P d'une perpendiculaire AP au plan M on mène une perpendiculaire PD à une droite quelconque BC, tracée dans le plan, la droite DA, qui joint le point D à un point quelconque A de la perpendiculaire au plan, est perpendiculaire à BC* (fig. 163).

A partir du point D sur BC, je prends deux longueurs égales

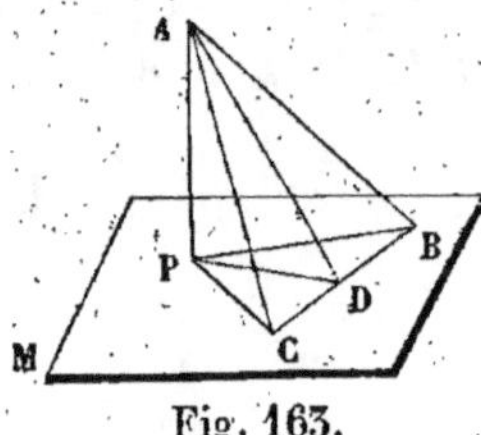

Fig. 163.

DB, DC, et je joins PB, PC, AB, AC. Dans le plan M, les deux obliques PB, PC à la ligne BC s'écartent également du pied de la perpendiculaire; donc elles sont égales; PB = PC. Alors AB = AC (**242**, 2°); donc le triangle ABC est isocèle et la ligne AB, qui joint le sommet au milieu de la base BC, est perpendiculaire à cette base. C. Q. F. D.

246. COROLLAIRE. La droite BC, perpendiculaire à la fois aux droites PD et AD, est perpendiculaire au plan APD, qui passe par ces deux droites.

REMARQUE. Le théorème précédent s'appelle *théorème des trois perpendiculaires.*

§ XXIV. Parallélisme des droites et des plans.

247. DÉFINITIONS. Une droite et un plan sont *parallèles*, lorsqu'ils ne se rencontrent pas, à quelque distance qu'on les prolonge.

Deux plans sont *parallèles*, lorsqu'ils ne se coupent pas, quelque loin qu'on les prolonge.

248. THÉORÈME. *Si une droite AB est perpendiculaire à*

un plan M, *toute parallèle* CD *à cette droite est aussi per-pendiculaire au plan* (fig. 164).

Je conduis le plan des parallèles AB et CD ; ce plan coupe le plan M suivant BD ; la droite AB, perpendiculaire au plan M, est perpendiculaire à BD ; alors, dans le plan ABDC, CD, parallèle à AB, est aussi perpendiculaire à BD (**57**). Je mène, dans le plan M, EF perpendiculaire à BD, et je joins le point D à un point quelconque A de la perpendiculaire AB ; EF sera perpendiculaire au plan ABD (**246**), et par suite sera perpendiculaire à DC, qui passe par son pied dans ce

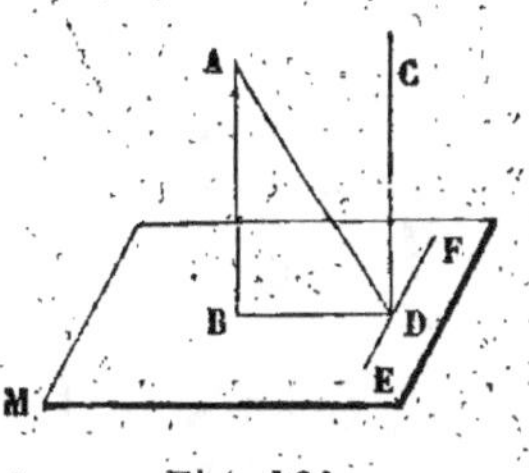

Fig. 164.

plan. La ligne CD, perpendiculaire à la fois aux deux droites BD, EF, qui passent par son pied dans le plan M, est perpen-diculaire à ce plan. c. q. f. d.

249. Corollaire. *D'un point* D *on ne peut mener à une droite* AB *qu'une parallèle* (fig. 165).

Par le point D je mène un plan M perpendiculaire à AB ; toute parallèle à AB, menée par le point D, sera perpendiculaire au plan M ; or du point D on ne peut mener qu'une perpendiculaire au plan M ; donc, etc.

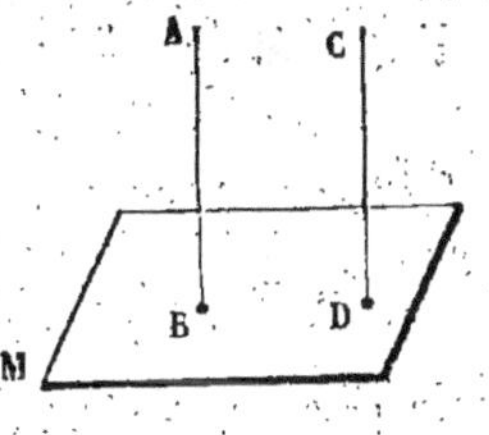

Fig. 165.

250. Théorème. Réciproquement, *deux droites* AB, CD, *perpendicu-laires à un même plan* M, *sont parallèles* (fig. 165).

Si par le point D on menait la parallèle à AB, elle serait perpendiculaire au plan M ; donc elle coïnciderait avec DC (**237**, 2°) : donc CD est parallèle à AB. c. q. f. d.

251. Corollaire. *Deux droites,* AB, CD, *parallèles à une troisième droite* EF, *sont parallèles entre elles* (fig. 166).

Je mène un plan M perpendiculaire à EF ; les deux droites AB, CD, parallèles à EF, sont perpendiculaires au plan M (**248**) ; donc elles sont parallèles (**250**).

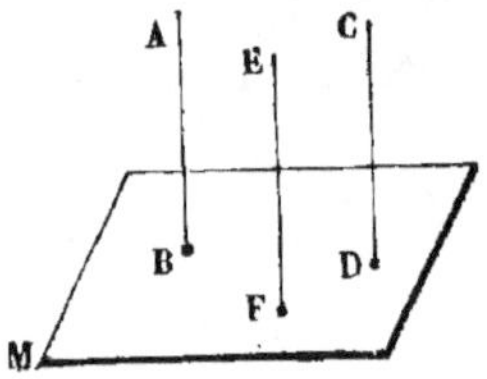

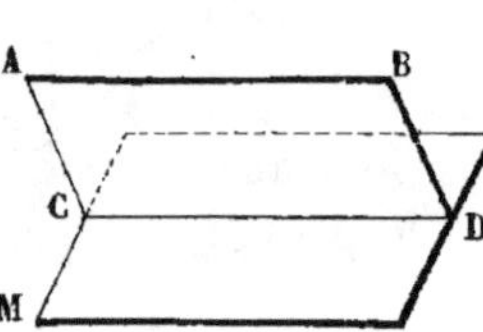

Fig. 166.

252. THÉORÈME. *Si une droite* AB, *non située dans le plan* M, *est parallèle à une droite* CD *contenue dans ce plan, elle est parallèle au plan* (fig. 167).

Je conduis le plan des deux parallèles AB, CD ; une droite contenue dans ce plan ne peut rencontrer le plan M qu'en un point de CD ; or AB ne peut rencontrer CD ; donc elle est parallèle au plan M.

Fig. 167.

253. THÉORÈME. *Si une droite* AB *est parallèle à un plan* M, *tout plan mené par la ligne* AB *et un point* C *du plan* M *coupe ce dernier suivant une droite* CD *parallèle à* AB (fig. 168).

En effet, AB et CD sont dans un même plan ; et elles ne peuvent pas se rencontrer, puisque CD est contenue tout entière dans le plan M, qui est parallèle à AB ; donc ces deux droites sont parallèles.

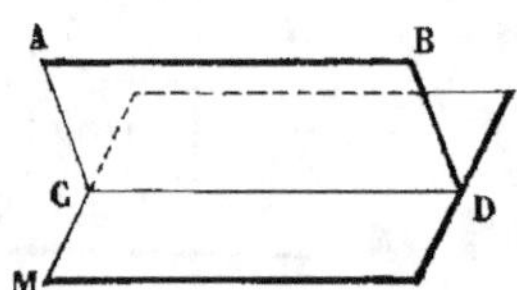

Fig. 168.

254. COROLLAIRE I. *Lorsqu'une droite* AB *est parallèle à un plan* M, *si par un point* C *de ce plan on mène une parallèle à* AB, *elle est contenue dans le plan* M (fig. 168).

En effet, le plan mené par la droite AB et le point C coupe le plan M suivant la droite CD, parallèle à AB ; or, par le point C, on ne peut mener à AB d'autre parallèle que CD (**249**) ; et celle-ci est contenue dans le plan M. C. Q. F. D.

255. Corollaire II. *Si une droite est parallèle à deux plans, elle est parallèle à leur intersection.*

Car si par un point de cette intersection on mène la parallèle à la droite donnée, elle est contenue à la fois dans les deux plans (**254**).

256. Théorème. *Deux plans perpendiculaires à une même droite sont parallèles.*

D'un même point on ne peut mener qu'un plan perpendiculaire à une droite ; donc deux plans perpendiculaires à une même droite n'ont aucun point commun ; donc ils sont parallèles.

257. Théorème. *Les intersections AB, CD de deux plans parallèles M et P par un troisième sont parallèles* (fig. 169).

Les droites AB et CD, respectivement contenues dans les plans parallèles M et P, ne peuvent se rencontrer ; de plus elles sont dans un même plan ; donc elles sont parallèles.

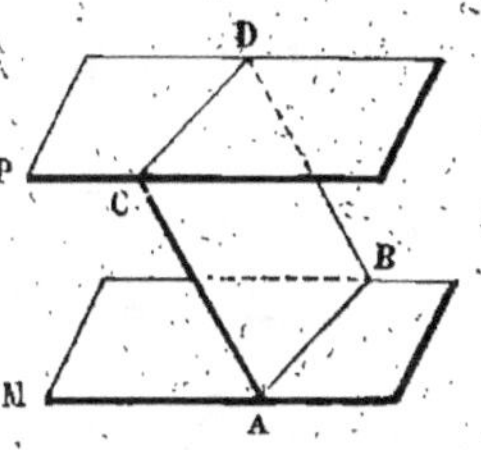

Fig. 169.

258. Théorème. *Si deux plans M et P sont parallèles, toute droite perpendiculaire à l'un est perpendiculaire à l'autre* (fig. 170).

Je suppose la droite AB perpendiculaire au plan M, je dis qu'elle est perpendiculaire au plan P. Par le point A, je mène dans le plan P une droite quelconque AC, et, par les droites AB et AC, je mène un plan, qui coupe le plan M suivant une droite BD, parallèle à AC (**257**) ; la droite AB, perpendiculaire au plan M, est perpendiculaire à BD ; donc elle est perpendiculaire à la ligne AC, parallèle

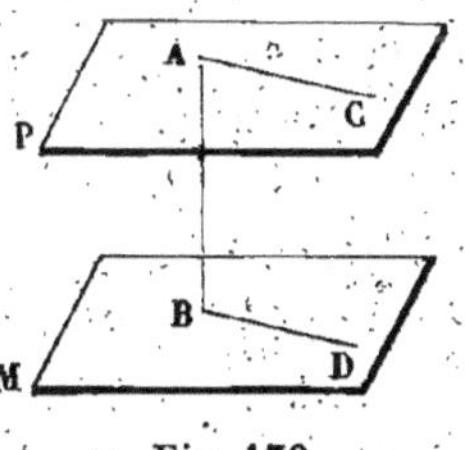

Fig. 170.

à BD. La ligne AB, étant perpendiculaire à toute droite passant par son pied dans le plan P, est perpendiculaire au plan P.

259. Corollaire I. *Par un point A pris hors d'un plan M, on peut mener un plan parallèle au plan M, et on n'en peut mener qu'un* (fig. 170).

Du point A j'abaisse la perpendiculaire AB au plan M, et je mène un plan P, perpendiculaire à AB au point A; ce plan est parallèle au plan M (**256**). Réciproquement, un plan parallèle au plan M, mené par le point A, doit être perpendiculaire à AB; donc (**259**, 2º) il n'y en a pas d'autre que le plan P.

260. Corollaire II. *Deux plans parallèles à un troisième sont parallèles entre eux.*

Car deux plans parallèles à un plan donné ne peuvent avoir de point commun (**259**).

261. Théorème. *Les parallèles AB, CD, comprises entre deux plans parallèles M et P, sont égales* (fig. 171).

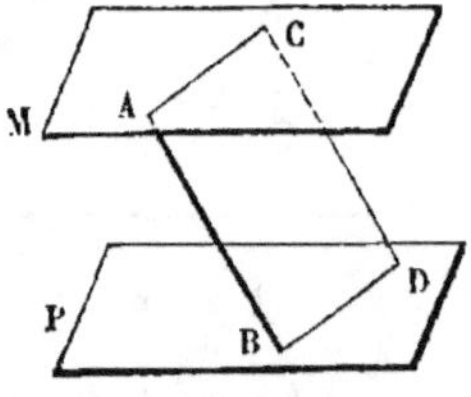

Le plan des deux parallèles coupe les plans M et P suivant les parallèles AC et BD (**257**); donc la figure ACDB est un parallélogramme, et AB = CD.

Fig. 171.

262. Corollaire. Si les droites AB et CD sont perpendiculaires au plan M, elles sont parallèles (**250**) et perpendiculaires au plan P (**258**); donc elles sont égales. Donc *deux plans parallèles sont partout également distants.*

263. Théorème. *Lorsque deux angles* BAC, EDF *ont leurs côtés parallèles et dirigés dans le même sens, 1º ces angles sont égaux; 2º leurs plans sont parallèles* (fig. 172).

1º Je prends, à partir des sommets A et D, sur les côtés parallèles des deux angles, des longueurs égales, AB = DE et AC = DF, et je joins BC, EF, AD, BE, CF. Les lignes AB,

DE, étant égales et parallèles, la figure ABED est un parallélogramme, et la ligne BE est égale et parallèle à AD; de même CF est égale et parallèle à AD; donc BE et CF sont égales et parallèles entre elles, et la figure BCEF est un parallélogramme, donc BC = EF. Les deux triangles ABC, DEF ont alors les trois côtés égaux; par conséquent, les angles BAC, EDF sont égaux. c. q. f. d.

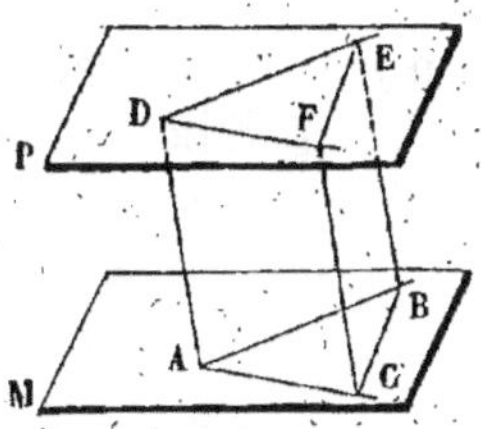

Fig. 172.

2° Soit M le plan de l'angle BAC : si par le point D je mène un plan P parallèle au plan M, il interceptera sur les trois parallèles AD, BE, CF des longueurs égales (**261**); donc il passera par les points E, F; c'est donc le plan de l'angle EDF. c. q. f. d.

Remarque. Les deux droites DE et DF sont parallèles au plan M (**252**); par suite, la seconde partie du théorème précédent peut encore s'énoncer ainsi :

Si d'un point pris hors d'un plan on mène deux droites parallèles à ce plan, ces droites déterminent un second plan parallèle au premier.

Il résulte évidemment de là et du n° **259** que, *si par un point extérieur à un plan on lui mène des droites parallèles en nombre quelconque, elles sont toutes contenues dans un même plan, qui est parallèle au premier.*

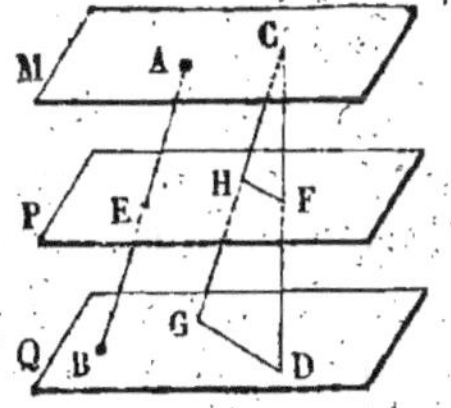

Fig. 173.

264. Théorème. *Trois plans parallèles M, P, Q interceptent sur deux droites AB et CD des segments proportionnels (fig. 173).*

Soient A, E, B et C, F, D les points où les droites AB et CD coupent les plans M, P et Q. Par le point C je mène une parallèle à AB, qui coupe les plans P et Q aux points H et G; je joins HF et GD; ces droites sont parallèles comme intersections du plan GCD par les plans parallèles P et Q ; donc on a (**153**) :

$$\frac{CH}{HG} = \frac{CF}{FD};$$

mais CH = AE et HG = EB, comme parallèles comprises entre plans parallèles ; donc

$$\frac{AE}{EB} = \frac{CF}{FD}. \qquad \text{C. Q. F. D.}$$

§ XXV. Angles dièdres. — Plans perpendiculaires.

265. DÉFINITIONS. On appelle *angle dièdre*, ou simplement *dièdre*, la figure formée par deux plans qui se rencontrent et qui sont terminés à leur intersection commune. Les deux plans s'appellent les *faces* de l'angle dièdre, et leur intersection s'appelle l'*arête* de l'angle dièdre. On désigne un angle dièdre, soit par les deux lettres de l'arête, soit par *quatre* lettres, une dans chaque face et deux sur l'arête, ces deux dernières devant être énoncées entre les deux autres.

Deux angles dièdres sont *adjacents*, lorsqu'ils ont même arête, une face commune, et qu'ils sont placés de part et d'autre de cette face. On ajoute deux angles dièdres en les juxtaposant de manière qu'ils soient adjacents : l'angle dièdre formé par les faces extérieures est dit la *somme* des deux autres.

On peut se faire une idée nette de la grandeur d'un angle dièdre en supposant que l'une des faces P (fig. 174), d'abord appliquée sur la face M, tourne autour de l'arête AB toujours dans le même sens : dans cette rotation, le plan mobile P forme avec le plan fixe un angle dièdre de plus en plus grand.

266. Un plan Q est dit *perpendiculaire* à un plan MN (fig. 174), lorsqu'il forme avec ce plan deux angles dièdres adjacents égaux MABQ, NABQ.

On appelle *angle dièdre droit* un dièdre dont les deux faces sont perpendiculaires.

Deux angles dièdres sont *opposés par l'arête*, lorsque les faces de l'un sont les prolongements des faces de l'autre.

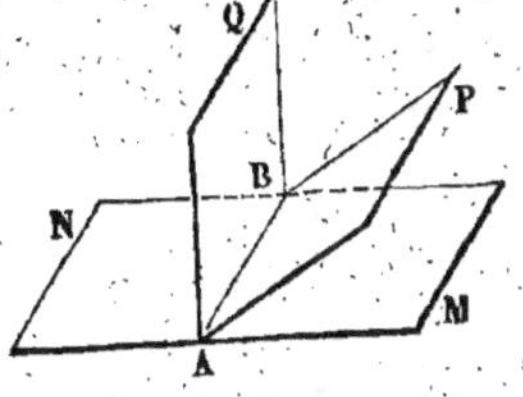

Fig. 174.

267. THÉORÈME. *Par une droite AB, située dans un plan MN, on peut toujours mener un plan perpendiculaire au plan MN, et on n'en peut mener qu'un* (fig. 174).

268. COROLLAIRE. *Tous les angles dièdres droits sont égaux.*

La démonstration de ce théorème et celle de son corollaire sont tout à fait pareilles à celles des n⁰ˢ **17** et **18**.

REMARQUE. Un dièdre est *aigu* ou *obtus*, suivant qu'il est inférieur ou supérieur à un dièdre droit.

Deux dièdres sont *complémentaires*, quand leur somme vaut un dièdre droit; *supplémentaires*, quand leur somme vaut deux dièdres droits.

269. THÉORÈME. *Tout plan qui en rencontre un autre forme avec lui deux dièdres adjacents supplémentaires; et réciproquement, si deux dièdres adjacents sont supplémentaires, leurs faces extérieures sont dans le prolongement l'une de l'autre.* (Démonstrations identiques à celles des n⁰ˢ **21** et **24**.)

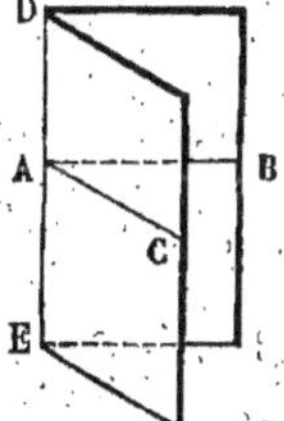

Fig. 175.

270. DÉFINITION. Si par un point A de l'arête d'un dièdre (fig. 175) on mène des perpendiculaires AB et AC à cette arête dans les deux faces du dièdre, leur angle BAC s'appelle *l'angle plan* ou *l'angle rectiligne* du dièdre. — Si le point A se déplace sur l'arête, les lignes AB et AC restent parallèles à elles-mêmes, et leur angle ne change pas (**263**).

Le plan de l'angle rectiligne BAC est perpendiculaire à l'arête (**256**) ; donc, pour construire l'angle plan d'un dièdre, on peut couper ce dièdre par un plan perpendiculaire à son arête.

271. THÉORÈME. *Deux angles dièdres égaux ont des angles plans égaux, et réciproquement deux angles dièdres qui ont des angles plans égaux sont égaux.*

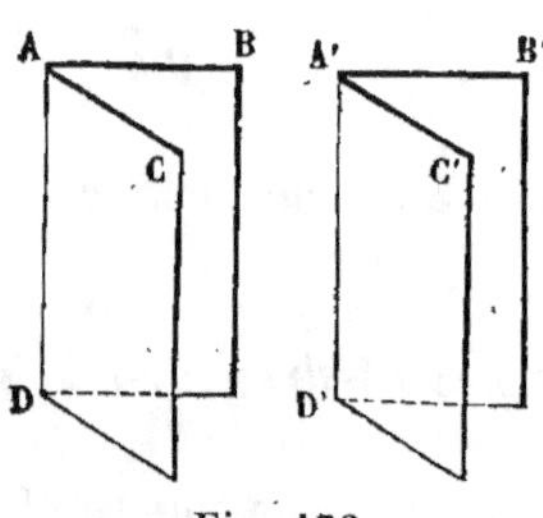

Fig. 176.

1° Si les deux dièdres AD, A′D′ (fig. 176) sont égaux, on peut les superposer de manière qu'ils coïncident, et alors ils ont le même angle rectiligne (**270**).

2° Supposons que les angles rectilignes BAC, B′A′C′ (fig. 176) des deux dièdres AD et A′D′ soient égaux ; je dis que les dièdres le sont aussi. En effet, transportons le second dièdre sur le premier de manière que l'angle plan B′A′C′ coïncide avec son égal BAC ; l'arête A′D′, perpendiculaire au plan B′A′C′, prendra la direction de l'arête AD, perpendiculaire au plan BAC (**237**, 2°), et les deux dièdres coïncideront. C. Q. F. D.

272. COROLLAIRE. *A un angle dièdre droit correspond un angle plan droit* (fig. 177).

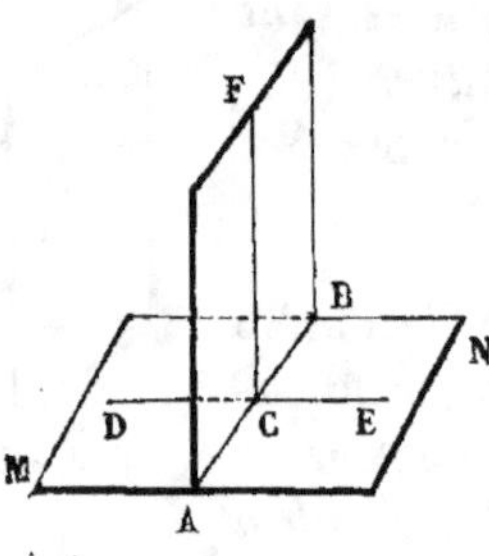

Fig 177.

Je suppose le plan ABF perpendiculaire au plan MN ; par le point C je mène, dans le plan MN, DE perpendiculaire à l'intersection AB des deux plans, et dans le plan ABF, CF perpendiculaire à AB. Les dièdres MABF, NABF, étant égaux (**266**), ont des angles rectilignes égaux ; donc l'angle DCF est égal à l'angle ECF ; donc CF est perpendiculaire à DE, et par conséquent l'angle DCF est droit. C. Q. F. D.

273. Théorème. *Le rapport de deux angles dièdres est égal au rapport de leurs angles plans.*

Soient AP et DQ (fig. 178) deux angles dièdres dont les angles plans sont BAC, EDF. Je suppose que ces angles plans aient une commune mesure qui soit contenue 5 fois dans BAC et 3 fois dans EDF ; le rapport des angles plans sera alors égal à $\frac{5}{3}$. Par l'arête AP et par les lignes de division AG, AH, AK, AI de

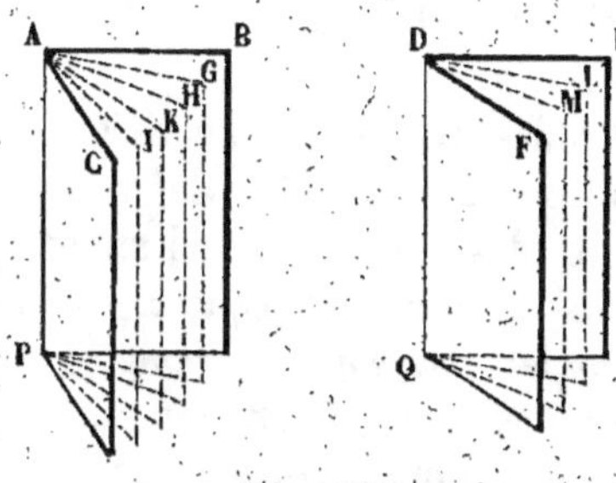

Fig. 178.

l'angle BAC, menons des plans et faisons la même construction dans l'autre dièdre. Les deux dièdres seront ainsi décomposés en petits dièdres tous égaux entre eux, puisque leurs angles plans sont égaux (**271**, 2°) ; or le dièdre AP en contient 5, et le dièdre DQ en contient 3 ; donc le rapport de ces deux dièdres est $\frac{5}{3}$, c'est-à-dire qu'il est égal au rapport des angles plans correspondants. c. q. f. d.

Il en serait encore de même si les angles plans étaient incommensurables.

274. Théorème. *La mesure d'un angle dièdre est la même que celle de son angle plan, pourvu qu'on prenne pour unité d'angle dièdre celui qui correspond à l'unité d'angle plan.*

Soient D l'angle dièdre à mesurer, A son angle plan, d l'unité d'angle dièdre, a l'angle plan correspondant ; on aura :

$$\frac{D}{d} = \frac{A}{a} ;$$

mais $\frac{D}{d}$ est la mesure de l'angle dièdre, et $\frac{A}{a}$ la mesure de l'angle plan ; donc, etc.

275. Remarque. Si on prend l'angle droit pour unité d'angle rectiligne, l'unité d'angle dièdre sera le dièdre droit (**272**). On pourra aussi exprimer les angles dièdres en degrés, minutes et secondes, si l'on appelle dièdre de 1°, 2°, 3°, etc., celui dont l'angle plan vaut 1°, 2°, 3°, etc.

276. Remarque. Le théorème précédent permet de déduire plusieurs propriétés des angles dièdres des propriétés analogues des angles plans. Exemples : *Des angles dièdres opposés par l'arête sont égaux. — Si deux plans parallèles sont coupés par un troisième, les quatre angles dièdres aigus formés sont égaux entre eux, ainsi que les quatre angles dièdres obtus. — Deux dièdres qui ont leurs faces parallèles deux à deux sont égaux ou supplémentaires.*

Tous ces théorèmes se démontrent en coupant les dièdres par un plan perpendiculaire à l'arête commune ou aux arêtes parallèles, et en substituant aux dièdres les angles plans qui les mesurent.

277. Théorème. *Lorsqu'une droite AP est perpendiculaire à un plan M, tout plan ABC mené par cette droite est perpendiculaire au plan M* (fig. 179).

Je mène dans le plan M la droite PD perpendiculaire à BC; AP est aussi perpendiculaire à BC; donc l'angle APD est l'angle plan correspondant au dièdre ABCN; de plus AP, perpendiculaire au plan M, est perpendiculaire à PD; l'angle APD est droit; donc le dièdre est droit et les plans sont perpendiculaires. C. Q. F. D.

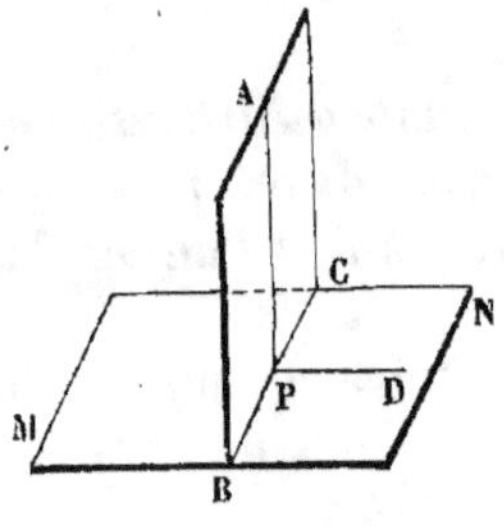

Fig. 179.

278. Théorème. *Lorsqu'un plan ABC est perpendiculaire à un plan MN, toute droite AP menée dans le premier plan perpendiculairement à l'intersection BC est perpendiculaire à l'autre plan* (fig. 179).

Soit PD perpendiculaire à BC dans le plan MN; le dièdre ABCN étant droit, son angle rectiligne APD est droit, et la ligne AP est alors perpendiculaire aux deux droites BC et PD qui passent par son pied dans le plan MN; donc elle est perpendiculaire à ce plan. c. q. f. d.

279. Corollaire. *Si deux plans ABC et MN sont perpendiculaires, et que, par un point A du premier, on mène une perpendiculaire au second, cette droite est tout entière contenue dans le premier* (fig. 179).

Car, si on mène AP perpendiculaire à l'intersection BC des deux plans, elle est perpendiculaire au plan MN; or du point A on ne peut mener qu'une perpendiculaire au plan MN; donc c'est la ligne AP contenue dans le plan ABC.

280. Théorème. *Si deux plans qui se coupent sont perpendiculaires à un troisième plan MN, leur intersection AB est perpendiculaire à ce troisième plan* (fig. 180).

Car, si du point A commun aux deux premiers plans on mène une perpendiculaire au plan MN, elle doit être contenue dans chacun des deux autres (**279**); donc elle est leur intersection.

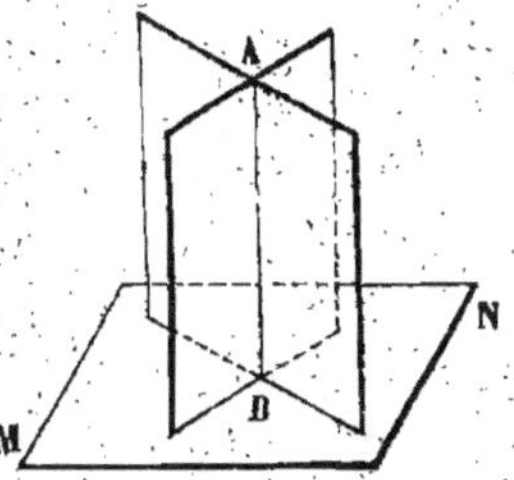
Fig. 180.

§ XXVI. Notions sommaires sur les angles trièdres et polyèdres.

281. Définitions. On appelle *angle trièdre*, ou simplement *trièdre*, la figure formée par trois plans qui se coupent en un même point; ce point est le *sommet* de l'angle trièdre, et les intersections mutuelles des trois plans en sont les *arêtes*. Les angles plans formés par ces arêtes prises deux à deux s'appellent les trois *faces* de l'angle trièdre.

On appelle de même *angle polyèdre* ou *angle solide* la

figure formée par plusieurs plans qui se coupent en un même point. L'angle polyèdre est dit *convexe*, lorsque, en prolongeant indéfiniment le plan de chacune des faces, la figure est placée tout entière d'un même côté de cette face prolongée.

282. Si l'on prolonge au delà du sommet les arêtes d'un angle polyèdre, on forme un nouvel angle polyèdre, qui est dit le *symétrique* du premier. Deux angles polyèdres symétriques ont leurs faces égales chacune à chacune, comme opposées par le sommet, et leurs dièdres égaux chacun à chacun comme opposés par l'arête. Mais ces angles polyèdres ne sont pas superposables, parce que la disposition des éléments égaux est inverse dans les deux, comme il est aisé de s'en assurer, en concevant deux observateurs placés de la même manière dans les deux angles polyèdres.

Pour montrer qu'on ne peut pas superposer deux angles polyèdres symétriques, prenons par exemple les deux trièdres symétriques OABC, OA'B'C', et faisons coïncider la face A'OB' avec son égale AOB (fig. 181). On peut y arriver de deux manières : 1° en faisant tourner la figure OA'B'C' de 180° autour d'une perpendiculaire au plan AOB menée par le point O; mais alors l'arête OC' restera derrière le plan AOB et ne pourra coïncider avec l'arête OC qui est en avant; 2° en faisant tourner la figure OA'B'C' de 180° autour de la bissectrice de l'angle BOA'; mais alors l'arête OA' s'appliquera sur OB, et à moins que l'angle dièdre OA' ne soit égal à l'angle dièdre OB, les deux trièdres ne coïncideront pas.

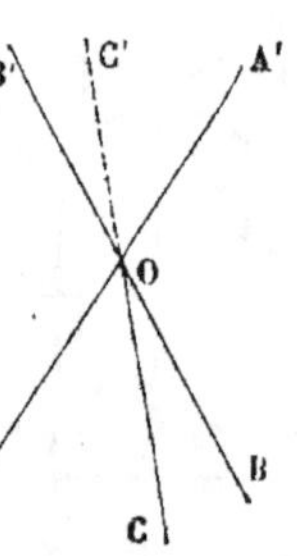

Fig. 181.

Si le dièdre OA est égal au dièdre OB, le trièdre OABC pourra coïncider avec son symétrique et la face A'OC' coïncidera avec la face BOC; donc, *si dans un trièdre deux dièdres sont égaux, les faces opposés à ces dièdres sont égales, et le trièdre est égal à son symétrique.*

On démontrerait d'une manière analogue la réciproque :

Si deux faces d'un trièdre sont égales, le trièdre est égal à son symétrique, et les dièdres opposés aux faces égales sont égaux.

283. Théorème. *Dans un trièdre, chaque face est moindre que la somme des autres* (fig. 182).

Soient SABC un trièdre, ASB la plus grande face; dans le plan de cette face, je mène la ligne SD faisant avec SA un angle ASD égal à ASC, et je mène la ligne AB qui coupe SD au point D; je prends ensuite SC égale à SD, et je joins AC, BC. Les triangles ASC, ASD ont SA commun, SC = SD et angle ASC = ASD; donc ils sont égaux et AC = AD. Dans le triangle ABC, on a :

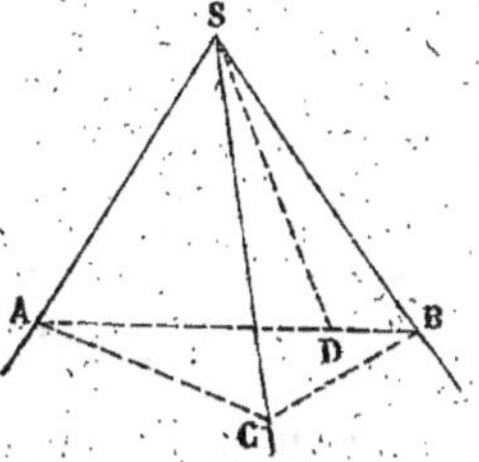

Fig. 182.

$$AB < AC + BC \, ;$$

retranchant des deux membres les longueurs égales AD et AC, il reste

$$BD < BC.$$

Cela posé, dans les triangles SBD, SBC, on a SB commun, SD = SC et BD < BC. Donc (**34**) angle BSD < BSC; et si l'on ajoute aux deux membres les angles égaux ASD et ASC, il vient enfin

$$ASB < ASC + BSC. \qquad \text{C. Q. F. D.}$$

284. Théorème. *La somme des faces d'un angle polyèdre convexe est inférieure à quatre angles droits* (fig. 183).

Soit O un angle polyèdre convexe ; je le coupe par un plan MN, qui rencontre toutes les arêtes d'un même côté du sommet, et j'obtiens le polygone convexe ABCDE. Je joins tous les sommets de ce polygone à un point P pris dans son intérieur ; j'obtiens ainsi un même nombre de triangles ayant pour sommet commun, les uns le point O, les autres le point P.

Dans l'angle trièdre AOBE, la face BAE est plus petite que la somme des deux autres :

$$BAE < BAO + EAO;$$

de même :

$$ABC < ABO + CBO,$$
$$BCD < BCO + DCO, \text{ etc.};$$

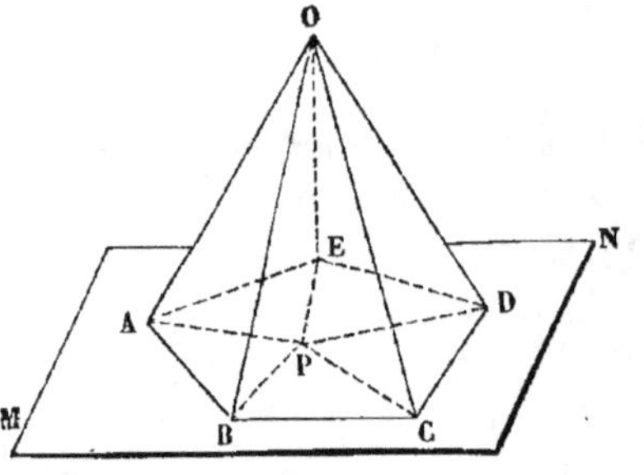

Fig. 183.

si l'on ajoute toutes ces inégalités, on en conclut que la somme des angles à la base des triangles disposés autour du point O est plus grande que la somme des angles à la base des triangles formés autour du point P; donc, par compensation, la somme des angles formés autour du point O est moindre que la somme des angles formés autour du point P, c'est-à-dire moindre que 4 droits. C. Q. F. D.

EXERCICES SUR LE LIVRE V

THÉORÈMES ET PROBLÈMES

1. Mener par un point une droite qui rencontre deux droites non situées dans un même plan.

2. Étant donné un point O, des droites parallèles A, B, C, D..., et un plan P, tous les plans menés par le point O et par les droites A, B, C..., rencontrent le plan P, suivant des droites qui concourent en un même point. (Perspective des droites parallèles.)

3. Trouver la condition que doivent remplir deux droites de l'espace pour qu'on puisse mener par l'une d'elles un plan perpendiculaire à l'autre.

4. Trouver dans l'espace le lieu géométrique des points également distants de deux points donnés.

5. Trouver le lieu géométrique des points équidistants de trois points donnés, non situés en ligne droite.

6. Lorsqu'une droite qui rencontre un plan fait des angles égaux avec trois droites passant par son pied dans le plan, elle est perpendiculaire au plan.

7. Mener par une droite donnée un plan parallèle à une autre droite donnée.

8. Mener par un point un plan parallèle à deux droites données.

9. On donne trois droites A, B, C de l'espace, non parallèles à un même plan ; on demande de construire une quatrième droite D, qui coupe les trois premières de telle sorte que les segments interceptés sur cette droite par les droites A, B, C soient égaux entre eux. — Discussion. (Concours général, Seconde, 1884.)

10. La projection d'une ligne droite sur un plan est une ligne droite. (On appelle *projection* d'un point sur un plan le pied de la perpendiculaire abaissée de ce point sur le plan, et projection d'une ligne sur un plan, le lieu des projections de tous ses points.)

11. Par une droite oblique à un plan on peut toujours mener un plan perpendiculaire à ce plan, et on n'en peut mener qu'un.

12. L'angle aigu qu'une droite forme avec sa projection sur un plan est plus petit que l'angle qu'elle forme avec toute autre droite menée par son pied dans le plan.

13. Si deux droites sont égales et parallèles, leurs projections sur un même plan sont aussi égales et parallèles.

14. Deux droites non situées dans un même plan étant données, on peut toujours leur mener une perpendiculaire commune, et on ne peut leur en mener qu'une. La longueur de cette perpendiculaire commune est la plus courte distance des deux droites.

15. Si l'on abaisse d'un point quelconque des perpendiculaires sur les deux faces d'un dièdre, l'angle de ces perpendiculaires est égal à l'angle plan du dièdre, ou il en est le supplément.

16. Si d'un point de l'espace on abaisse des perpendiculaires sur des plans parallèles à une même droite, le lieu de ces perpendiculaires est un plan perpendiculaire à cette droite.

17. Trouver le lieu géométrique des points équidistants de deux plans donnés.

18. Trouver le lieu des points de l'espace équidistants de deux droites qui se coupent.

19. Une droite se meut en restant constamment parallèle à un plan donné P, et en rencontrant deux droites données. D et D', situées d'une manière quelconque dans l'espace. Vers quelle direction tend-elle, à mesure qu'elle s'éloigne indéfiniment du plan P ? (Concours général, Philosophie, 1869.)

20. On donne deux droites A et B quelconques dans l'espace et un plan P perpendiculaire à la droite A. Par cette droite A on mène un plan quelconque Q, et par la droite B un plan R perpendiculaire au plan Q ; ces deux plans Q et R coupent le plan P suivant deux droites, qui se coupent elles-mêmes en un point M. Trouver le lieu que décrit le point M lorsque le plan Q tourne autour de la droite A. (Concours général, Seconde, 1883.)

21. Dans tout angle trièdre, les plans qui divisent les trois dièdres en deux parties égales se coupent suivant une même droite.

22. Si, par les bissectrices des faces d'un trièdre, on mène des plans perpendiculaires à ces faces, ces plans se coupent suivant une même droite.

23. Dans tout angle trièdre, les plans menés par les arêtes perpendiculairement aux faces opposées se coupent suivant une même droite.

24. Si par le sommet d'un angle trièdre, et dans chaque face, on mène une perpendiculaire à l'arête opposée, ces trois droites sont dans un même plan.

25. Si l'on coupe un angle trièdre trirectangle OABC par un plan qui rencontre les arêtes aux points A, B, C, le carré de l'aire du triangle ABC est égal à la somme des carrés des aires des triangles OAB, OBC, OCA.

26. Couper un angle polyèdre à quatre faces, de manière que la section soit un parallélogramme.

27. Les points A, B, C sont les sommets d'un triangle, les points A_1, B_1, C_1 les milieux des côtés du triangle ABC, les points A_2, B_2, C_2 les milieux des côtés du triangle $A_1 B_1 C_1$, et ainsi de suite indéfiniment. On prend, en dehors du plan ABC, un point quelconque P, que l'on joint aux sommets des divers triangles ABC, $A_1 B_1 C_1$, $A_2 B_2 C_2$,.... Représentons par S, S_1, S_2,.... les sommes des carrés des droites menées de P aux sommets de ces triangles successifs, et par T la somme des carrés des côtés du triangle ABC.

On demande d'exprimer, à l'aide de S et de T, l'une quelconque des sommes S_1, S_2,... (Concours général, Philosophie, 1882.)

28. Étant donnés un triangle BAC et une droite L qui n'est pas située dans le plan du triangle, on joint aux points B et C un point quelconque D de la droite L de manière à former un quadrilatère DBAC, dont les côtés ne sont pas nécessairement dans un même plan.

1° Démontrer que le quadrilatère qui a pour sommets les milieux des côtés du quadrilatère DBAC est un parallélogramme ; étudier les variations de la surface de ce parallélogramme, quand le point D se déplace sur la droite L ;

2° Trouver la position que le point D doit occuper sur la droite L pour que le parallélogramme soit un rectangle ou un losange ;

3° Examiner si le parallélogramme peut devenir un carré. (Concours général, Philosophie, 1884.)

LIVRE VI

LES POLYÈDRES

285. Définitions. On nomme *polyèdre* un corps limité par
des *faces* planes ; ces faces sont des polygones plans, leurs
côtés sont les *arêtes* du polyèdre, et leurs sommets sont les
sommets du polyèdre.

Les *angles dièdres* d'un polyèdre sont les dièdres formés
par les faces consécutives, et les *angles polyèdres* du polyèdre
sont ceux que forment à chacun des sommets les faces qui s'y
coupent.

286. Le *prisme* est un solide compris entre deux polygones plans égaux et parallèles, qu'on appelle les *bases* du
prisme, et des *faces latérales*, qui sont des parallélogrammes.

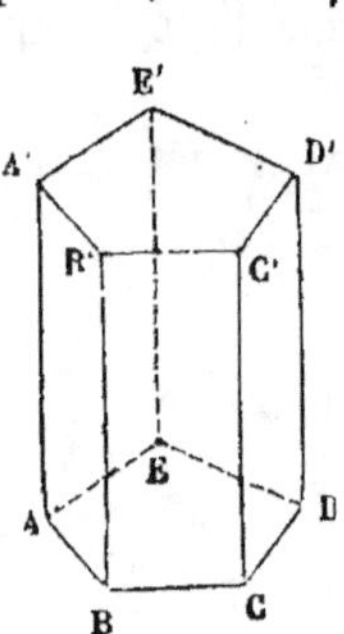

Fig. 184.

Pour construire un prisme, on prend comme
base un polygone plan ABCDE (fig. 184), et
par les sommets A, B, C... on mène des
lignes AA′, BB′, ..., parallèles, égales et de
même sens, situées hors du plan ABCDE ;
puis on joint leurs extrémités ; le polyèdre
ainsi formé est un prisme ; car les faces latérales sont des parallélogrammes (**78**), et les
polygones ABCDE, A′B′C′D′E′ ont les côtés
égaux et parallèles ; ces deux polygones sont
donc égaux et leurs plans sont parallèles
(**263**).

Un prisme est dit *triangulaire, quadrangulaire, penta-*

gonal, etc., quand sa base est un triangle, un quadrilatère, un pentagone, etc.

Le prisme est *droit*, quand ses arêtes latérales AA′, BB′, ..., sont perpendiculaires aux plans des bases ; il est *oblique* dans le cas contraire. Les faces latérales d'un prisme droit sont des rectangles.

La *hauteur* d'un prisme est la distance des plans des deux bases ; dans un prisme droit, la hauteur est égale à l'arête latérale.

287. On nomme *parallélépipède* un prisme qui a pour base un parallélogramme ; les six faces d'un parallélépipède sont des parallélogrammes.

Considérons un parallélépipède ABCDA′B′C′D′ (fig. 185), dont les bases sont les parallélo-grammes égaux et parallèles ABCD, et A′B′C′D′ ; les droites AD et BC sont égales et parallèles comme côtés opposés d'un parallélogramme ABCD ; les droites AA′ et BB′ sont égales et parallèles pour la même raison ; donc les angles DAA′, CBB′ sont égaux et leurs plans sont parallèles (**263**). On démontrerait de même que les deux parallélogrammes ADD′A′, BCC′B′ ont

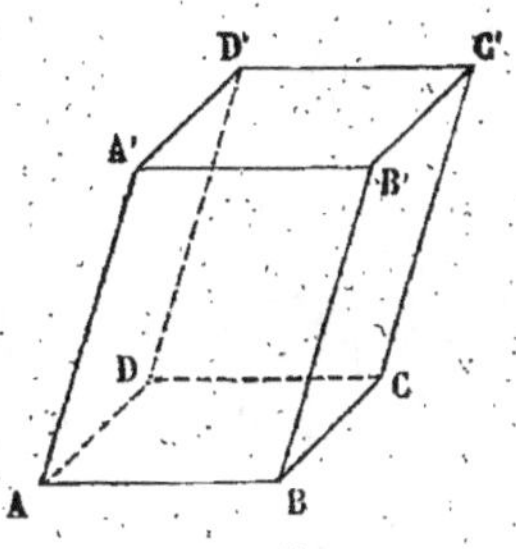
Fig. 185.

tous leurs angles et tous leurs côtés égaux chacun à chacun ; donc ils sont égaux. Concluons de là que *les faces opposées*

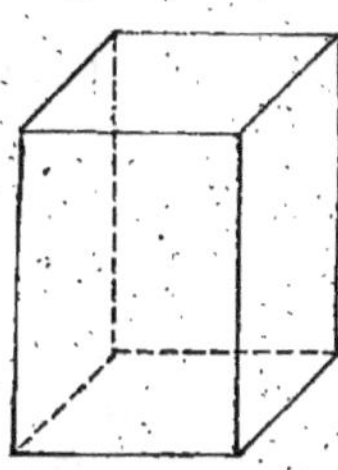
Fig. 186.

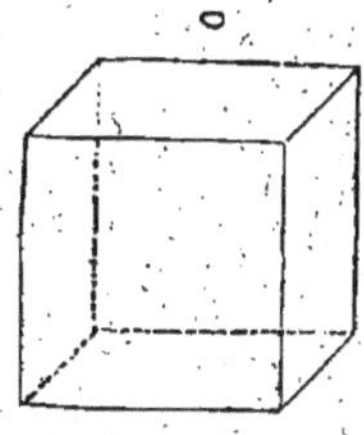
Fig. 187.

d'un parallélépipède sont égales et parallèles et, par suite, qu'on peut prendre pour bases d'un parallélépipède deux faces opposées quelconques.

Lorsqu'un parallélépipède est droit et qu'il a pour base un rectangle, il prend le nom de *parallélépipède rectangle* (fig. 186); les six faces d'un parallélépipède rectangle sont des rectangles. Les longueurs des trois arêtes qui partent d'un même sommet s'appellent les *dimensions* du parallélépipède rectangle.

Le *cube* est un parallélépipède rectangle qui a pour base un carré, et dont la hauteur est égale au côté du carré; les six faces d'un cube sont des carrés égaux (fig. 187).

288. La *pyramide* est un solide dont l'une des faces est un polygone plan, et dont les autres sont des triangles, ayant pour bases les côtés du premier polygone, et pour sommet commun un point pris en dehors du plan du premier polygone; tel est le polyèdre SABCDE (fig. 188). Le polygone ABCDE s'appelle la *base* de la pyramide; le point S en est le *sommet*, et les faces triangulaires SAB, SBC, etc., sont les *faces latérales*.

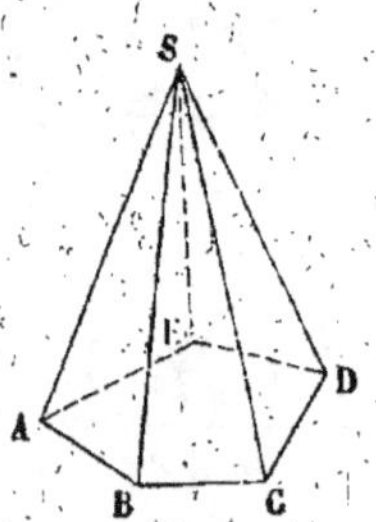

Fig. 183.

Une pyramide est *triangulaire, quadrangulaire, pentagonale,* etc., quand sa base est un triangle, un quadrilatère, un pentagone, etc. La pyramide triangulaire porte aussi le nom de *tétraèdre,* parce qu'elle a quatre faces, qui sont toutes des triangles.

La *hauteur* d'une pyramide est la perpendiculaire abaissée du sommet sur le plan de la base.

Une pyramide est *régulière* quand sa base est un polygone régulier, et que la hauteur tombe au centre de cette base.

289. Théorème. *Les sections faites dans un prisme par des plans parallèles sont des polygones égaux* (fig. 189).

Soient FGHIK, F'G'H'I'K' les sections faites par deux plans parallèles dans le prisme AD': les côtés FG, F'G' sont parallèles comme intersections des deux plans sécants parallèles par le plan ABB'A' (**257**) ; de même GH est parallèle à G'H', HI à H'I', etc. ; les deux polygones, ayant les côtés parallèles et dirigés dans le même sens, sont équiangles (**263**) ; de plus FG = F'G' comme parallèles comprises entre parallèles ; de même GH = G'H', HI = H'I', etc. ; donc les polygones ont les côtés et les angles égaux, et disposés dans le même ordre ; donc ils sont égaux.

290. On appelle *section droite* d'un prisme oblique la section obtenue en le coupant par un plan perpendiculaire aux arêtes. La section droite est la même, quel que soit le plan qui la détermine.

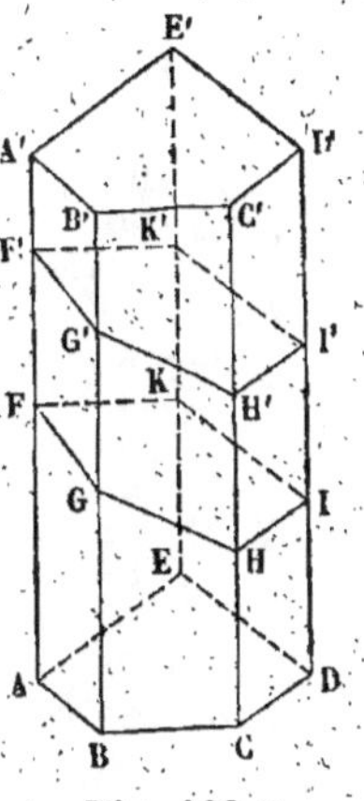

Fig. 189.

291. THÉORÈME. *Si l'on coupe une pyramide par un plan parallèle à la base,*

1° Les arêtes latérales et la hauteur de la pyramide sont divisées en parties proportionnelles ;

2° La section est un polygone semblable à la base ;

3° Le rapport des aires de la section obtenue et de la base est égal au rapport des carrés de leurs distances au sommet (fig. 190).

1° Soient SABCDE la pyramide, A'B'C'D'E' une section faite par un plan parallèle à la base, SH la hauteur de la pyramide qui est coupée en H' par le plan de la section ; si par le point S on imagine un plan parallèle à la base, on aura, en vertu du théorème du n° **264** :

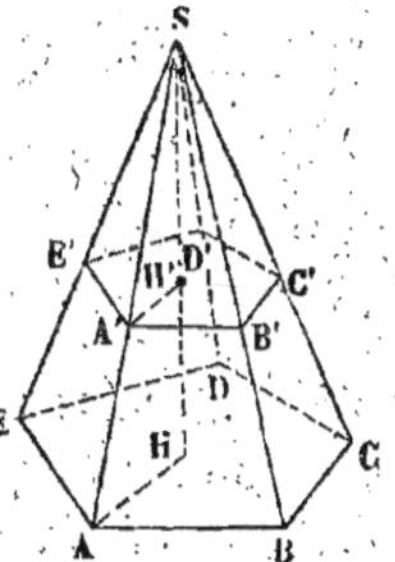

Fig. 190.

$$\frac{SA'}{SA} = \frac{SB'}{SB} = \frac{SC'}{SC} = \cdots\cdots = \frac{SH'}{SH}. \qquad [1]$$

2° Les lignes AB, A′B′ sont parallèles comme intersections des deux plans parallèles ABCDE, A′B′C′D′E′ par le plan SAB (**257**) ; il en est de même de BC et B′C′, CD et C′D′, etc. ; donc les polygones sont équiangles (**263**) ; de plus les triangles semblables SAB et SA′B′, SBC et SB′C′, etc., donnent :

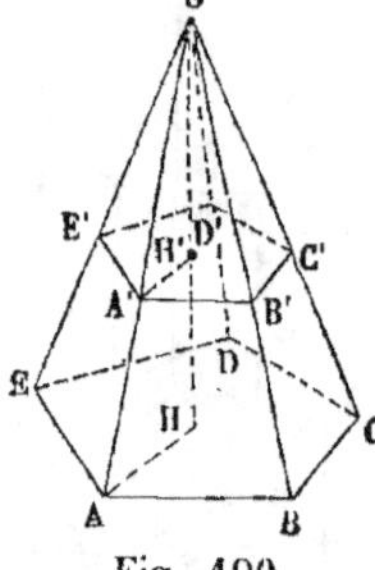

Fig. 190.

$$\frac{A'B'}{AB} = \frac{SA'}{SA}, \quad \frac{B'C'}{BC} = \frac{SB'}{SB}, \text{ etc.;}$$

ou, en tenant compte des égalités [1] :

$$\frac{A'B'}{AB} = \frac{B'C'}{BC} = \frac{C'D'}{CD} = \cdots = \frac{SH'}{SH}; \quad [2]$$

donc les polygones ABCDE, A′B′C′D′E′ ont les angles égaux et les côtés proportionnels ; donc ils sont semblables.

3° Les aires des polygones semblables ABCDE, A′B′C′D′E′ sont proportionnelles aux carrés de leurs côtés homologues (**211**) ; on a donc :

$$\frac{A'B'C'D'E'}{ABCDE} = \frac{\overline{A'B'}^2}{\overline{AB}^2},$$

et à cause des égalités [2] :

$$\frac{A'B'C'D'E'}{ABCDE} = \frac{\overline{SH'}^2}{\overline{SH}^2}.$$

C. Q. F. D.

292. Corollaire. *Si deux pyramides ont même hauteur* H, *et qu'on les coupe toutes les deux par des plans parallèles aux bases à la même distance* h *des sommets, les sections obtenues sont entre elles dans le même rapport que les bases.*

Soient B, B′ les deux bases, b et b' les sections obtenues ; on a, en vertu du théorème précédent :

$$\frac{b}{B} = \frac{h^2}{H^2}, \qquad \frac{b'}{B'} = \frac{h^2}{H^2},$$

d'où l'on tire, à cause du rapport commun,

$$\frac{b}{B} = \frac{b'}{B'}.$$

Supposons, en particulier, que les deux pyramides aient des bases équivalentes, c'est-à-dire que B soit égal à B' ; alors b sera aussi égal à b'. Donc, *si deux pyramides ont des hauteurs égales et des bases équivalentes, les sections faites dans ces deux pyramides par des plans parallèles aux bases menés à la même distance des sommets, sont équivalentes.*

293. On appelle *tronc de pyramide à bases parallèles,* ou simplement tronc de pyramide, le polyèdre obtenu en coupant une pyramide par un plan parallèle à la base, et enlevant la pyramide ainsi détachée : tel est le polyèdre ABCDE A'B'C'D'E' (fig. 190). Les deux polygones ABCDE, A'B'C'D'E' s'appellent les *bases* du tronc de pyramide, et sa *hauteur* est la distance HH' des plans des deux bases.

§ XXVIII. Mesure des volumes : parallélépipède, prisme, pyramide, tronc de pyramide.

294. Définitions. On prend pour *unité de volume le volume du cube qui a pour côté l'unité de longueur.* En France, où les unités de longueur usitées sont le mètre, ses multiples et ses sous-multiples, les unités de volume seront des cubes ayant pour côtés le mètre, le décimètre, le centimètre, le millimètre, ou bien le décamètre, l'hectomètre, le kilomètre et le myriamètre. On donne le nom de *mètre cube* au cube qui a un mètre de côté ; et on appelle de même *décimètre cube, centimètre cube,* etc., les cubes qui ont pour côtés le décimètre ou le centimètre, etc.

295. Le mètre cube vaut 1000 décimètres cubes. Considérons, en effet, une caisse cubique de 1 mètre de côté ABCD A'B'C'D' (fig. 191), et divisons le fond, qui est 1 mètre carré, en 100 décimètres carrés (**193**) ; sur chacun d'eux nous pouvons placer un décimètre cube, ce qui donnera une première tranche de 1 décimètre de hauteur, contenant 100 décimètres

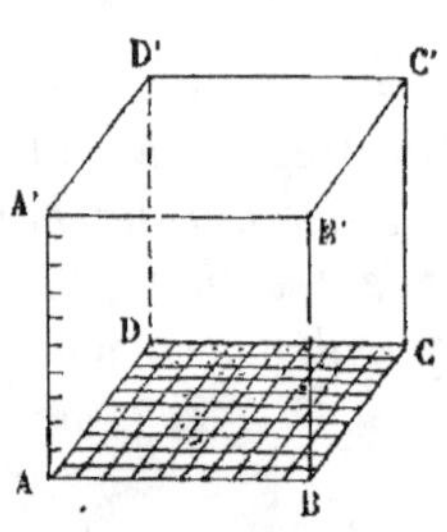

Fig. 191.

cubes. Pour remplir toute la caisse, il faudra évidemment superposer 10 tranches pareilles ; donc le *mètre cube* contient 10 fois 100 ou 1000 décimètres cubes. On ferait voir de même que le décimètre cube vaut 1000 centimètres cubes, etc. ; et, en général, que *chacune des unités de volume vaut 1000 fois celle qui la suit immédiatement par ordre de grandeur.* Il résulte de là que, pour passer d'une de ces unités à une autre, il suffira de multiplier ou de diviser les nombres qui expriment les volumes par 1 000, ou par 1 000 000, ou par 1 000 000 000, etc.; si, par exemple, un volume est exprimé en centimètres cubes, et qu'on veuille le rapporter au mètre cube ou au décimètre cube, il suffira de diviser le nombre qui représente ce volume par 1 000 000 ou par 1 000.

On emploie encore sous le nom de *mesures de capacité* des unités de volumes qui dérivent des précédentes ; ce sont le *litre*, qui équivaut à un décimètre cube ; le *décalitre*, qui vaut 10 litres ; l'*hectolitre*, qui vaut 100 litres ; le *décilitre*, qui est la 10ᵉ partie du litre, et le *centilitre*, qui en est la 100ᵉ partie.

296. Deux corps sont dits *équivalents*, lorsqu'ils ont des volumes égaux, sans qu'on puisse les superposer. Ainsi un prisme peut être équivalent à une pyramide, à un polyèdre quelconque.

297. THÉORÈME. *Deux prismes droits de même base et de même hauteur sont égaux.*

Transportons l'un des prismes sur l'autre de manière que les bases inférieures coïncident ; les arêtes latérales du second prisme, qui sont perpendiculaires au plan de sa base, prendront alors la même direction que les arêtes correspondantes du premier (**257**) ; et comme les prismes ont la même hauteur et sont droits, leurs arêtes latérales sont égales ; par conséquent, les bases supérieures des deux prismes coïncideront ; les deux prismes sont donc égaux. c. q. f. d.

298. Théorème. *Tout prisme oblique est équivalent au prisme droit qui a pour base sa section droite et pour hauteur son arête latérale* (fig. 192).

Soit ABCDEA′B′C′D′E′ un prisme oblique ; par les sommets A et A′ des deux bases je construis les sections droites AFGHI, A′F′G′H′I′, qui forment avec les arêtes du prisme prolongées un prisme droit ayant pour hauteur l'arête latérale AA′ du prisme donné. Je remarque d'abord que les arêtes BB′ et FF′ des deux prismes sont égales, comme étant égales toutes les deux à AA′ ; il en résulte immédiatement que FB = F′B′ ; de même, GC = G′C′, HD = H′D′, etc. Cela posé, transportons le polyèdre A′F′G′H′I′B′C′D′E′ sur AFGHIBCDE, de manière que le polygone A′F′G′H′I′ coïncide avec son égal AFGHI (**289**) ; les arêtes F′B′, G′C′,… perpendiculaires au plan A′F′G′, se confondront avec FB, GC,… perpendiculaires au plan AFG ; et de plus, ces arêtes ayant deux à deux des longueurs égales, les deux polyèdres coïncideront. Or, en retranchant du solide total le polyèdre A′F′G′…E′, on obtient le prisme oblique, et en retranchant du solide total le polyèdre égal AFG…E, on a le prisme droit ; donc le prisme droit et le prisme oblique sont équivalents. c. q. f. d.

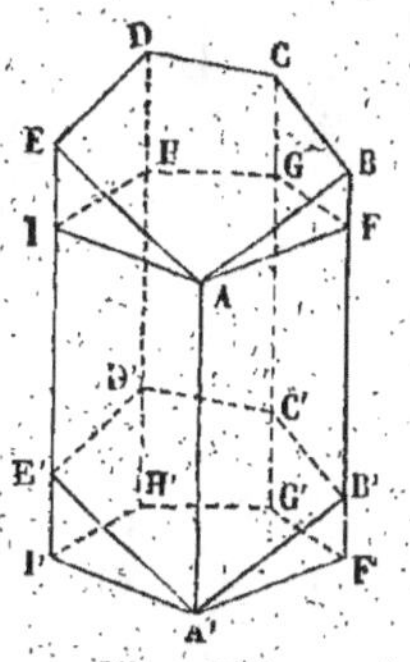

Fig. 192.

299. Théorème. *Le plan mené par deux arêtes opposées d'un parallélépipède le décompose en deux prismes triangulaires équivalents.*

Soit ABCDA′B′C′D′ (fig. 193) un parallélépipède quelconque ; par les arêtes opposées AA′ et CC′ je fais passer un plan qui décompose le parallélépipède en deux prismes triangulaires ABCA'B'C', ADCA'D'C', que je dis être équivalents. En effet, construisons la section droite AEFG du parallélépipède ; cette

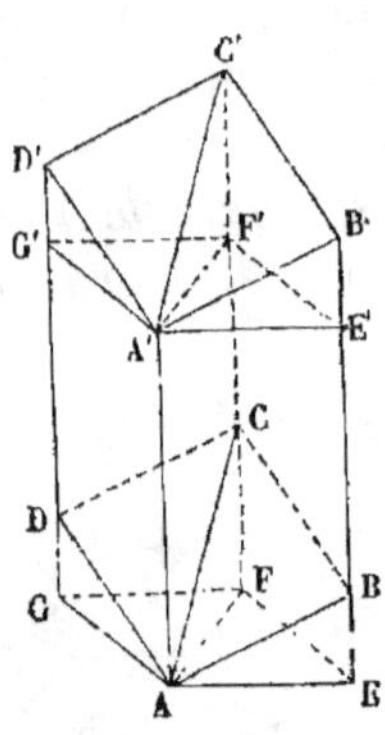

Fig. 193.

section est un parallélogramme, parce que les côtés opposés sont les intersections du plan de la section droite par les plans des faces opposées du parallélépipède, plans qui sont parallèles (**287**). Alors les deux triangles AEF et AGF sont égaux et ces triangles sont précisément les sections droites des prismes triangulaires ABCA'B'C' et ADCA'D'C'. Or le prisme oblique ABCA'B'C' est équivalent au prisme droit qui a pour base AEF et pour hauteur AA' ; et de même, le prisme oblique ADCA'D'C' est équivalent au prisme droit qui a pour base AGF et

pour hauteur AA'. Ces deux prismes droits sont égaux comme ayant des bases égales et même hauteur (**297**) ; donc les deux prismes obliques qui leur sont respectivement équivalents, sont équivalents entre eux. C. Q. F. D.

300. Théorème. *Le volume d'un parallélépipède rectangle a pour mesure le produit de ses trois dimensions.*

Je suppose d'abord que les dimensions du parallélépipède

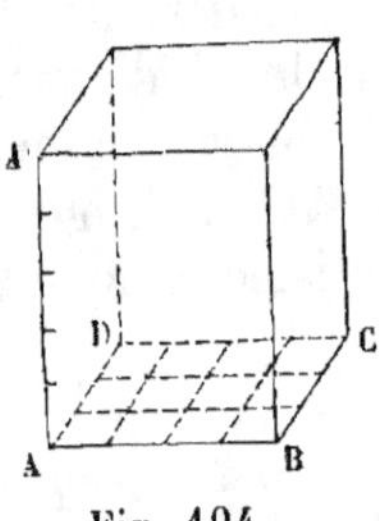

Fig. 194.

rectangle soient des multiples de l'unité de longueur. Soit ABCDA' (fig. 194) un parallélépipède rectangle, dont les arêtes AB, AD et AA' sont respectivement égales à 4 mètres, 3 mètres et 5 mètres. La base ABCD du parallélépipède contient 4×3 ou 12 mètres carrés (**195**) ; sur chacun de ces mètres carrés on pourra placer un mètre cube, on aura ainsi une tranche de 12 mètres cubes, et cette tranche n'aura qu'un

mètre de hauteur ; pour remplir tout le parallélépipède, il faudra cinq tranches pareilles. Le parallélépipède contiendra donc en tout $4 \times 3 \times 5$ ou 60 mètres cubes ; son volume est exprimé par le produit de ses trois dimensions. C. Q. F. D.

Prenons maintenant un parallélépipède rectangle dont les dimensions soient quelconques ; supposons, par exemple, qu'elles soient égales à $2^m,5$, $4^m,92$ et $0^m,69$; j'exprime toutes ces longueurs au moyen d'une unité assez petite, pour qu'elles soient représentées par des nombres entiers ; il faudra ici les rapporter au centimètre ; elles seront alors égales à 250 centimètres, 492 centimètres et 69 centimètres. La démonstration précédente prouve que le volume du parallélépipède rectangle est égal à $250 \times 492 \times 69$ ou à 8 487 000 centimètres cubes ; et comme le centimètre cube est la millionième partie du mètre cube, ce volume, rapporté au mètre cube comme unité, sera exprimé par le nombre $8^{mc},487000$. Mais, d'après la règle de la multiplication des nombres décimaux, ce nombre aurait pu être obtenu en multipliant directement les trois nombres décimaux 2,50, 4,92 et 0,69 ; par conséquent, le volume du parallélépipède rectangle est encore mesuré par le produit de ses trois dimensions. C. Q. F. D.

301. CoROLLAIRE I. La base du parallélépipède est un rectangle dont l'aire a pour mesure le produit de ses deux dimensions ; il en résulte que *le parallélépipède rectangle a pour mesure le produit de sa base par sa hauteur.*

302. CoROLLAIRE II. Le cube est un parallélépipède rectangle dont toutes les dimensions sont égales ; donc *le volume du cube a pour mesure le cube de son côté.* C'est à cause de cette propriété que l'on a donné à la troisième puissance d'un nombre le nom de cube de ce nombre.

APPLICATIONS. I. Les dimensions d'une plaque de marbre qui a la forme d'un parallélépipède rectangle, sont les suivantes :

Longueur	$0^m,28$
Largeur	$0^m,32$
Épaisseur	18 millimètres.

Quel est son volume ?

Il faut d'abord ramener les trois dimensions à la même unité, au mètre par exemple : alors le volume exprimé en mètres cubes sera

$$1{,}28 \times 0{,}32 \times 0{,}018 = 0^{mc}{,}0073728 ;$$

on peut dire encore qu'il est égal à 7 décimètres cubes 372 centimètres cubes 800 millimètres cubes.

II. Une auge en pierre rectangulaire a les dimensions intérieures suivantes :

Longueur.	$0^{m}{,}94$
Largeur.	$0^{m}{,}45$
Profondeur..	$0^{m}{,}52$

Calculer sa capacité en litres.

Le volume intérieur de cette auge, exprimé en mètres cubes, sera

$$0{,}94 \times 0{,}45 \times 0{,}52 = 0^{mc}{,}21996 ;$$

sa valeur en litres sera $219^{l}{,}96$ ou 2 hectolitres 19 litres 96 centilitres.

III. Une pierre de taille de forme cubique a 87 centimètres de côté ; quel est son volume?

Le volume demandé, exprimé en centimètres cubes, est

$$87^{3} = 658503^{cc} ;$$

pour exprimer ce même volume en mètres cubes, il suffit de diviser le nombre qui précède par 1 000 000, ce qui donne $0^{mc}{,}658\,503$.

IV. On veut fabriquer un coffre rectangulaire pouvant contenir 25 hectolitres de blé ; la superficie du fond de ce coffre est de 60 décimètres carrés ; quelle profondeur faut-il lui donner?

25 hectolitres valent $2^{mc}{,}5$ et 60 décimètres carrés valent $0^{mq}{,}6$; si l'on connaissait la profondeur, en la multipliant

par 0,6, on aurait le volume 2,5 ; donc cette profondeur est égale à

$$\frac{2,5}{0,6} = 4^m,167,$$

à un millimètre près.

V. La capacité d'un vase cubique est de 216 centimètres cubes ; quelle est la longueur du côté ?

C'est évidemment la racine cubique de 216 ou 6 centimètres.

305. Théorème. *Le volume d'un parallélépipède droit est égal au produit de sa base par sa hauteur* (fig. 195).

Soit ABCDA'B'C'D' le parallélépipède droit, dont la base est ABCD et la hauteur AA' ; prenons ADD'A' pour base (**287**), et par le point A menons un plan perpendiculaire à AB ; ce plan contiendra AA' qui est perpendiculaire au plan ABCD et par suite à AB ; la section AA'E'E déterminée par ce plan est un rectangle ; car AA' est perpendiculaire au plan ABCD, et par suite à AE. Cela posé, le prisme oblique AA'D'DB est équivalent au prisme droit qui a pour base sa section droite AA'E'E et pour hauteur son arête latérale AB (**298**) ; et comme

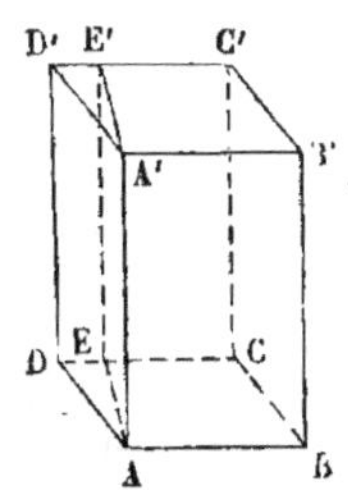

Fig. 195.

ce prisme droit a pour base un rectangle, sa mesure est (**300**) : AE × AA' × AB. Enfin, si l'on remarque que AB × AE est la mesure de l'aire du parallélogramme ABCD, on en conclut que le volume du parallélépipède donné a pour mesure

$$\text{ABCD} \times \text{AA'}. \qquad \text{c. q. f. d.}$$

304. Théorème. *Le volume d'un parallélépipède oblique est égal au produit de sa base par sa hauteur* (fig. 196).

Soit ABCDA' le parallélépipède ayant pour base ABCD ; je prends pour base ADD'A', et je construis la section droite EFGH perpendiculaire à l'arête AB ; on peut remplacer le parallélépipède oblique par le parallélépipède droit qui a pour base EFGH et pour hauteur AB (**298**); sa mesure sera donc (**303**) EFGH $\times$ AB. Mais l'aire du parallélogramme EFGH est égale à sa base EF multipliée par sa hauteur HL; donc le volume du parallélépipède est

$$AB \times EF \times HL.$$

Cela posé, je remarque que EF, qui est une ligne du plan EFGH perpendiculaire à AB, est elle-même perpendiculaire à

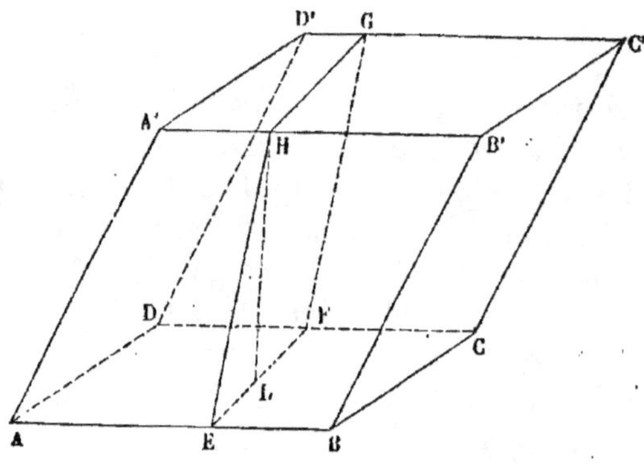

Fig. 196.

AB, et par suite que le produit AB $\times$ EF représente l'aire du parallélogramme ABCD. D'autre part, les plans ABCD et EFGH sont perpendiculaires, puisque le premier contient la ligne AB perpendiculaire au second (**277**); et la ligne HL, menée dans le plan EFGH perpendiculairement à l'intersection EF des deux plans, est perpendiculaire au plan ABCD (**278**); cette ligne est donc la hauteur du parallélépipède oblique ABCDA'. Il résulte de là que le volume de ce parallélépipède a pour expression ABCD $\times$ HL, c'est-à-dire le produit de sa base par sa hauteur. C. Q. F. D.

505. THÉORÈME. *Le volume d'un prisme quelconque est égal au produit de sa base par sa hauteur.*

1° Je suppose d'abord que le prisme donné soit un prisme triangulaire. Si par deux des arêtes latérales de ce prisme on mène des plans parallèles aux faces opposées, on forme un parallélépipède qui a même hauteur que le prisme et une base double ; et l'on sait (**299**) que ce parallélépipède a un volume double de celui du prisme. Or le volume du parallélépipède a pour mesure le produit de sa base par sa hauteur (**304**) ; donc le volume du prisme vaut la moitié de ce produit ; ou, ce qui revient au même, il est égal au produit de sa base par sa hauteur, puisque sa base est la moitié de celle du parallélépipède.

2° Soit en second lieu un prisme polygonal ABCDEA′B′C′D′E′ (fig. 197). Par l'arête EE′ et par chacune des autres arêtes je fais passer des plans, qui décomposent le prisme donné en prismes triangulaires ;

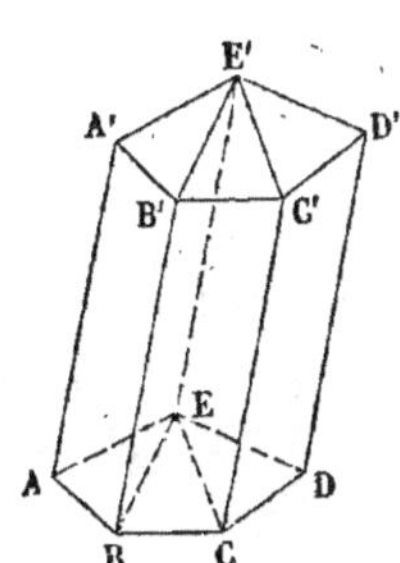
Fig. 197.

chacun d'eux a pour mesure le produit du triangle qui lui sert de base par la hauteur commune ; le prisme polygonal aura donc pour mesure la somme des triangles multipliée par la hauteur, ou sa base multipliée par sa hauteur. C. Q. F. D.

REMARQUE. Les théorèmes des n^os **300, 303, 304** et **305** peuvent être tous compris dans un seul énoncé : *Tout prisme a pour mesure le produit de sa base par sa hauteur.*

306. COROLLAIRES. 1° *Deux prismes qui ont des bases équivalentes et des hauteurs égales sont équivalents.*

2° *Deux prismes de même hauteur sont entre eux comme leurs bases.*

3° *Deux prismes qui ont des bases équivalentes sont proportionnels à leurs hauteurs.*

Ce sont des conséquences évidentes de l'énoncé qui précède.

APPLICATIONS. I. Une colonne prismatique a pour base un hexagone régulier dont l'aire est égale à 18 décimètres carrés ; sa hauteur est de 7^m,20 ; quel est son volume ?

Je rapporte au mètre carré l'aire de la base, ce qui donne 0^{mq},18 ; le volume demandé est alors

$$0,18 \times 7,20 = 1^{mc},296.$$

II. La section droite d'un fossé est un trapèze dont les bases sont $0^m,33$ et $1^m,98$ et la hauteur est $1^m,31$; on demande quelle est la longueur de ce fossé, sachant que la terre qu'on a extraite pour le creuser a un volume de 542 mètres cubes.

L'aire de la section est égale à

$$\frac{0,33 + 1,98}{2} \times 1,31 = 1^{mq},51305 ;$$

en multipliant cette aire par la longueur du fossé, on aurait le volume 542 m. c. ; donc la longueur s'obtiendra en divisant 542 par 1,51305, ce qui donne $358^m,2$, à un décimètre près.

307. THÉORÈME. *Deux pyramides triangulaires de bases équivalentes et de même hauteur sont équivalentes* (fig. 198).

Soient SABC, S'A'B'C' les deux pyramides ; supposons que les bases équivalentes ABC, A'B'C' reposent sur un même plan ; partageons la hauteur en parties égales et par les points

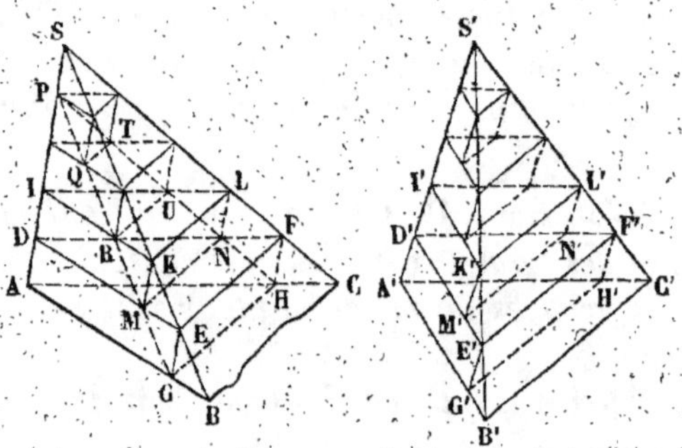

Fig. 198.

de division menons des plans parallèles aux bases : ces plans font dans les deux pyramides des sections DEF, D'E'F', IKL, I'K'L',... deux à deux équivalentes en vertu du nº **292.** Sur chacune de ces sections comme base, je fais un prisme ayant ses arêtes parallèles à SA dans la première pyramide et à S'A' dans la seconde ; ces prismes seront deux à deux équivalents

comme ayant des bases équivalentes et même hauteur; par
suite, la somme des prismes inscrits dans la première pyramide est équivalente à la somme des prismes inscrits dans la
seconde.

Cela posé, la différence entre le volume de la pyramide SABC
et la somme des prismes inscrits est moindre que le volume
du tronc de pyramide SBCPGH; et ce dernier volume diminue
évidemment jusqu'à zéro, quand on augmente indéfiniment le
nombre des prismes inscrits, parce que sa hauteur, qui est
au plus égale à PS, diminue indéfiniment; en d'autres termes,
le volume de la pyramide est la limite de la somme des volumes de ces prismes, quand leur nombre augmente de plus
en plus; or, quelque grand que soit ce nombre, la somme des
prismes inscrits dans la première pyramide est égale à la
somme des prismes inscrits dans la seconde; donc les deux
pyramides sont équivalentes. c. q. f. d.

308. Théorème. *Le volume d'une pyramide quelconque
est égal au tiers du produit de sa base par sa hauteur*
(fig. 199).

1° Je considère d'abord une pyramide triangulaire SABC;
sur ABC comme base et BS comme arête, je construis le
prisme ABCESD qui a même base et
même hauteur que la pyramide. Ce
prisme se compose de la pyramide
SABC, et de la pyramide quadrangu-
laire SACDE; cette dernière se décompose en deux pyramides triangulaires
SACE, SDCE, qui ont des bases égales
ACE, DCE et même hauteur; donc elles
sont équivalentes (**307**); de plus, la
pyramide SDCE peut être considérée
comme ayant pour base SDE et pour
sommet le point C; elle a alors même
base et même hauteur que la pyramide SABC, et par conséquent
lui est équivalente. Donc les trois pyramides qui composent le
prisme sont équivalentes, et la pyramide SABC est le tiers du

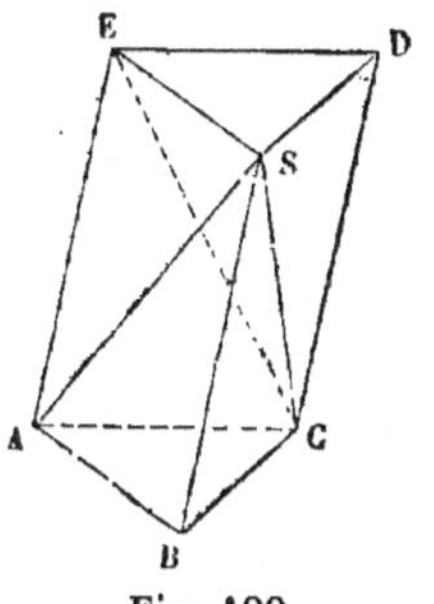

Fig. 199.

prisme de même base et de même hauteur; donc enfin (**305**) elle a pour mesure le tiers du produit de sa base par sa hauteur.

2° Soit, en second lieu, la pyramide polygonale SABCDE (fig. 200); par l'arête SE de cette pyramide, et par les arêtes SB et SC je conduis des plans qui la décomposent en pyramides triangulaires, ayant toutes pour hauteur la hauteur de la pyramide donnée. Chacune de ces pyramides triangulaires a pour mesure le produit de sa base par le tiers de la hauteur commune; donc la pyramide totale a pour mesure la somme des bases triangulaires multipliée par le tiers de la hauteur, c'est-à-dire le tiers du produit de la base polygonale ABCDE par la hauteur. C. Q. F. D.

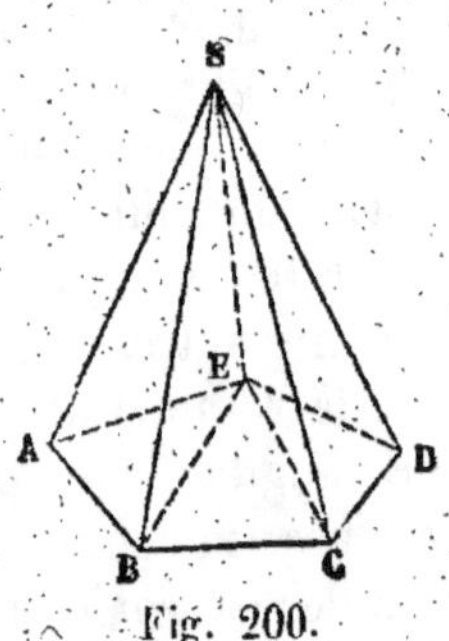

Fig. 200.

309. REMARQUE. Un polyèdre quelconque peut toujours être décomposé en pyramides, en joignant, par exemple, un point pris dans son intérieur à tous les sommets. En calculant le volume de chaque pyramide, et faisant la somme de ces volumes, on obtiendra le volume du polyèdre.

310. THÉORÈME. *Un tronc de pyramide à bases parallèles est équivalent à la somme de trois pyramides ayant pour hauteur la hauteur du tronc, et pour bases, la première la base inférieure du tronc, la seconde la base supérieure, et la troisième une moyenne proportionnelle entre ces deux bases.*

1° Le tronc de pyramide est triangulaire (fig. 201). Je décompose ce solide en pyramides : je mène d'abord le plan EAC qui détache du polyèdre la pyramide EABC, laquelle a pour base la base inférieure du tronc ABC et pour hauteur la hauteur du tronc; c'est la première des pyramides de l'énoncé.

Il reste la pyramide quadrangulaire EACFD, que je décompose en deux pyramides triangulaires ECFD, EADC. La pyra-

mide ECFD peut être considérée comme ayant pour sommet
le point C et pour base DEF, c'est-à-dire la base supérieure
du tronc; sa hauteur est alors celle du
tronc; c'est la seconde pyramide de l'é-
noncé.

Prenons enfin la pyramide EADC; par le
point E je mène EG parallèle à AD, et par
suite au plan ADC; les deux pyramides
EADC, GADC sont équivalentes comme
ayant même base et même hauteur; or la
pyramide GADC peut être considérée comme
ayant pour sommet le point D et pour base
GAC; sa hauteur est alors celle du tronc,

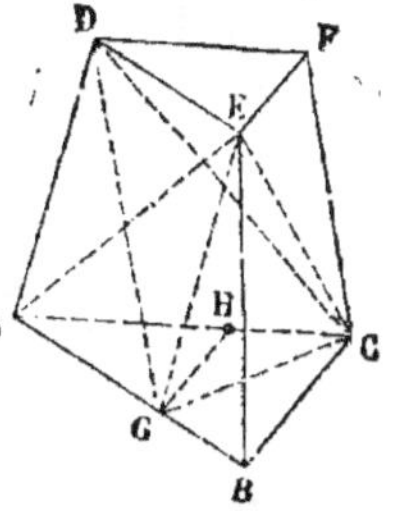

Fig. 201.

et il suffit de démontrer que sa base GAC est moyenne proportionnelle entre les deux bases du tronc. Par le point G
je mène GH parallèle à BC; les deux triangles DEF, AGH sont
égaux comme ayant DE = AG, et les angles égaux. De plus,
les triangles ABC, AGC ont même sommet C et leurs bases
AB, AG, en ligne droite; donc ils ont même hauteur, et sont
proportionnels à leurs bases; on a donc :

$$\frac{ABC}{AGC} = \frac{AB}{AG};$$

on a de même :

$$\frac{AGC}{AGH} = \frac{AC}{AH},$$

et, à cause des parallèles,

$$\frac{AB}{AG} = \frac{AC}{AH};$$

donc enfin

$$\frac{ABC}{AGC} = \frac{AGC}{AGH},$$

ou bien

$$\frac{ABC}{AGC} = \frac{AGC}{DEF}. \qquad\qquad \text{C. Q. F. D.}$$

2° Considérons maintenant un tronc de pyramide polygonale ABCDEA'B'C'D'E' (fig. 202); formons une pyramide triangulaire TFGH ayant même hauteur que la pyramide SABCDE et une base équivalente; ces deux pyramides seront équivalentes (**308**). Je coupe la pyramide TFGH par un plan parallèle à

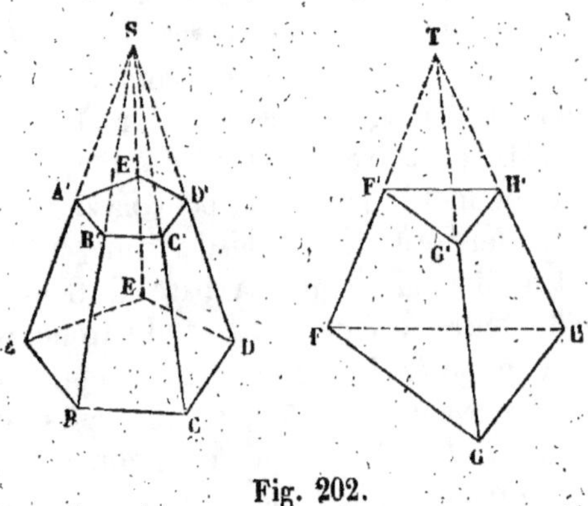

Fig. 202.

la base, et mené à la même distance du sommet T que le plan A'B'C'D'E' du sommet S; les deux sections A'B'C'D'E', F'G'H' seront équivalentes (**292**); par suite, les deux pyramides SA'B'C'D'E', TF'G'H' sont équivalentes, et les deux troncs de pyramide sont aussi équivalents; de plus ils ont même hauteur et des bases équivalentes; or la mesure du tronc de pyramide triangulaire ne dépend que de sa hauteur et de ses bases; donc la mesure du tronc de pyramide polygonale sera la même.

Remarque. Désignons par B et b les deux bases du tronc de pyramide, par H sa hauteur et par V son volume; la moyenne proportionnelle entre les deux bases sera $\sqrt{Bb}$, et les trois pyramides de l'énoncé précédent, auront pour volumes respectifs

$$\frac{1}{3}B \times H, \quad \frac{1}{3}b \times H, \quad \frac{1}{3}\sqrt{Bb} \times H;$$

le volume du tronc sera alors donné par la formule

$$V = \frac{1}{3} B \times H + \frac{1}{3} b \times H + \frac{1}{3} \sqrt{Bb} \times H,$$

ou, en mettant $\frac{1}{3} H$ en facteur commun,

$$V = \frac{1}{3} H \times (B + b + \sqrt{Bb}).$$

Applications. I. La plus grande pyramide d'Égypte a pour base un carré de $232^m,75$ de côté; sa hauteur est de 146 mètres; quel est son volume?

L'aire de la base est égale à $232,75^2$, et le volume de la pyramide est

$$\frac{1}{3} \cdot 232,75^2 \times 146 = 2636398^{mc},032,$$

à $0^{mc},001$ près par excès. On voit que cette pyramide a un volume très considérable; on peut s'en faire une idée nette, en supposant qu'avec les matériaux qui la composent on fasse un mur de 2 mètres de hauteur, et de 40 centimètres d'épaisseur; la longueur de ce mur serait (**300**) :

$$\frac{2636398,032}{2 \times 0,40} = 3270497 \text{ mètres},$$

c'est-à-dire 3270 kilomètres environ; un pareil mur pourrait faire à peu près le tour de la France.

II. L'obélisque de Luxor est un tronc de pyramide très allongé, à bases carrées, surmonté sur sa petite base d'une pyramide régulière. Le côté de la base inférieure a $2^m,42$ de longueur, celui de la base supérieure $1^m,54$; la distance des deux bases est égale à $21^m,60$, et la hauteur de la pyramide à $1^m,20$. Trouver le poids de l'obélisque, sachant que le mètre cube du granit dont il est formé pèse 2750 kilogrammes.

Cherchons d'abord son volume : l'aire de la grande base du tronc est $2,42^2 = 5^{mq},8564$; celle de la petite base est

$1,54^2 = 2^{mq},3716$; la moyenne proportionnelle entre les deux bases est $\sqrt{2,42^2 \times 1,54^2}$ ou bien $2,42 \times 1,54 = 3^{mq},7268$; j'ajoute les trois nombres, ce qui me donne $11^{mq},9548$. Le volume du tronc de pyramide est alors :

$$11,9548 \times \frac{21,60}{3} = 86^{mc},074560.$$

Le volume de la pyramide sera de même

$$2,3716 \times \frac{1,20}{3} = 0^{mc},948640 ;$$

et le volume total de l'obélisque sera enfin

$$86^{mc},07456 + 0^{mc},94864 = 87^{mc},0232$$

Alors son poids est :

$$2750^{kg} \times 87,0232 = 239\,313^{kg},8,$$

ou 2593 quintaux métriques environ.

§ XXIX. Notions sommaires sur les polyèdres semblables. — Rapport des surfaces et des volumes [1].

311. Définition. On appelle *polyèdres semblables* deux polyèdres qui ont les angles solides égaux et qui sont compris sous un même nombre de faces semblables chacune à chacune. On appelle *homologues* les éléments correspondants de deux polyèdres semblables.

Il résulte de la définition même que les dièdres homologues de deux polyèdres semblables sont égaux et semblablement disposés ; de plus, les arêtes homologues des deux polyèdres sont proportionnelles ; car les faces des deux polyèdres sont semblables deux à deux, et comme deux faces adjacentes ont

1. La similitude des polyèdres ne figure pas au programme du 22 janvier 1885 ; par conséquent, les matières contenues dans ce paragraphe ne sont plus exigées des candidats au baccalauréat ès lettres.

une arête commune, le rapport de deux arêtes homologues est le même pour toutes les faces.

312. THÉORÈME. *Si l'on coupe une pyramide SABCD par un plan parallèle à sa base, on forme une nouvelle pyramide SA'B'C'D' semblable à la première* (fig. 203).

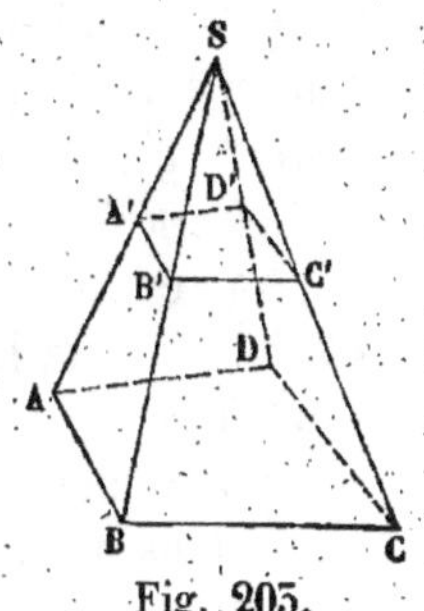
Fig. 203.

En effet, les deux pyramides ont les faces semblables (**291**). Elles ont l'angle polyèdre en S commun ; les angles trièdres ASBD, A'SB'D' ont les faces égales chacune à chacune, et les angles dièdres égaux (**276**) ; de plus, les faces et les dièdres de ces deux angles trièdres sont semblablement disposés ; donc on peut les superposer, et ils sont égaux ; il en est de même des trièdres B et B'; C et C', etc. Donc enfin les deux pyramides sont semblables.

313. THÉORÈME. *Deux tétraèdres qui ont un angle dièdre égal compris entre faces semblables et semblablement disposées, sont semblables.*

Soient SABC, S'A'B'C' deux tétraèdres (fig. 204), qui ont le dièdre SB égal au dièdre S'B', la face SAB semblable à la face S'A'B', et la face SBC semblable à la face S'B'C'. Je transporte le tétraèdre S'A'B'C' sur le tétraèdre SABC de manière que le dièdre S'B' coïncide avec son égal SB ; le point S' tombant en S, le point B' viendra en B''. A cause

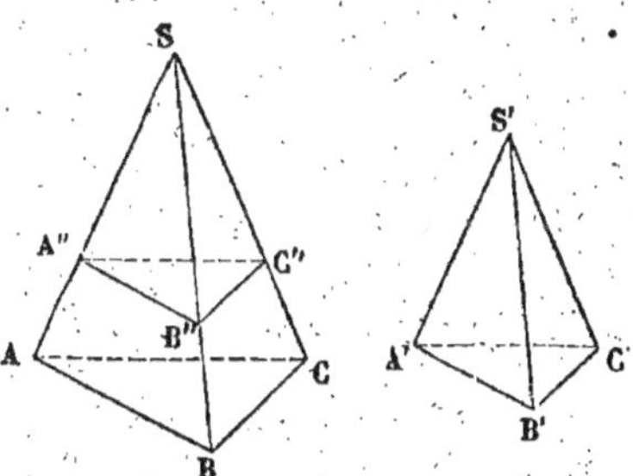
Fig. 204.

de la similitude des triangles SBC, S'B'C', l'angle BSC est égal à l'angle B'S'C' ; S'C' prendra donc la direction SC et C' viendra en C'' ; de même le point A' tombera en A'' sur SA. Cela posé, l'angle SB″C″ étant égal à SBC, la ligne B″C″ sera parallèle à BC; pour la même raison, B″A″ sera parallèle à BA; alors le plan B″C″A″ est parallèle à BCA (**263**); donc, en vertu du théorème précédent, la pyramide SA″B″C″ ou son égale S′A′B′C′ est semblable à la pyramide SABC. **c. q. f. d.**

314. THÉORÈME. *Deux polyèdres composés d'un même nombre de tétraèdres semblables et semblablement disposés sont semblables.*

En effet, les angles polyèdres homologues seront égaux, comme composés d'un même nombre d'angles trièdres égaux et disposés de la même manière. Si, dans l'un des polyèdres, plusieurs triangles sont dans un même plan, et forment un polygone plan, les triangles homologues dans l'autre seront aussi dans un même plan, à cause de l'égalité des dièdres des tétraèdres homologues; et de plus les faces homologues seront semblables comme composées d'un même nombre de triangles semblables et semblablement disposés; donc les polyèdres seront semblables.

315. THÉORÈME. Réciproquement, *deux polyèdres semblables peuvent être décomposés en un même nombre de tétraèdres semblables et semblablement disposés* (fig. 205).

Prenons l'une des arêtes AB de l'un des polyèdres, et dans

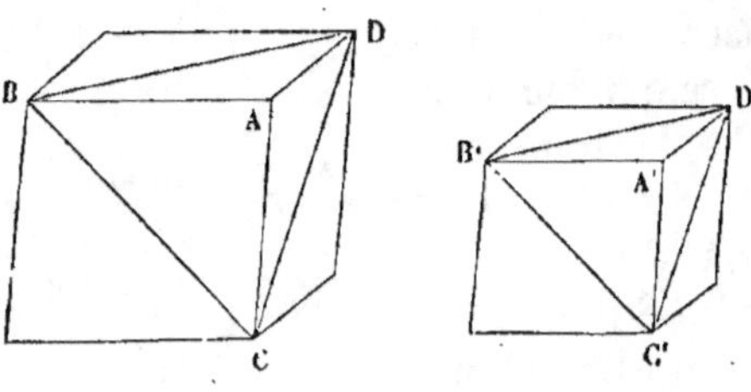

Fig. 205.

les deux faces qui se coupent suivant cette arête, prenons les arêtes AC et AD partant du sommet A; considérons le tétraèdre ABCD, dont le dièdre AB sera l'un des dièdres du polyèdre;

le tétraèdre homologue $A'B'C'D'$ lui sera semblable ; car ils auront le dièdre $AB = A'B'$ comme dièdres homologues des deux polyèdres, et les faces ABC, ABD seront respectivement semblables aux faces $A'B'C'$, $A'B'D'$, comme triangles homologues, faisant partie de deux faces homologues des deux polyèdres (**315**).

Cela posé, enlevons aux deux polyèdres ces deux tétraèdres semblables ; les deux polyèdres restants seront semblables, et, en opérant de la même manière, on détachera encore deux tétraèdres semblables, et ainsi de suite. Donc, etc.

316. Théorème. *Le rapport des surfaces de deux polyèdres semblables est égal au rapport des carrés des arêtes homologues.*

Soient A et a deux arêtes homologues des deux polyèdres semblables ; S, S', S''... les aires des diverses faces du premier polyèdre, s, s', s''... les aires des faces homologues du second polyèdre ; on aura (**211**) :

$$\frac{S}{s} = \frac{A^2}{a^2} ; \quad \frac{S'}{s'} = \frac{A^2}{a^2} ; \text{ etc.,}$$

d'où

$$\frac{S}{s} = \frac{S'}{s'} = \frac{S''}{s''} = \cdots = \frac{A^2}{a^2},$$

et par suite, en vertu d'un théorème connu,

$$\frac{S + S' + S'' + \ldots}{s + s' + s'' + \ldots} = \frac{A^2}{a^2}. \qquad \text{C. Q. F. D.}$$

317. Théorème. *Le rapport des volumes de deux polyèdres semblables est égal au rapport des cubes des arêtes homologues.*

Je considère d'abord deux tétraèdres semblables, et je les dispose de manière qu'ils aient un trièdre commun (fig. 206) ; soient $SABC$, $SA'B'C'$ ces deux tétraèdres. Les plans ABC,

A′B′C′ sont alors parallèles, et les hauteurs des deux pyra-mides sont SH et SH′; on a (**308**) :

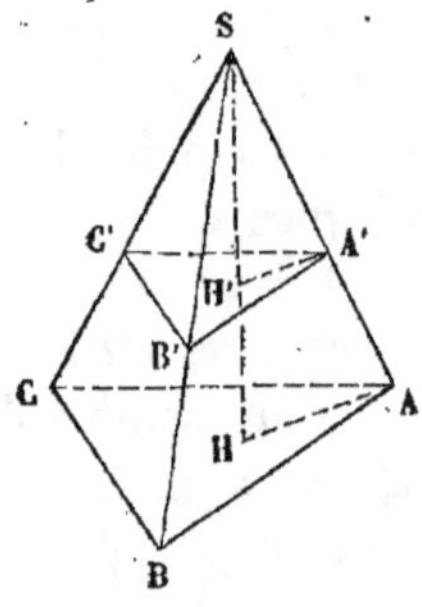

Fig. 206.

$$SABC = \frac{1}{3}\, ABC \times SH,$$

$$SA'B'C' = \frac{1}{3}\, A'B'C' \times SH';$$

divisant membre à membre, on obtient :

$$\frac{SABC}{SA'B'C'} = \frac{ABC}{A'B'C'} \times \frac{SH}{SH'};$$

mais on a (**211**) :

$$\frac{ABC}{A'B'C'} = \frac{\overline{AB}^2}{\overline{A'B'}^2},$$

et aussi (**291**) :

$$\frac{SH}{SH'} = \frac{AB}{A'B'};$$

donc enfin,

$$\frac{SABC}{SA'B'C'} = \frac{\overline{AB}^2}{\overline{A'B'}^2} \times \frac{AB}{A'B'} = \frac{\overline{AB}^3}{\overline{A'B'}^3}.$$

Considérons maintenant deux polyèdres semblables P et p, que je décompose en tétraèdres semblables et semblablement placés, T, T′, T″… pour le premier, t, t', t''… pour le second; soient encore A et a deux arêtes homologues des deux polyèdres; on aura, d'après ce qui précède :

$$\frac{T}{t} = \frac{A^3}{a^3}; \quad \frac{T'}{t'} = \frac{A^3}{a^3}, \text{ etc.,}$$

d'où

$$\frac{T}{t} = \frac{T'}{t'} = \frac{T''}{t''} \cdots = \frac{A^3}{a^3}.$$

et par suite, en vertu d'un théorème connu,

$$\frac{T + T' + T'' + \dots}{t + t' + t'' + \dots} = \frac{A^3}{a^3},$$

ou

$$\frac{P}{p} = \frac{A^3}{a^3}.$$

C. Q. F. D.

EXERCICES SUR LE LIVRE VI

THÉORÈMES ET PROBLÈMES

1. On donne trois droites telles, que deux quelconques ne soient pas situées dans un même plan, et on demande de construire un parallélépipède ayant trois arêtes situées sur ces trois droites.

2. Couper un cube par un plan, de manière que la section soit un hexagone régulier.

3. Les quatre diagonales d'un parallélépipède quelconque se coupent mutuellement en deux parties égales.

4. Les diagonales d'un parallélépipède rectangle sont égales, et le carré de l'une d'elles est égal à la somme des carrés des trois dimensions du parallélépipède.

5. Les droites qui joignent les milieux des arêtes opposées d'un tétraèdre se coupent mutuellement en deux parties égales.

6. Si, dans un tétraèdre, deux arêtes sont respectivement perpendiculaires aux arêtes opposées, les deux autres arêtes sont aussi perpendiculaires.

7. Dans un tétraèdre où chaque arête est perpendiculaire à son opposée, les quatre hauteurs se coupent en un même point, où se coupent aussi les perpendiculaires communes aux arêtes opposées.

8. Les plans menés perpendiculairement sur les arêtes d'un tétraèdre en leurs milieux se coupent en un même point.

9. Les plans bissecteurs des dièdres d'un tétraèdre se rencontrent en un même point.

10. Étant donné un tétraèdre dont toutes les arêtes sont égales, on abaisse de l'un des sommets une perpendiculaire sur la face opposée, et on joint le milieu de cette perpendiculaire aux trois autres sommets. Démontrer que les trois lignes de jonction ainsi menées sont perpendiculaires deux à deux. (Concours général, Seconde, 1870.)

11. On a deux pyramides égales, à bases carrées, et dont les faces latérales sont des triangles équilatéraux. On les assemble, en faisant coïncider leurs bases, et l'on coupe le polyèdre qui résulte de cet assemblage, par un plan mené par le milieu d'une arête parallèlement à l'une des faces qui aboutissent à l'une ou à l'autre des extrémités de cette arête. On demande la forme de la section plane ainsi obtenue. (Concours général, Seconde, 1866.)

12. Étant données les aires des deux bases d'un tronc de pyramide, trouver l'aire de la section parallèle aux bases et menée à égale distance de ces deux bases.

13. Le volume d'un prisme triangulaire a pour mesure la moitié du produit de l'aire d'une face latérale par la distance de cette face à l'arête opposée.

14. Si, sur trois droites parallèles et non situées dans le même plan, on prend des longueurs AA', BB', CC', égales à une droite donnée, le volume du prisme triangulaire $ABCA'B'C'$ est constant, quelles que soient les positions des points A, B, C sur les trois droites.

15. Étant données trois droites parallèles, mais non situées dans un même plan, on porte sur l'une d'elles une distance AB, égale à une longueur donnée; on prend arbitrairement un point C sur la seconde et un point D sur la troisième; les quatre points A, B, C, D sont les quatre sommets d'une pyramide. Démontrer :

1° Que le volume de cette pyramide est indépendant de la position des points C et D sur les droites où ils se trouvent;

2° Que ce volume est proportionnel à la longueur AB;

3° Qu'il reste le même, quelle que soit celle des trois parallèles sur laquelle on porte la longueur AB.

16. Trouver le volume d'un tétraèdre régulier dont on connaît l'arête. (On appelle tétraèdre régulier celui dont les quatre faces sont des triangles équilatéraux.)

17. On construit deux pyramides régulières égales, à base carrée, et telles que leurs faces latérales soient des triangles équilatéraux, et on les réunit par leurs bases. On obtient ainsi un polyèdre à huit faces triangulaires, dont toutes les arêtes sont égales, et qu'on appelle un octaèdre régulier. Trouver le volume de ce polyèdre quand on donne son arête.

18. Trouver à l'intérieur d'un tétraèdre ABCD un point M tel, qu'en le joignant aux quatre sommets A, B, C, D du tétraèdre, on obtienne quatre pyramides équivalentes. (Concours général, Seconde, 1882.)

19. On donne un angle trièdre et une droite dans l'une des faces, et on demande de mener par cette droite un plan qui ferme l'angle trièdre, en déterminant un tétraèdre de volume donné.

20. Étant donnée une pyramide triangulaire, mener par l'une des arêtes de la base un plan qui divise la pyramide en deux parties équivalentes.

21. Étant donnée une pyramide triangulaire tronquée, on propose de mener par l'une des arêtes de la base supérieure un plan qui divise le volume du tronc en deux parties équivalentes. (Concours général, Seconde, 1873.)

22. Étant donné un prisme triangulaire, on y fait une section *abc* parallèle aux bases ; on joint les sommets *a*, *b*, *c* de cette section à un point quelconque O, pris dans le plan de la base supérieure, et l'on prolonge les lignes de jonction jusqu'à leur rencontre en A, B, C avec le plan de la base inférieure. On demande à quelle distance de la base supérieure doit être faite la section *abc* pour que le tétraèdre ayant pour sommets O, A, B, C, soit équivalent au prisme. (Concours général, Philosophie, 1873.)

23. Deux tétraèdres qui ont un angle trièdre égal sont entre

eux comme les produits des arêtes qui comprennent l'angle trièdre égal.

24. Étant donné un tétraèdre quelconque ABCD, on joint deux à deux les milieux des quatre arêtes AB, BC, CD, DA. Démontrer que tous ces milieux sont dans un même plan, et que ce plan divise le tétraèdre en deux parties équivalentes. (Concours général, Seconde, 1869.)

25. On considère dans un tétraèdre ABCD quatre arêtes consécutives, AB, BC, CD, DA, et on imagine qu'on déforme le tétraèdre de toutes les manières possibles, ces quatre arêtes gardant leurs longueurs respectives. Démontrer que, parmi tous les tétraèdres ainsi obtenus, le plus grand est celui dans lequel les angles dièdres, qui ont pour arêtes AC et BD, sont droits.

26. Par chacun des sommets d'un tétraèdre, on mène un plan parallèle à la face opposée; ces quatre plans forment un nouveau tétraèdre dont les faces sont semblables à celles du premier. Trouver le rapport des surfaces et des volumes de ces deux tétraèdres.

27. Étant donné un tétraèdre, on suppose que l'on mène par chaque arête un plan parallèle à l'arête opposée, et l'on demande :

1° Quel sera le solide ainsi obtenu ;

2° Quel sera le rapport de son volume à celui du tétraèdre. (Concours général, Seconde, 1874.)

28. Dans un cube dont l'arête est a, on mène une diagonale AA′; puis on coupe le solide par un plan mené perpendiculairement à la diagonale et à une distance d du sommet A.

1° On demande la figure de la section qui correspond aux diverses valeurs de d ;

2° On demande l'aire de la section et les limites entre lesquelles elle varie lorsque le plan sécant se déplace. (Concours général, Philosophie, 1876.)

29. On coupe une pyramide triangulaire donnée SABC par un plan parallèle à la base; ce plan rencontre les arêtes latérales SA, SB, SC respectivement aux points A′, B′, C′; on mène ensuite les plans AB′C′, BC′A′, CA′B′; soit P leur point com-

mun. Déterminer le lieu décrit par le point P, lorsque le plan A'B'C' se déplace en demeurant parallèle à ABC. (Concours général, Philosophie, 1878.)

30. Deux triangles équilatéraux égaux ABC, A'B'C' sont disposés dans deux plans parallèles, de façon que les sommets de l'un et les pieds des perpendiculaires abaissées des sommets du second sur le plan du premier soient les sommets d'un hexagone régulier. Les centres des deux triangles étant O et O', on demande de déterminer la figure du solide commun aux deux tétraèdres O'ABC, OA'B'C' et d'exprimer le volume de ce solide à l'aide du côté a des triangles équilatéraux et de la distance d de leurs plans. (Concours général, Philosophie, 1875.)

31. Soit un carré ABCD; par deux sommets opposés, A et C, de ce carré, on mène, d'un même côté par rapport au plan de ce carré, les droites AK, CL, perpendiculaires à ce plan. On prend sur AK un point A' dont la distance au centre du carré est égale au côté de ce carré, et sur CL un point C' dont la distance au point A' est double du côté du carré.

1° Démontrer que la droite A'C est perpendiculaire au plan BDA'.

2° Former, en appelant a le côté du carré, l'expression du volume de chacun des tétraèdres A'ABD, C'CBD, C'A'BD. (Concours général, Seconde, 1881.)

32. Un bassin qui a la forme d'un prisme hexagonal régulier a une capacité de 2000 hectolitres; sa profondeur est de $1^m,50$. On demande la longueur des côtés de la base.

33. Un bassin ayant la forme d'un prisme régulier a pour base un hexagone dont la surface est de 3 mètres carrés. Quel sera le volume de l'eau contenue dans ce bassin, si l'on suppose que la hauteur du bassin soit égale au rayon du cercle inscrit dans cet hexagone régulier? (Baccalauréat ès lettres, Paris.)

34. Un bloc de basalte a la forme d'un prisme ayant pour base un hexagone régulier, dont le côté est de $0^m,03$ et la hauteur de $3^m,45$, et le mètre cube de basalte pèse 2860 kilogrammes. Quel est le poids de ce bloc?

35. Un bassin a la forme d'un prisme dont la base est un octogone régulier de 10 mètres de côté. Le fond de ce bassin est horizontal et la hauteur de l'eau qui y est contenue est de $0^m,75$. Calculer en hectolitres le volume de cette eau.

36. Le volume d'un parallélépipède rectangle est égal à $4962^{mc},7$ et ses arêtes sont entre elles comme les nombres 3, 5 et 7. Trouver les longueurs de ces arêtes.

37. On donne un cercle dont le rayon est de 10 mètres, et l'on y inscrit un triangle équilatéral. Trouver le volume de la pyramide qui aurait ce triangle pour base et une hauteur égale à 12 mètres.

38. Calculer le volume d'une pyramide régulière ayant pour base un hexagone régulier dont le côté est égal à un mètre; la hauteur de la pyramide est égale à 2 mètres. (Baccalauréat ès lettres, Paris.)

39. Trouver la hauteur d'une pyramide régulière, à base carrée, sachant que la surface de la base est égale à $6^{mq},7483$, et que la longueur des arêtes latérales est égale à $6^m,89$.

40. Calculer la capacité en hectolitres d'un bassin de forme carrée, dont les murs sont en talus, le fond étant lui-même un carré; ces deux carrés ont respectivement 12 et 10 mètres de côté, et la profondeur du bassin est de $2^m,10$.

LIVRE VII

LES CORPS RONDS

§ XXX. Cylindre droit à base circulaire. — Mesure de la surface latérale
et du volume.

318. Définitions. On appelle *cylindre droit à base circulaire*, ou plus simplement *cylindre circulaire droit*, le solide
engendré par la révolution d'un rectangle
OO'A'A (fig. 207) tournant autour d'un de
ses côtés OO'. Dans ce mouvement, les côtés
OA, O'A' décrivent deux cercles égaux et
parallèles, qui sont les *bases* du cylindre; le
côté AA' engendre la *surface latérale* du
cylindre; le côté fixe OO' s'appelle l'*axe* ou
la *hauteur* du cylindre.

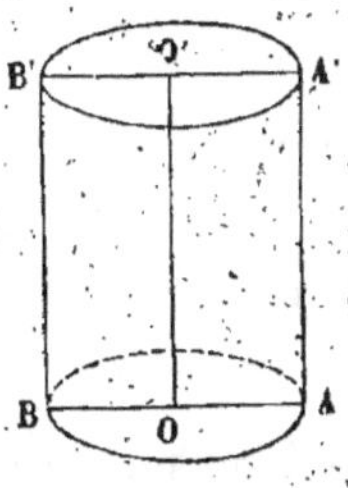

Il est clair que tout point de AA', en tournant autour de OO', décrit une circonférence

Fig. 207.

de cercle égale et parallèle aux bases; donc, si l'on coupe un
cylindre par un plan perpendiculaire à l'axe, la section est
une circonférence de cercle égale à la circonférence de base.

319. Théorème. *La surface latérale
d'un cylindre circulaire droit est égale à
la circonférence de sa base multipliée
par sa hauteur (fig. 208).*

Dans la base du cylindre, inscrivons un
polygone régulier ABCDEF, et par les sommets menons les génératrices AA', BB',
CC', etc., enfin joignons les extrémités de
ces lignes; nous formerons ainsi un prisme *inscrit* dans le

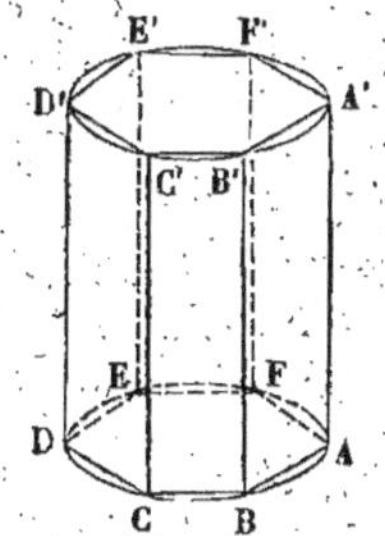

Fig. 208.

14

cylindre. Ce prisme étant droit, ses faces latérales sont des rectangles de même hauteur, et la somme des aires de tous ces rectangles, c'est-à-dire la surface latérale du prisme, aura pour mesure le périmètre de la base multiplié par la hauteur. Or, si l'on augmente indéfiniment le nombre des côtés du polygone ABCDEF, le périmètre de ce polygone tendra vers la circonférence de la base du cylindre, et la surface latérale du prisme aura pour limite le produit de la circonférence de base du cylindre par sa hauteur. Or c'est précisément cette limite qu'on appelle la *surface latérale* du cylindre ; donc, etc.

320. COROLLAIRE. Si la base du cylindre est un cercle de rayon R, et si l'on désigne par H la hauteur, la surface latérale sera

$$2\pi RH,$$

et la surface *totale* du cylindre, qui se compose de la surface latérale augmentée des surfaces des deux bases, aura pour expression

$$2\pi RH + 2\pi R^2,$$

ou, en mettant $2\pi R$ en facteur commun,

$$2\pi R \times (H + R).$$

321. REMARQUE. Si l'on fendait la surface du prisme inscrit dans le cylindre suivant une arête AA′, on pourrait évidemment développer cette surface sur un plan ; on aurait ainsi un rectangle ayant pour base le périmètre de la base du prisme et pour hauteur la hauteur du prisme. On en conclut que *la surface latérale d'un cylindre est développable sur un plan, et que le développement a la forme d'un rectangle ayant pour hauteur la hauteur du cylindre et pour base la circonférence de la base du cylindre.*

322. THÉORÈME. *Le volume d'un cylindre est égal au produit de sa base par sa hauteur.*

Ce théorème est évident si l'on considère le cylindre comme

la limite vers laquelle tend un prisme inscrit, quand on augmente indéfiniment le nombre des faces de ce prisme.

325. CorollAIRE. Le volume du cylindre est donné par la formule

$$V = \pi R^2 H.$$

APPLICATIONS. I. Le diamètre d'un tuyau creux cylindrique est égal à 18 centimètres, et sa hauteur est égale à 65 centimètres ; quelle est la surface de la tôle qui a servi à le former ?

La circonférence de base de ce cylindre est égale à $18^c \times \pi$ et la surface latérale, exprimée en centimètres carrés, sera

$$18 \times \pi \times 65 = \pi \times 1170 = 3676^{cq},$$

à un centimètre carré près.

II. On veut fabriquer un tuyau cylindrique avec une plaque de tôle rectangulaire dont la surface est égale à 50 décimètres carrés ; la base et la hauteur de ce rectangle sont dans le rapport de 3 à 2 ; on demande de calculer le diamètre et la hauteur du tuyau fabriqué.

Je cherche d'abord les dimensions du rectangle de tôle : la base est les $\frac{3}{2}$ de la hauteur ; donc l'aire vaut les $\frac{3}{2}$ du carré de la hauteur, et par suite le carré de la hauteur vaut les $\frac{2}{3}$ de l'aire ou $\frac{50 \times 2}{3} = \frac{100}{3}$; la hauteur est la racine carrée de ce nombre, c'est-à-dire $\frac{10^d}{\sqrt{3}} = 5^d,773$; c'est la hauteur du tuyau.

La base de ce rectangle vaut les $\frac{3}{2}$ de ce nombre ou $8^d,660$; lorsqu'on façonne le tuyau, cette base devient la circonférence du cylindre, et le diamètre s'obtiendra en divisant la circonférence par π, ce qui donne

$$8^d,660 \times \frac{1}{\pi} = 2^d,76 ;$$

ainsi le diamètre du tuyau sera égal à $2^d,76$ ou 276 millimètres, et sa hauteur à 577 millimètres.

III. Une colonne cylindrique de fonte a 12 centimètres de diamètre et $3^m,75$ de hauteur ; quel est son volume ?

Le rayon de la base est égal à $0^m,06$; donc le volume est égal à

$$\pi \times 0,06^2 \times 3,75 = \pi \times 0,0135 = 0^{mc},042412,$$

ou 42 décimètres cubes 412 centimètres cubes.

IV. Un fil cylindrique de cuivre a 400 mètres de longueur et pèse 2765 grammes ; sachant qu'un centimètre cube de cuivre pèse $8^{gr},8$, calculer le diamètre de ce fil.

Le volume du fil sera évidemment $\dfrac{2765^{cc}}{8,8} = \dfrac{27650^{cc}}{88}$; sa longueur est de 40 000 centimètres ; en désignant son rayon par R, on aura, d'après la formule qui donne le volume du cylindre,

$$\pi R^2 \times 40\,000 = \frac{27\,650}{88},$$

d'où l'on tire

$$R^2 = \frac{27\,650}{88 \times 40\,000 \times \pi} = \frac{2\,765}{352\,000} \times \frac{1}{\pi} = 0,0025275,$$

et par suite

$$R = \sqrt{0,0025275} = 0^c,05027 ;$$

le diamètre du fil sera le double de ce nombre ou $0^c,10054$, c'est-à-dire 1 millimètre environ.

V. Les mesures de capacité pour les liquides ont la forme d'un cylindre dont la hauteur est le double du diamètre ; trouver le diamètre du litre.

Je prends pour unité de longueur le décimètre et par conséquent pour unité de volume le décimètre cube ou le litre ; alors, si j'appelle R le rayon du cylindre, son diamètre sera 2R, sa hauteur 4R, et l'on aura, d'après la formule précédente,

$$1 = \pi R^2 \times 4R = 4\pi R^3 ;$$

d'où l'on tire

$$R^3 = \frac{1}{4\pi} = 0,079577471\ldots$$

et par suite

$$R = \sqrt[3]{0,079577471} = 0^d,430,$$

à moins d'un millième de décimètre ; le diamètre du litre sera donc $0^d,86$ ou 86 millimètres, et sa hauteur sera égale à 172 millimètres.

VI. Trouver le volume de la maçonnerie qui est entrée dans la construction d'un puits cylindrique de $4^m,75$ de profondeur et de $1^m,24$ de diamètre intérieur, sachant de plus que l'épaisseur uniforme de cette maçonnerie est de $0^m,35$.

Le volume de cette maçonnerie est la différence des volumes de deux cylindres de même hauteur et dont les rayons sont respectivement $0^m,62$ et $0^m,62 + 0^m,35 = 0^m,97$; ce volume est donc égal à

$$\pi \times 0,97^2 \times 4,75 - \pi \times 0,62^2 \times 4,75,$$

ou bien

$$(0,97^2 - 0,62^2) \times 4,75 \times \pi = 8^{mc},304,$$

à un décimètre cube près.

§ XXXI. Cône droit à base circulaire. — Surface latérale du cône et du tronc de cône à bases parallèles. — Volume du cône.

524. Définitions. On appelle *cône droit à base circulaire* le solide engendré par la révolution d'un triangle rectangle SOA, tournant autour d'un des côtés de l'angle droit SO (fig. 209). Dans ce mouvement, le côté OA, perpendiculaire à SO, décrit un cercle ayant pour centre le point O, et dont le plan est perpendiculaire à SO ; on l'appelle la *base* du cône. La ligne SO s'appelle l'*axe* du cône, et sa longueur est la *hauteur* du cône. Enfin l'hypoténuse SA, en tournant autour de SO,

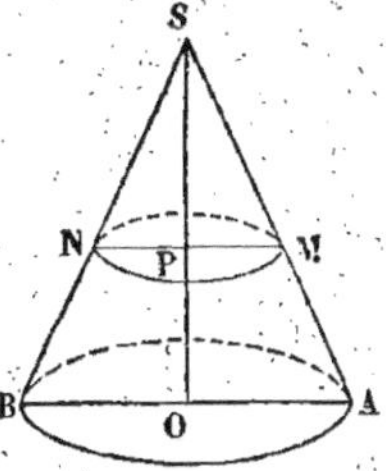

Fig. 209

engendre une surface, qui s'appelle la *surface latérale* du cône ; cette hypoténuse SA s'appelle le *côté* ou l'*apothème* du cône.

325. Considérons un point M de l'hypoténuse SA, et abaissons de ce point la perpendiculaire MP sur l'axe. Quand le triangle SOA tourne autour de SO, la ligne PM, perpendiculaire à l'axe, décrit un cercle, ayant pour centre le point P, et dont le plan est perpendiculaire à l'axe. Donc *les sections faites dans le cône par des plans perpendiculaires à l'axe sont des cercles ayant leurs centres sur l'axe.*

326. On appelle *tronc de cône à bases parallèles* le solide qu'on obtient en coupant un cône par un plan parallèle à la base ; tel est le corps ABNM. Le cercle de base du cône AOB et le cercle parallèle MPN sont les *bases* du tronc ; PO en est la *hauteur*, AM le *côté* ; la *surface latérale* du tronc de cône est la portion de la surface latérale du cône comprise entre les plans des deux bases.

327. Théorème. *La surface latérale du cône est égale à la circonférence de sa base multipliée par la moitié du côté* (fig. 210).

Dans la base du cône j'inscris un polygone régulier ABCDEF, et je joins le sommet S du cône à tous les sommets de ce polygone ; j'ai ainsi une pyramide régulière *inscrite* dans le cône. La surface latérale de cette pyramide se compose de triangles isocèles tous égaux entre eux ; si je mène la hauteur SG de l'un d'eux, la somme de tous ces triangles aura pour mesure le périmètre de la base de la pyramide multiplié par $\frac{1}{2}$ SG. Si l'on double indéfiniment le nombre des côtés de la base ABCDEF, le périmètre de cette base aura pour limite la circonférence de base du cône, et la ligne SG

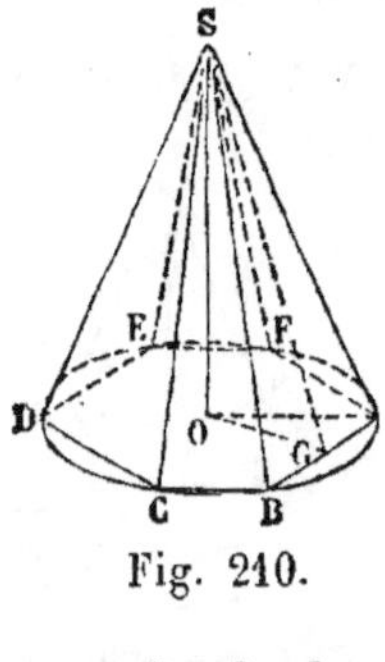

Fig. 210.

tendra vers le côté SA du cône; donc la surface latérale du cône, qui n'est autre chose que la limite de la surface latérale de la pyramide inscrite, sera égale au produit de la circonférence OA par $\frac{1}{2}$ SA. C. Q. F. D.

328. COROLLAIRE. Si R est le rayon de base du cône et A son côté, la surface latérale du cône sera

$$2\pi R \times \frac{A}{2} = \pi RA,$$

et la surface *totale* sera

$$\pi RA + \pi R^2 = \pi R (R + A).$$

329. THÉORÈME. *La surface latérale d'un tronc de cône est égale à la demi-somme des circonférences des bases multipliée par le côté* (fig. 211).

Dans le cône SAD, j'inscris une pyramide régulière; le plan de la base supérieure du tronc de cône détermine un tronc de pyramide ABCD...A'B'C'D'..., dont la surface latérale se compose de trapèzes isocèles tous égaux entre eux; cette surface est donc égale à la demi-somme des périmètres des bases du tronc multipliée par GG', hauteur de l'un des trapèzes; on en conclut immédiatement que celle du tronc de cône est égale à

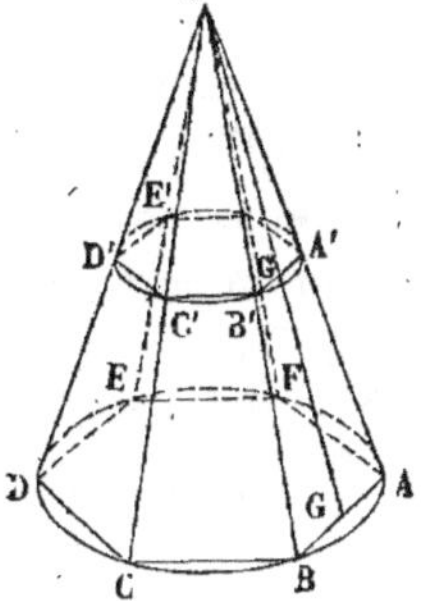

Fig. 211.

$$\frac{\text{circ. AB} + \text{circ. A'B'}}{2} \times \text{AA'}.$$

330. COROLLAIRE I. En appelant R et r les rayons des deux bases et A le côté du tronc de cône, sa surface latérale est donnée par la formule

$$S = \pi (R + r) A.$$

331. CorollAIRE II. Par le milieu D du côté AA' (fig. 212), je mène un plan parallèle aux bases ; ce plan coupe le tronc de cône suivant un cercle dont le rayon CD est égal à la demi-somme des rayons OA et OA' (**204**) ; donc on peut remplacer la demi-somme des circonférences des bases par circ. CD. Donc *la surface latérale du tronc de cône est égale à la circonférence moyenne multipliée par le côté.*

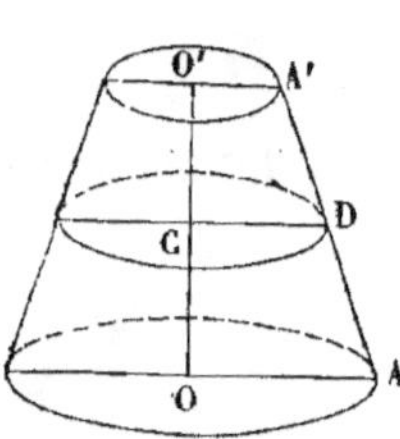

Fig. 212.

Cette mesure s'applique aussi à la surface latérale du cylindre, et à celle du cône ; dans le cylindre, la circonférence moyenne est égale à la circonférence de base, et le côté est égal à la hauteur ; dans le cône, la circonférence moyenne est égale à la moitié de celle de la base.

332. THÉORÈME. *Le volume d'un cône est égal au tiers du produit de sa base par sa hauteur.*

Il suffit, pour le voir, de considérer le volume du cône comme la limite du volume de la pyramide régulière inscrite, quand on augmente indéfiniment le nombre des faces de cette pyramide.

En désignant par R le rayon de la base, et par H la hauteur du cône, son volume a pour expression

$$\frac{1}{3}\pi R^2 H.$$

333. THÉORÈME. *Le volume d'un tronc de cône à bases parallèles est égal à la somme de trois cônes ayant pour hauteur commune la hauteur du tronc, et pour bases, le premier la base inférieure, le second la base supérieure, et le troisième une moyenne proportionnelle entre les deux bases.*

Démonstration analogue aux précédentes, en regardant le tronc de cône comme la limite d'un tronc de pyramide.

En désignant par R et *r* les rayons des deux bases du tronc et par H sa hauteur, les bases des trois cônes seront égales, la première à πR^2, la seconde à πr^2, et la troisième à

$$\sqrt{\pi R^2 \times \pi r^2} = \sqrt{\pi^2 R^2 r^2} = \pi R r ;$$

le volume du tronc de cône aura alors pour expression

$$\frac{1}{3}\pi R^2 H + \frac{1}{3}\pi r^2 H + \frac{1}{3}\pi R r H,$$

ou, en mettant $\frac{1}{3}\pi H$ en facteur commun,

$$\frac{1}{3}\pi H \times (R^2 + r^2 + R r).$$

Applications. I. Trouver la surface latérale d'un cône dont le rayon de base est égal à $2^m,5$ et le côté à $6^m,4$.

Cette surface est égale à

$$2,5 \times 6,4 \times \pi = 50^{mq},2655.$$

II. Les rayons des deux bases d'un tronc de cône sont $0^m,16$ et $0^m,03$, et le côté est égal à $0^m,15$; quelle est la surface latérale du tronc de cône ?

La surface demandée est égale à

$$(0,16 + 0,03) \times 0,15 \times \pi = 0,0285 \times \pi = 0^{mq},0895,$$

à un centimètre carré près.

III. Le diamètre de la base d'un cône est égal à son côté ; sachant que la surface totale de ce cône est égale à 1 mètre carré, calculer son diamètre.

La surface totale d'un cône a pour expression $\pi R (R + A)$, et comme A est égal à $2R$, cette expression devient $\pi R \times 3R = 3\pi R^2$; on a donc

$$3\pi R^2 = 1 ;$$

d'où l'on tire

$$R^2 = \frac{1}{3\pi} = 0,106103,$$

et par suite

$$R = \sqrt{0,106103} = 0^m,326,$$

à un millimètre près; le diamètre du cône est le double de ce nombre, ou $0^m,652$.

IV. Le rayon de la base d'un cône est égal à $0^m,62$, et sa hauteur est égale à $1^m,50$; quel est son volume?

Il est égal à

$$\frac{1}{3}\, 0,62^2 \times 1,50 \times \pi = 0,1922 \times \pi = 0^{mc},603814,$$

à un centimètre cube près.

V. Le diamètre d'un cône est égal à 1 mètre, et son côté a la même longueur; calculer son volume.

La hauteur se calcule en remarquant que le côté est l'hypoténuse d'un triangle rectangle dont les côtés sont la hauteur et le rayon. Il résulte de là que la hauteur est égale à $\sqrt{1^2 - 0,5^2}$ $= \sqrt{0,75}$; par conséquent, le volume est égal à

$$\frac{1}{3}\, 0,5^2 \times \sqrt{0,75} \times \pi = 0^{mc},2267,$$

à $0^{mc},0001$ près.

VI. Un cône, dont la hauteur est égale à $0^m,42$, a un volume de 25 décimètres cubes; calculer le rayon de sa base.

Le volume est égal à $0^{mc},025$; alors, en appelant R le rayon, on a

$$\frac{1}{3}\, \pi R^2 \times 0,42 = 0,025;$$

d'où l'on tire

$$R^2 = \frac{0,025 \times 3}{0,42 \times \pi} = 140 \times \frac{1}{\pi} = 0,056841;$$

donc

$$R = \sqrt{0,056841} = 0^m,238,$$

à un millimètre près.

VII. Un seau en zinc a la forme d'un tronc de cône et les dimensions suivantes :

Rayon de la grande base. 12ᶜ,5,
Rayon de la petite base.. . . . 10ᶜ,
Hauteur. 25ᶜ;

trouver sa capacité en litres.

Comme on demande le volume en litres ou en décimètres cubes, je rapporte toutes ces longueurs au décimètre, et j'applique la formule du n° **333**, ce qui donne :

$$V = \frac{2,5 \times \pi}{3} (1,25^2 + 1^2 + 1,25 \times 1) = 9^{\text{lit}},981,$$

à moins d'un centimètre cube.

§ XXXII. Sphère. — Sections planes. — Grands cercles, petits cercles. — Pôles d'un cercle. — Étant donnée une sphère, trouver son rayon par une construction plane.

334. Définitions. On appelle *sphère* un corps limité par une surface dont tous les points sont également distants d'un point intérieur appelé *centre*. On peut considérer la sphère comme engendrée par la révolution d'un demi-cercle autour de son diamètre.

On appelle *rayon* toute ligne qui joint le centre à un point de la surface; tous les rayons sont égaux. Enfin on appelle *diamètre* de la sphère toute ligne passant par le centre et terminée des deux côtés à la surface de la sphère. Tous les diamètres sont égaux, parce que chacun d'eux est le double du rayon.

335. Théorème. *Toute section plane de la sphère est un cercle* (fig. 213).

Tout plan passant par le centre O de la sphère la coupe suivant une courbe dont tous les points sont à égale distance du point O, c'est-à-dire suivant un cercle de même rayon que la sphère.

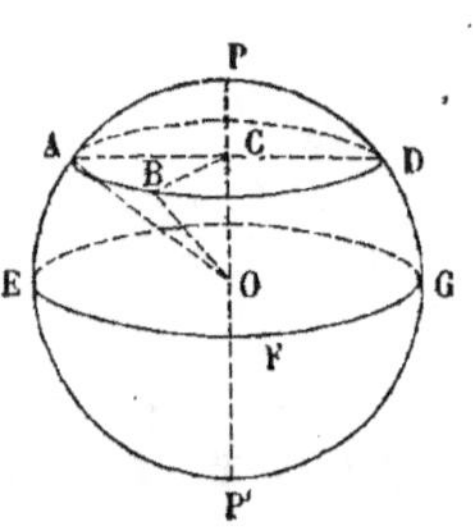

Fig. 213.

Prenons maintenant un plan sécant qui ne passe pas par le centre, et soit ABD la section ; menons les rayons OA, OB, OD, etc.; toutes ces lignes sont égales ; donc les pieds A, B, D de ces obliques au plan sécant sont sur une circonférence de cercle, ayant pour centre le pied C de la perpendiculaire OC abaissée du centre sur le plan sécant (**243**).

336. Corollaire I. Le rayon CA du cercle ABD est plus petit que le rayon de la sphère, et il diminue à mesure que le plan sécant s'éloigne du centre.

On appelle *petit cercle* tout cercle de la sphère dont le plan ne passe pas par le centre, et *grand cercle* tout cercle de la sphère dont le plan passe par le centre.

337. Corollaire II. Deux grands cercles de la sphère se coupent suivant un diamètre ; car leurs plans passent tous les deux par le centre de la sphère.

Par deux points pris sur la surface de la sphère, on peut toujours faire passer un grand cercle, et un seul, à moins que les deux points donnés ne soient les extrémités d'un même diamètre ; car les deux points donnés et le centre déterminent un plan.

Par trois points pris à volonté sur la surface d'une sphère, on peut faire passer un cercle et un seul ; car ces trois points déterminent un plan qui coupe la sphère suivant un cercle.

338. Définition. On appelle *pôles* d'un cercle de la sphère les extrémités du diamètre de la sphère perpendiculaire au plan de ce cercle. Les points P et P' sont les pôles du cercle ABD (fig. 213). Tous les cercles de la sphère dont les plans sont parallèles ont les mêmes pôles.

339. Théorème. *Le pôle d'un cercle de la sphère est également distant de tous les points de la circonférence de ce cercle* (fig. 214).

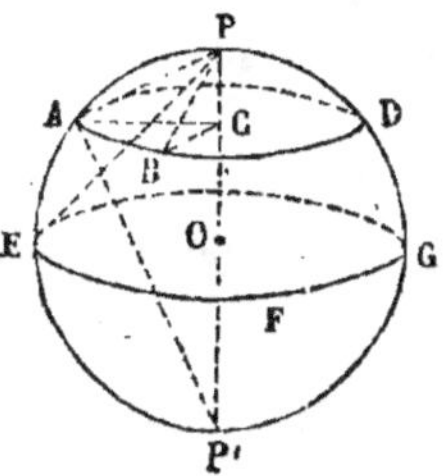

Fig. 214.

Soit P le pôle du cercle ABD; le centre C de ce cercle est sur la ligne OP (**335**); donc PA, PB, etc., sont des obliques au plan ABD, également éloignées du pied C de la perpendiculaire; donc elles sont égales. c. q. f. d.

340. Remarque. Il résulte de ce théorème que si l'on place en P l'une des pointes d'un compas, auquel on donne une ouverture égale à PA, l'autre pointe tracera sur la sphère le cercle ABD. On trace donc des cercles sur une sphère comme sur un plan; seulement on emploie un compas à branches courbes, dit *compas sphérique*.

La distance du pôle P à tous les points du cercle s'appelle la *distance polaire* de ce cercle. Dans le cas d'un grand cercle EFG, la distance polaire est le côté du carré inscrit dans le grand cercle PEP' de la sphère; on l'appelle *la corde d'un quadrant*.

Tout ce que nous avons dit du pôle P s'applique évidemment à l'autre pôle P'.

341. Problème. *Trouver le rayon d'une sphère solide donnée* (fig. 215).

D'un point P quelconque de la surface de la sphère, on trace avec une distance polaire PA prise à volonté un cercle ABD. Soient C le centre de ce cercle, P' son second pôle, et A l'un des points de sa circonférence; joignons PA et P'A. On sait que PP' est un diamètre de la sphère et que ce diamètre passe au point C; alors dans le grand cercle PAP', l'angle PAP', inscrit dans une demi-circonférence, est droit, et le triangle PAP' est rectangle; c'est ce triangle, dont l'hypoténuse est égale au diamètre de la sphère, que nous allons construire. On en connaît déjà un côté, qui est la distance polaire PA du cercle qu'on a tracé; je vais déterminer la longueur de la perpendiculaire

AC abaissée du sommet de l'angle droit sur l'hypoténuse, longueur qui est égale au rayon du petit cercle. A *cet effet*, je marque sur la circonférence de ce petit cercle trois points A, B, D, pris à volonté : je relève avec le compas les distances AB, AD, BD, et je construis sur une feuille de papier un triangle *abd* ayant pour côtés ces trois lignes ; puis je détermine le centre *c* du cercle circonscrit à ce triangle, et je joins *ca* ; cette

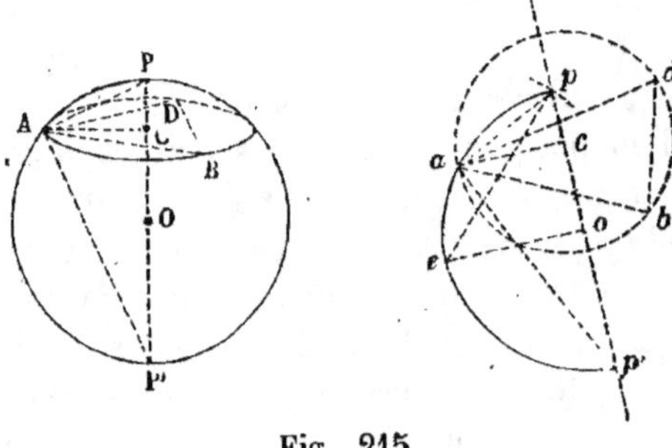

Fig. 215.

ligne sera évidemment égale à CA. Il reste à construire le triangle PAP', connaissant AP et AC, ce qui n'offre aucune difficulté : au point *c* j'élève à *ac* une perpendiculaire indéfinie, et du point *a* comme centre, avec un rayon égal à PA, je décris un arc de cercle qui coupe cette perpendiculaire en *p* ; le triangle *pac* est égal au triangle PAC. Enfin, au point *a* élevons une perpendiculaire à *ap* jusqu'à la rencontre de *pc* prolongée en *p'*, et le triangle *pap'* sera égal au triangle PAP' ; par conséquent, *pp'* sera le diamètre de la sphère.

342. Corollaire. Si sur *pp'* comme diamètre on décrit un cercle, ce cercle sera égal à un grand cercle de la sphère, et le côté *pe* du carré inscrit dans ce cercle sera la corde d'un quadrant, c'est-à-dire la distance polaire d'un grand cercle (**340**) ; on pourra alors tracer des grands cercles sur la sphère.

§ XXXIII. Plan tangent à la sphère.

343. Définitions. On appelle *plan tangent* à une sphère un plan qui n'a qu'un point commun avec la surface de la sphère ; ce point est le point de *contact* ou de *tangence*.

344. Théorème. *Tout plan P perpendiculaire à l'extrémité d'un rayon OA de la sphère est tangent à la sphère*, et réciproquement, *tout plan tangent à la sphère est perpendiculaire à l'extrémité du rayon qui passe par le point de contact* (fig. 216).

1° Puisque le plan P est perpendiculaire à OA, toute ligne telle que OB, qui joint le centre à un point quelconque du plan P, est oblique à ce plan, et par suite plus grande que OA ; donc le point B est extérieur à la

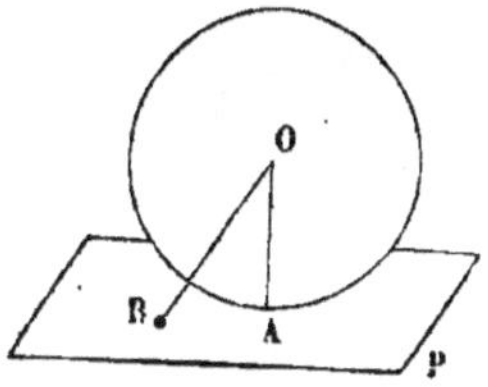

Fig. 216

sphère ; donc le plan P n'a que le point A commun avec la sphère ; il est donc tangent à la sphère au point A.

2° Réciproquement, supposons le plan P tangent à la sphère au point A ; tous les autres points du plan P, étant extérieurs à la sphère, seront à une distance du point O plus grande que le rayon ; OA est donc la plus courte ligne que l'on puisse mener du centre au plan P ; par conséquent elle est perpendiculaire au plan P (**244**).

345. Corollaire. Par un point pris sur une sphère, on peut lui mener un plan tangent, et on n'en peut mener qu'un (**239**).

346. Remarque. Toute droite tangente à un cercle tracé sur une sphère s'appelle aussi une tangente à la sphère ; il est aisé de démontrer que toute droite tangente à la sphère est perpendiculaire au rayon qui passe par le point de contact, et par conséquent est contenue dans le plan tangent en ce point.

Considérons une sphère O (fig. 217), et un point P extérieur; par le diamètre PB, conduisons un plan quelconque qui coupe la sphère suivant un grand cercle ACB, et du point P menons une tangente PC à ce cercle; puis faisons tourner la figure autour du diamètre PB. Le cercle ACB engendrera la sphère, et la droite PC décrira la surface latérale d'un cône, en restant constamment tangente à la sphère; de plus sa longueur ne variera pas. Ainsi *toutes les tangentes que l'on peut mener à une sphère par un point extérieur sont égales et forment un cône circulaire droit.* Ce cône est dit *circonscrit* à la sphère.

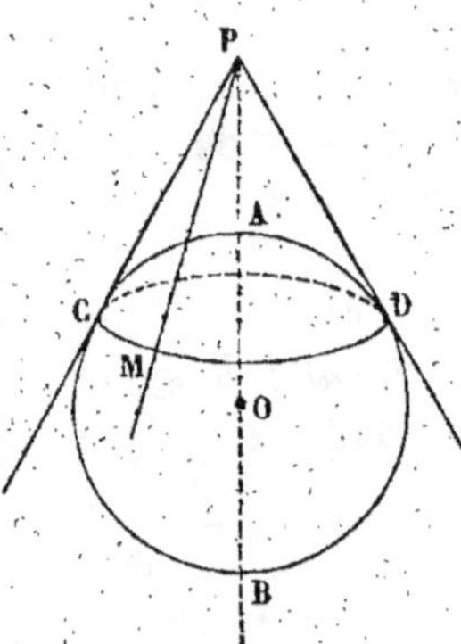

Fig. 217.

En menant à la sphère des tangentes parallèles au diamètre AB, on formerait de même un cylindre circonscrit à la sphère.

§ XXXIV. Mesure de la surface engendrée par une ligne brisée régulière tournant autour d'un axe mené dans son plan et par son centre. — Aire de la zone, aire de la sphère.

347. Théorème. *La surface engendrée par une ligne brisée régulière tournant autour d'un axe mené dans son plan, passant par son centre et ne coupant pas son périmètre, est égale au produit de la circonférence du cercle inscrit par la projection de la ligne brisée sur l'axe* (fig. 218).

On appelle *ligne brisée régulière* une ligne brisée qui a tous ses côtés égaux et tous ses angles égaux; on démontrerait, comme on l'a fait au n° **185** pour un polygone régulier, qu'on peut lui circonscrire et lui inscrire un cercle. Soient ABCD la ligne brisée régulière, O le centre, MN l'axe autour duquel on la fait tourner.

Considérons la surface engendrée par le côté AB; soient OE la perpendiculaire abaissée du centre sur ce côté, AA', BB',

EE', des perpendiculaires abaissées sur l'axe ; la surface décrite par AB est celle d'un tronc de cône et a pour mesure (**331**)

$$2\pi EE' \times AB.$$

Du point A j'abaisse AH perpendiculaire sur BB' ; les deux triangles ABH, EOE' sont semblables, comme ayant les côtés perpendiculaires ; on a donc :

$$\frac{AB}{OE} = \frac{AH}{EE'} ;$$

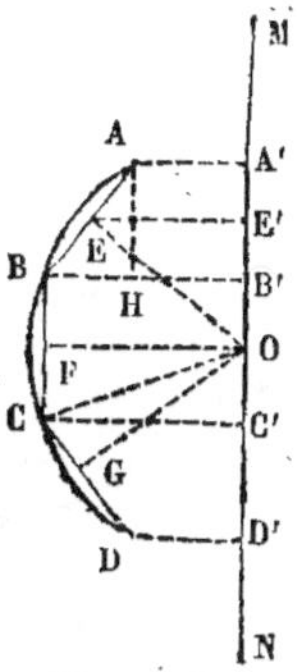

d'où l'on tire, en égalant le produit des extrêmes au produit des moyens, et remplaçant AH par la ligne égale A'B',

$$EE' \times AB = OE \times A'B' ;$$

multiplions les deux membres de cette égalité par 2π, et nous aurons :

$$2\pi EE' \times AB = 2\pi OE \times A'B' ;$$

mais $2\pi EE' \times AB$, c'est l'expression de la surface engendrée par la ligne AB, surface que nous désignerons par surf. AB ; on aura donc :

$$surf.\ AB = 2\pi OE \times A'B'$$

On aura de même :

$$surf.\ BC = 2\pi OF \times B'C',$$
$$surf.\ CD = 2\pi OG \times C'D' ;$$

ajoutons et remarquons que $OE = OF = OG$, nous aurons :

$$surf.\ ABCD = 2\pi OE \times (A'B' + B'C' + C'D') = 2\pi OE \times A'D'.$$

C. Q F. D.

Fig. 218.

348. Définitions. On appelle *zone* la portion de la surface de la sphère comprise entre deux cercles dont les plans sont

15

parallèles. Ces cercles sont les *bases* de la zone et la distance de leurs centres est la *hauteur* de la zone.

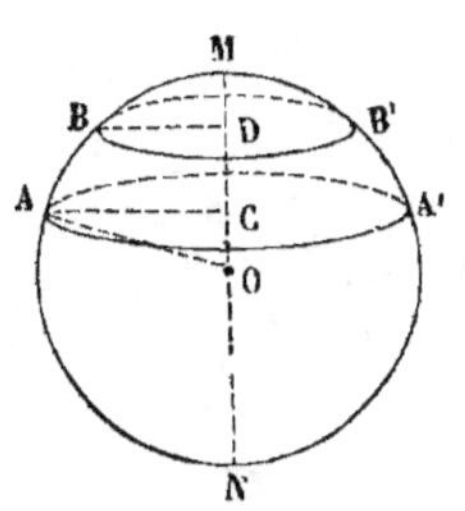

Fig. 219.

Quand la zone n'a qu'une base, elle prend le nom de *calotte sphérique;* sa hauteur est la distance du centre du cercle qui lui sert de base au pôle de ce cercle.

Soient ABB'A' une zone, MN le diamètre perpendiculaire aux deux bases (fig. 219), MBAN un grand cercle passant par les points M et N. *Si on* fait tourner la demi-circonférence autour de MN, elle engendrera la sphère et l'arc AB engendrera la zone; la hauteur CD est la projection de l'arc AB sur le diamètre MN.

349. **Théorème.** *L'aire d'une zone est égale à la circonférence d'un grand cercle multipliée par la hauteur.*

Imaginons qu'on inscrive dans l'arc AB (fig. 219) qui engendre la zone une ligne brisée régulière d'un très grand nombre de côtés; la surface engendrée par cette ligne brisée en tournant autour du diamètre MN ira en croissant quand le nombre des côtés de la ligne brisée augmentera; et si le nombre des côtés croît indéfiniment, la surface engendrée tendra vers une limite, que nous appellerons *l'aire de la zone.*

Il faut donc démontrer que cette limite existe, et en trouver la valeur. Or la surface engendrée par la ligne brisée régulière inscrite est égale à la circonférence inscrite multipliée par la projection CD de cette ligne sur l'axe; quand on augmente indéfiniment le nombre des côtés de la ligne brisée, le rayon de la circonférence inscrite se rapproche de plus en plus du rayon OA de la sphère et, d'autre part, la projection CD de la ligne brisée sur l'axe ne varie pas. Donc la limite cherchée est égale au produit de la circonférence OA par la longueur CD; en d'autres termes, la zone a pour mesure le produit de la circonférence d'un grand cercle par sa hauteur. C. Q. F. D.

350. Corollaire. *Sur une même sphère, deux zones sont proportionnelles à leurs hauteurs.* Il résulte de là que si l'on veut diviser une zone en parties équivalentes, il suffira de diviser sa hauteur en parties égales, et de mener par les points de division des plans parallèles aux bases de la zone.

351. Remarque. Soient R le rayon de la sphère, H la hauteur de la zone ; la longueur de la circonférence d'un grand cercle est $2\pi R$, et par conséquent l'aire de la zone est égale à $2\pi R \times H$

352. Théorème. *La surface d'une sphère est égale au produit de la circonférence d'un grand cercle par son diamètre.*

En effet, la sphère entière peut être considérée comme une zone engendrée par la révolution d'une demi-circonférence autour de son diamètre, et cette zone a pour hauteur le diamètre même de la sphère ; donc sa surface est égale au produit de son diamètre par la circonférence d'un grand cercle **(349)**.

353. Corollaire I. *La surface d'une sphère est équivalente à quatre fois la surface d'un grand cercle.*

En effet, si nous désignons par R le rayon de la sphère, sa surface sera exprimée par le produit $2R \times 2\pi R$, ou $4\pi R^2$; or la surface d'un grand cercle est égale à πR^2 ; donc celle de la sphère est quatre fois plus grande.

354. Remarque. On peut exprimer la surface d'une sphère comme celle d'un cercle au moyen de son rayon, de son diamètre ou de la circonférence d'un grand cercle. Je désignerai par les lettres R, D, C et S, le rayon, le diamètre, la circonférence d'un grand cercle, et la surface de la sphère ; on a d'abord

$$S = 4\pi R^2 ; \qquad\qquad [1]$$

si dans cette formule nous remplaçons R par $\dfrac{D}{2}$, nous aurons

$$S = 4\pi \frac{D^2}{4} = \pi D^2 ; \qquad\qquad [2]$$

enfin nous avons vu (**225**) que l'aire d'un cercle dont la circonférence est C est égale à $\dfrac{C^2}{4\pi}$; l'aire de la sphère qui vaut quatre grands cercles sera donc

$$S = \frac{C^2}{4\pi} \times 4 = \frac{C^2}{\pi}. \qquad [3]$$

355. Corollaire II. *Le rapport des surfaces de deux sphères est égal à celui des carrés de leurs rayons.*

En effet, soient R et R′ les rayons, S et S′ les surfaces des deux sphères; nous aurons :

$$S = 4\pi R^2, \quad S' = 4\pi R'^2.$$

Divisons ces deux égalités membre à membre, et supprimons le facteur commun 4π; nous avons :

$$\frac{S}{S'} = \frac{R^2}{R'^2}. \qquad \text{C. Q. F. D.}$$

Applications. I. La surface de la terre est divisée en cinq zones : la zone *torride*, comprise entre les deux tropiques, deux zones *tempérées*, comprises entre les tropiques et les cercles polaires, et deux zones *glaciales* comprises entre les cercles polaires et les pôles. Chacune des zones tempérées a une hauteur égale à 3306 kilomètres environ ; quelle sera la surface d'une de ces zones ?

La circonférence d'un grand cercle de la terre vaut, d'après la définition du mètre, 40 000 000 mètres, ou 40 000 kilomètres ; donc la surface d'une zone tempérée sera égale à

$$40\,000 \times 3306 = 132\,240\,000 \text{ kilomètres carrés environ.}$$

II. Trouver la surface de la terre en myriamètres carrés.

Puisque la circonférence d'un grand cercle est connue, j'emploierai la formule [3] ; cette circonférence est égale à 4000 myriamètres ; donc la surface du globe terrestre est

$$\frac{4000^2}{\pi} = 16\,000\,000 \times \frac{1}{\pi} = 5\,092\,958 \text{ myriamètres carrés en-}$$

viron.

III. Le diamètre d'un globe est de 22 centimètres ; quelle est sa surface?

Elle est égale à

$$22^2 \times \pi = 1520^{cq},53,$$

à un millimètre carré près.

IV. L'étoffe d'un ballon sphérique a une superficie de 250 mètres carrés ; quel est le diamètre de ce ballon ?

On a :

$$\pi D^2 = 250 ;$$

d'où l'on tire :

$$D = \sqrt{\frac{250}{\pi}} = \sqrt{79,5775} = 8^m,92,$$

à un centimètre près.

§ XXXV. Mesure du volume de la sphère.

356. THÉORÈME. *Le volume de la sphère est égal à sa surface multipliée par le tiers du rayon.*

En effet, imaginons un polyèdre dont toutes les faces soient des plans tangents à la sphère, et joignons le centre de la sphère à tous les sommets de ce polyèdre ; il sera ainsi décomposé en pyramides ayant pour bases les différentes faces du polyèdre, et pour hauteur commune le rayon de la sphère ; car la distance du centre d'une sphère à un plan tangent est égale au rayon (**344**). Il résulte de là que le volume de ce polyèdre aura pour mesure le produit de la somme de ses faces par le tiers du rayon, ou, ce qui revient au même, le produit de sa surface par le tiers du rayon.

Supposons maintenant que le nombre des faces de ce polyèdre augmente indéfiniment et qu'en même temps l'aire de chaque face diminue de plus en plus ; le volume du polyèdre se rapprochera de plus en plus de celui de la sphère et sa surface aura évidemment pour limite la surface de la sphère.

Donc enfin le volume de la sphère a pour mesure le produit de sa surface par le tiers du rayon. c. q. f. d.

357. Corollaire. Soient V le volume d'une sphère, S sa surface, R son rayon, D son diamètre; on aura, d'après le théorème précédent :

$$V = S \times \frac{R}{3};$$

remplaçons S par sa valeur $4\pi R^2$ (**334**), et nous aurons :

$$V = 4\pi R^2 \times \frac{R}{3} = \frac{4}{3}\pi R^3. \qquad [1]$$

Si nous remplaçons S par πD^2 et R par $\dfrac{D}{2}$, nous aurons :

$$V = \pi D^2 \times \frac{D}{6} = \frac{1}{6}\pi D^3. \qquad [2]$$

On déduit immédiatement de la formule [1] que *les volumes de deux sphères sont proportionnels aux cubes de leurs rayons.*

Applications. 1. Trouver le volume d'une sphère qui a 1 mètre de rayon.

On a :

$$V = \frac{4}{3}\pi \times 1^3 = \frac{4}{3}\pi = 4^{mc},189790,$$

à un centimètre cube près.

II. Calculer le volume d'une sphère dont la surface est égale à 4 mètres carrés.

On a $S = 4\pi R^2$, et comme $S = 4$, on aura :

$$4 = 4\pi R^2,$$

d'où,

$$R = \sqrt{\frac{1}{\pi}};$$

d'autre part,

$$V = S \times \frac{R}{3};$$

donc

$$V = 4 \times \frac{1}{3} \sqrt{\frac{1}{\pi}} = \frac{4}{3} \sqrt{\frac{1}{\pi}} = 0^{mc},75225,$$

ou 752 décimètres cubes 250 centimètres cubes.

III. Calculer le volume du globe terrestre.

La circonférence d'un grand cercle est égale à 4000 myriamètres ; le rayon est égal à

$$\frac{C}{2\pi} = \frac{2000^{myr.}}{\pi};$$

donc

$$V = \frac{4}{3}\pi \frac{2000^3}{\pi^3} = \frac{4 \times 8000000000}{3\pi^2}$$

$$= \frac{32000000000}{3} \times \left(\frac{1}{\pi}\right)^2 = 1080731740^{myr.c.}$$

IV. Calculer le rayon d'une sphère dont le volume est égal à 1 mètre cube.

On a alors

$$1 = \frac{4}{3}\pi R^3;$$

d'où l'on tire

$$R^3 = \frac{3}{4\pi} = \frac{3}{4} \cdot \frac{1}{\pi} = 0,238732414;$$

et par

$$R = \sqrt[3]{0,238732414} = 0^m,620,$$

à un millimètre près.

V. Une sphère a un volume de $3^{mc},5$; on demande quelle est sa surface.

On a :

$$V = S \times \frac{R}{3},$$

et aussi

$$S = 4\pi R^2 ;$$

je tire la valeur de R de la première équation et je la porte dans la seconde, ce qui donne :

$$S = 4\pi \times \frac{9V^2}{S^2},$$

ou bien

$$S^3 = 36\pi V^2.$$

Dans notre exemple, $V = 3,5$; donc

$$S^3 = 36 \times 3,5^3 \times \pi = 1385,442360234,$$

par suite,

$$S = \sqrt[3]{1385,442360234} = 11^{mq},15,$$

à un décimètre carré près.

VI. Le rapport du diamètre du soleil à celui de la terre est 108,558 ; quel est le rapport des volumes de ces deux astres ?

Ce rapport est égal au cube du rapport des rayons, c'est-à-dire au cube de 108,558, ce qui donne 1 279 338 ; le soleil est donc environ 1 279 000 fois plus gros que la terre.

358. THÉORÈME[1]. *Le volume engendré par un triangle tournant autour d'un axe mené dans son plan par un de ses sommets et extérieurement à sa surface a pour mesure la surface décrite par le côté opposé à ce sommet, multipliée par le tiers de la hauteur correspondante.*

---

1. Les théorèmes qui suivent jusqu'à la fin du § XXXV ne sont pas explicitement indiqués dans le programme officiel ; nous avons cru néanmoins devoir les donner, à cause de leur utilité pour la solution d'un grand nombre de questions intéressantes.

Nous distinguerons trois cas :

1° Le triangle tourne autour d'un de ses côtés. Soient ABC le triangle qui tourne autour de AC (fig. 220), BD, AE les hauteurs abaissées des sommets B et A. Le volume engendré par ABC est la somme des deux cônes engendrés par les triangles rectangles ABD, CBD. On a donc (**332**) :

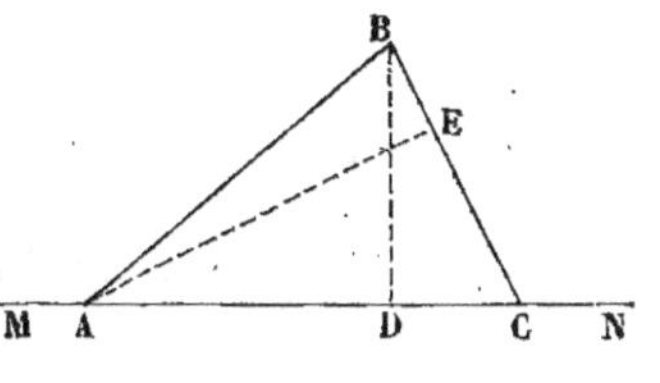
Fig. 220.

$$\text{vol. ABC} = \frac{1}{3}\,\overline{\pi BD}^2 \times AD + \frac{1}{3}\,\overline{\pi BD}^2 \times DC = \frac{1}{3}\,\overline{\pi BD}^2 \times AC$$

$$= \frac{1}{3}\,\pi BD \times BD \times AC ;$$

mais $BD \times AC = BC \times AE$, car ces deux produits représentent chacun le double de l'aire du triangle ABC ; donc

$$\text{vol. ABC} = \pi BD \times BC \times \frac{1}{3} AE ;$$

or $\pi BD \times BC$ est la surface latérale du cône CBD (**328**) ; on peut donc écrire :

$$\text{vol. ABC} = \text{surf. BC} \times \frac{1}{3} AE. \qquad \text{C. Q. F. D.}$$

2° Le triangle ABC tourne autour d'un axe MN qui passe par le sommet A, et rencontre le côté BC prolongé en un point D (fig. 221). Le volume engendré par le triangle ABC est la différence des volumes engendrés par les triangles ABD, ACD ; or on a (1°) :

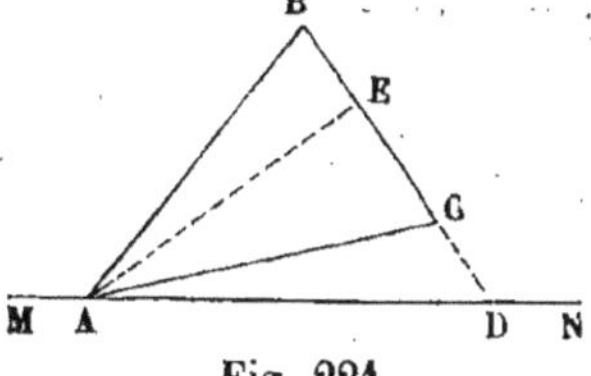
Fig. 221.

$$\text{vol. ABD} = \text{surf. BD} \times \frac{1}{3} AE,$$

$$\text{vol. ACD} = \text{surf. CD} \times \frac{1}{3} AE ;$$

donc

$$\text{vol. ABC} = (\text{surf. BD} - \text{surf. CD}) \times \frac{1}{3}\,\text{AE} = \text{surf. BC} \times \frac{1}{3}\,\text{AE}.$$

C. Q. F. D.

3° L'axe MN est parallèle au côté BC (fig. 222). On a alors :

$$\text{vol. ABC} = \text{vol. FBCG} - \text{vol. ABF} - \text{vol. ACG} ;$$

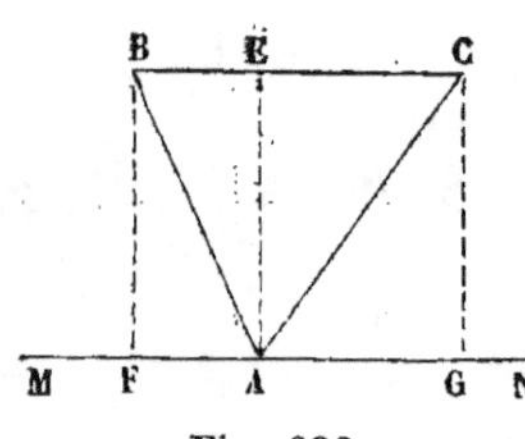

Fig. 222.

or $\text{vol. FBCG} = \pi\overline{\text{AE}}^2 \times \text{BC},$

$$\text{vol. ABF} = \frac{1}{3}\,\pi\overline{\text{AE}}^2 \times \text{AF},$$

$$\text{vol. ACG} = \frac{1}{3}\,\pi\overline{\text{AE}}^2 \times \text{AG} ;$$

donc

$$\text{vol. ABC} = \frac{1}{3}\,\pi\overline{\text{AE}}^2\,(3\text{BC} - \text{AF} - \text{AG})$$

$$= \frac{2}{3}\,\pi\overline{\text{AE}}^2 \times \text{BC} = 2\pi\text{AE} \times \text{BC} \times \frac{1}{3}\,\text{AE},$$

ou enfin

$$\text{vol. ABC} = \text{surf. BC} \times \frac{1}{3}\,\text{AE}. \qquad \text{C. Q. F. D.}$$

559. Théorème. *Le volume engendré par le secteur polygonal régulier OABD tournant autour d'un axe MN mené dans son plan par son centre et extérieurement à sa surface, a pour mesure la surface décrite par la ligne brisée régulière ABCD multipliée par le tiers du rayon du cercle inscrit OE (fig. 223).*

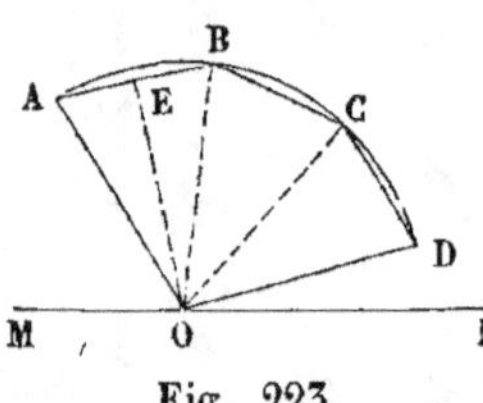

Fig. 223.

Soit ABCD une ligne brisée régulière de centre O ; le polygone OABCD est ce que nous appelons un *secteur polygonal régulier*. Je mène les rayons OB, OC, et j'évalue les volumes engendrés par les triangles OAB, OBC, OCD qui ont tous pour hauteur OE : j'ai alors (**358**) :

$$\text{vol. OAB} = \text{surf. AB} \times \frac{1}{3}\,\text{OE},$$

$$\text{vol. OBC} = \text{surf. BC} \times \frac{1}{3}\,\text{OE},$$

$$\text{vol. OCD} = \text{surf. CD} \times \frac{1}{3}\,\text{OE}.$$

Ajoutons :

$$\text{vol. OABCD} = (\text{surf. AB} + \text{surf. BC} + \text{surf. CD}) \times \frac{1}{3}\,\text{OE}$$

$$= \text{surf. ABCD} \times \frac{1}{3}\,\text{OE}. \qquad \text{c. q. f. d.}$$

360. Définition. On appelle *secteur sphérique* le volume engendré par un secteur circulaire tournant autour d'un diamètre extérieur à sa surface ; l'arc du secteur engendre une zone qu'on appelle la *base* du secteur sphérique.

361. Théorème. *Le volume d'un secteur sphérique est égal à la zone qui lui sert de base multipliée par le tiers du rayon.*

Soit OAB (fig. 224) le secteur qui, en tournant autour de MN, engendre le secteur sphérique ; dans l'arc AB j'inscris une ligne brisée régulière, et j'appelle r le rayon du cercle inscrit dans cette ligne brisée, et s la surface qu'elle décrit en tournant autour de MN. Le secteur polygonal régulier engendre en même temps un volume dont la mesure est (**359**) :

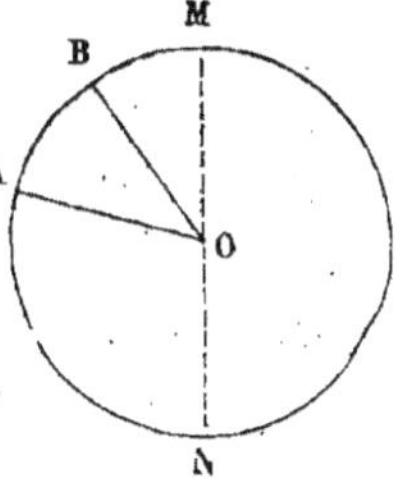

Fig. 224.

$$s \times \frac{1}{3}\,r.$$

Si l'on fait croître indéfiniment le nombre des côtés de la ligne brisée régulière, le volume engendré par le secteur polygonal régulier aura pour limite le volume du secteur sphérique, s se rapprochera de plus en plus de la zone AB (**349**), et r tendra vers le rayon OA ; donc le volume du secteur sphérique a pour mesure

$$\text{zone AB} \times \frac{1}{3}\,\text{OA}.$$

362. Corollaire. Soient H la hauteur de la zone, R le rayon de la sphère ; le volume du secteur sphérique sera

$$2\pi\text{RH} \times \frac{1}{3}\,\text{R} = \frac{2}{3}\,\pi\text{R}^2\text{H}.$$

363. Remarque. La sphère entière peut être considérée comme un secteur sphérique ; il suffit pour cela d'imaginer que le secteur AOB qui engendre le secteur sphérique augmente jusqu'à devenir un demi-cercle ; la zone servant de base à ce secteur sera alors la surface engendrée par *la demi-circonférence* MAN, c'est-à-dire la surface de la sphère entière. On conclut de là que le volume de la sphère est égal à sa surface multipliée par le tiers du rayon ; ce qui a été démontré d'une autre manière (**356**).

EXERCICES SUR LE LIVRE VII

THÉORÈMES ET PROBLÈMES

1. Partager l'aire latérale d'un cône de révolution en parties équivalentes par des plans parallèles à la base.

2. Calculer le volume engendré par un triangle équilatéral tournant autour d'un de ses côtés.

3. Étant donné un cercle, on lui circonscrit un parallélo-

gramme, que l'on fait tourner autour d'une de ses diagonales. On demande :

1° De faire voir que la surface et le volume ainsi engendrés sont proportionnels ;

2° De calculer cette surface et ce volume, connaissant le rayon du cercle et l'aire du parallélogramme. (Concours général, Rhétorique, 1872.)

4. Calculer le volume engendré par un octogone régulier tournant autour d'un de ses côtés.

5. Connaissant le volume d'un tronc de cône de révolution, l'une des bases et la hauteur, trouver l'autre base.

6. Un cylindre et un tronc de cône ont une base commune et même hauteur; quel doit être le rapport des deux bases du tronc de cône pour que le volume du cylindre soit le double de celui du tronc de cône?

7. Le volume d'un tronc de cône est égal à la somme d'un cylindre ayant même hauteur que le tronc et pour base la section parallèle faite à égale distance des deux bases, et d'un cône ayant aussi même hauteur que le tronc et pour base un cercle dont le rayon est égal à la demi-différence des rayons des deux bases du tronc.

8. Lorsque l'apothème d'un tronc de cône est égal à la somme des rayons des bases, la moyenne géométrique entre ces rayons donne la moitié de la hauteur, et l'on obtient le volume en multipliant la surface totale par le sixième de cette hauteur.

9. Par quatre points non situés dans un même plan, on peut faire passer une sphère, et on n'en peut faire passer qu'une.

10. Dans un cube donné on inscrit une sphère et dans cette sphère on inscrit un second cube; on demande le rapport des volumes de ces deux cubes. (Concours général, Philosophie, 1865.)

11. Quelles conditions doivent remplir deux cercles qui ne sont pas dans un même plan pour appartenir à une même sphère?

12. Trouver le lieu des centres des sections faites dans une sphère par tous les plans qui passent par une droite donnée.

13. Une sphère est posée sur un plan horizontal; sur le même plan repose par sa base un cône droit dont la hauteur est égale au diamètre de la sphère; on demande de couper ces deux corps par un plan horizontal, de telle sorte que les sections soient entre elles comme deux nombres donnés. (Concours général, Rhétorique, 1875.)

14. Par une droite donnée, mener un plan tangent à une sphère donnée.

15. Étant donnés une sphère et un plan, on considère chaque point du plan comme le sommet d'un cône circonscrit à la sphère, et qui a pour base, en conséquence, un petit cercle de cette sphère. On demande de trouver le lieu géométrique des centres des cercles ainsi déterminés. (Concours général, Rhétorique, 1866.)

16. Étant données deux sphères, on inscrit dans la première un cône droit à base circulaire dont le côté est égal au diamètre de la base, et l'on circonscrit à la seconde un cylindre. On trouve alors que le volume du cône est la dix-huitième partie du volume du cylindre; on demande le rapport des rayons des deux sphères. (Concours général, Rhétorique, 1875.)

17. On donne deux sphères tangentes extérieurement et dont l'une a un rayon double de celui de l'autre. A l'ensemble de ces deux sphères on circonscrit un tronc de cône, dont on demande le volume et la surface totale, connaissant le rayon de la petite sphère. (Concours général, Rhétorique, 1874.)

18. Un tronc de cône est tel que sa hauteur est moyenne proportionnelle entre les diamètres de ses deux bases. On propose :

1° De démontrer qu'on peut inscrire une sphère dans ce tronc de cône;

2° La hauteur H étant donnée, de déterminer les rayons des deux bases, de manière que la surface totale du tronc de cône soit équivalente à un cercle de rayon A. Discussion. (Concours général, Rhétorique, 1881.)

19. Si un cylindre est circonscrit à une sphère, et qu'on les coupe par des plans parallèles au grand cercle de *contact, la*

zone comprise entre ces deux plans est équivalente à la portion de la surface cylindrique comprise entre ces mêmes plans.

20. Une calotte sphérique est équivalente au cercle qui a pour rayon la corde de l'arc qui engendre la calotte.

21. Sur une sphère de rayon donné, on considère une zone à deux bases; on donne l'aire de cette zone et la distance d'une des bases au centre. Trouver le rayon de l'autre base.

22. Inscrire dans une sphère un cône dont l'aire latérale soit équivalente à celle de la calotte sphérique terminée au même cercle.

23. Couper une sphère par un plan tel, que l'aire de la section déterminée par ce plan soit équivalente à la différence des deux calottes dans lesquelles il divise la sphère.

24. Par un point A, pris au dehors d'une circonférence donnée O, on mène à cette circonférence une tangente AB, terminée au point de contact B, et l'on demande quelle doit être la distance AO pour que, en faisant tourner la figure autour de cette droite, l'aire de la surface engendrée par AB soit la moitié de la surface engendrée par la circonférence O. (Concours général, Rhétorique, 1877.)

25. Le volume du cylindre circonscrit à une sphère est les $\frac{3}{2}$ de celui de la sphère, et la surface totale est aussi les $\frac{3}{2}$ de celle de la sphère.

26. Un cône est circonscrit à une sphère donnée, et sa hauteur est double du diamètre de la sphère. Démontrer que son volume est double de celui de la sphère et que sa surface totale est double de celle de la sphère.

27. Dans un parallélépipède rectangle dont les dimensions sont a, b, c, on empile des sphères égales dont le diamètre est contenu m fois dans a, n fois dans b et p fois dans c. Démontrer que si m, n et p varient tout en restant entiers, la somme des volumes de toutes ces sphères reste constante.

28. Circonscrire à une sphère donnée un tronc de cône dont le volume soit à celui de la sphère dans un rapport donné. Trouver le rapport de la surface totale du tronc de cône à celle de la sphère. (Concours général, Rhétorique, 1869.)

29. AB est le diamètre d'un demi-cercle ; on prend un point C sur ce diamètre et sur chacun des segments AC et BC comme diamètre on décrit un demi-cercle. On demande le volume décrit par la surface comprise entre les trois demi-circonférences, lorsque la figure fait une révolution complète autour de AB.

30. Déterminer sur un diamètre AB d'une sphère de rayon R un point tel, que si l'on mène par ce point un plan perpendiculaire à ce diamètre, la surface de la zone sphérique limitée par ce plan et contenant le point A soit équivalente à la surface latérale du cône qui a pour base le cercle d'intersection de la sphère et du plan et pour sommet le point B. Cela étant, calculer le rapport du volume de ce cône au volume de la sphère. (Concours général, Rhétorique, 1878.)

31. Étant donnée une sphère, on construit, sur un grand cercle de cette sphère comme base, un cône équivalent à la moitié du volume de la sphère ; et l'on demande :

1° De trouver le rayon du petit cercle suivant lequel la surface de ce cône coupe la surface de la sphère ;

2° D'évaluer le volume de la portion du cône comprise entre sa base et le plan de ce petit cercle. (Concours général, Rhétorique, 1876.)

32. Les volumes engendrés par un parallélogramme tournant successivement autour de deux côtés adjacents sont en raison inverse des longueurs de ces côtés.

33. Le volume engendré par un triangle tournant autour d'une droite située dans son plan et extérieure au triangle est égal au produit de l'aire du triangle par la circonférence que décrit le point de rencontre des médianes du triangle.

34. Un triangle ABC tourne autour d'une droite donnée passant par le sommet A ; on demande de mener par ce sommet une droite AD telle, que les volumes engendrés par les triangles ABD et ACD soient équivalents.

35. Mener une parallèle à la base d'un triangle, de manière que les volumes engendrés par les deux parties du triangle en tournant autour de cette parallèle soient équivalents.

36. Étant donné le carré ABCD et la droite AX menée par le sommet A dans le plan du carré, on demande de construire sur le côté BC comme base le triangle isocèle BCM, de telle manière que ce triangle et le carré donné engendrent des volumes équivalents en tournant autour de la droite AX. (Concours général, Rhétorique, 1867.)

37. Un triangle équilatéral ABC, dont le côté est égal à a, tourne autour d'une droite MN située dans son plan et parallèle à l'un de ses côtés BC. Quelle doit être la distance des deux parallèles BC et MN pour que le volume engendré par le triangle en tournant autour de MN soit égal à quatre fois le volume engendré par le même triangle en tournant autour de son côté BC ? (Concours général, Philosophie, 1870.)

38. Etant donné un demi-cercle AB, on demande de trouver sur sa circonférence un point M tel, que, si on mène la tangente MP jusqu'à la rencontre du diamètre AB prolongé, qu'on joigne le point M au centre O, et qu'on fasse ensuite tourner la figure autour de AB, les volumes engendrés par le secteur AOM et par le triangle OMP soient entre eux dans un rapport donné. (Concours général, Rhétorique, 1870.)

39. Étant donnée une sphère OA, déterminer une seconde sphère O'A tangente intérieurement à la première en A, et telle que si on lui mène un plan tangent BC parallèle au plan tangent en A, et que, suivant le cercle d'intersection de ce plan et de la sphère donnée, on circonscrive un cône à cette sphère, le volume compris entre la surface latérale du cône et celle de la zone BAC soit égal à m fois le volume de la sphère O'A. (Concours général, Rhétorique, 1868.)

40. Le volume engendré par un segment de cercle tournant autour d'un diamètre est égal aux deux tiers d'un cylindre ayant pour diamètre la corde du segment, et pour hauteur la projection de cette corde sur l'axe.

41. Étant donnée une série de cercles concentriques, on mène dans ces cercles des cordes toutes égales entre elles et parallèles à un diamètre commun. Les volumes engendrés par les segments correspondants en tournant autour du diamètre commun sont équivalents.

42. Le volume d'un segment de sphère est égal à la somme d'un cylindre ayant même hauteur que le segment et pour base la demi-somme des bases du segment, et d'une sphère ayant pour diamètre la hauteur du segment. (On appelle *segment de sphère* la portion de la sphère comprise entre deux plans parallèles.)

43. Étant donnée une sphère de rayon R, trouver :

1° Le lieu du sommet d'un angle trièdre dont les trois arêtes sont tangentes à cette sphère, et dont les trois faces sont égales chacune à 60 degrés;

2° Le lieu du sommet d'un angle trièdre dont les plans des trois faces sont tangents à la même sphère, et dont les trois angles dièdres sont égaux chacun à 120 degrés. (Concours général, Philosophie, 1877.)

44. La terre étant supposée sphérique, on considère les points M de la surface dont la latitude est égale à la longitude :

1° Déterminer le lieu des projections des points M sur le plan de l'équateur;

2° Déterminer le lieu des droites AM, A étant le point de l'équateur à partir duquel on compte les longitudes. (Concours général, Philosophie, 1880.)

45. Étant donnés un cercle de rayon b et deux rayons rectangulaires OA et OB, déterminer les côtés OC et OE d'un rectangle OCDE, inscrit dans le quart de cercle AOB et tel que, si on fait tourner la figure autour du rayon OA, la surface totale du cylindre engendré par le rectangle OCDE soit égale à la surface d'un cercle de rayon donné a. (Concours général, Philosophie, 1874.)

46. Soit AB une portion de droite de longueur donnée; on prend, entre A et B sur la droite AB, un point C, et sur AC comme diamètre on décrit une demi-circonférence; par le point B on mène une tangente à cette demi-circonférence : soit D le point de contact, et soit E le point où cette tangente rencontre la perpendiculaire menée à la droite AB par le point A.

Déterminer le point C de telle façon que, si l'on fait tourner la figure autour de la droite AB, la surface engendrée par l'arc de cercle AD et la surface engendrée par la portion de droite BE soient dans un rapport égal à un nombre donné m.

Indiquer la condition de possibilité. Appliquer dans le cas particulier où $m = \dfrac{1}{2}$ et, dans ce cas, trouver le rapport des surfaces engendrées par les deux portions BD, DE de la droite BE. (Concours général, Rhétorique, 1879.)

47. Aux deux extrémités A et B du diamètre AB d'un demi-cercle, on lui mène deux tangentes; on construit ensuite une troisième tangente, qui coupe les deux premières aux points C et D. On demande de déterminer cette tangente de manière que le volume engendré par le trapèze ABDC, en tournant autour du diamètre AB, et la sphère engendrée par la révolution du demi-cercle autour de son diamètre soient entre eux dans le rapport de m à 1. Discussion. (Concours général, Rhétorique, 1880.)

48. Le diamètre d'un cercle est de 4 mètres; une corde parallèle à ce diamètre est de 2 mètres. On demande quelle est la surface engendrée par cette corde en tournant autour du diamètre.

49. On a un réservoir cylindrique de $2^m,40$ de profondeur; il doit contenir 1200 litres d'eau; on demande son diamètre.

50. Le côté d'un cône est égal à $28^m,5$, et la surface de sa base est de 6 mètres carrés. On demande de calculer la surface du cercle dont le plan est distant de $2^m,75$ du plan de la base.

51. Calculer les dimensions du double décalitre employé pour les matières sèches, sachant que son diamètre est égal à sa hauteur.

52. Quel est le diamètre d'un fil de platine qui pèse 28 grammes par mètre de longueur? On sait que la densité du platine est de 22,06.

53. La surface latérale d'un cylindre droit est a; son volume est b; calculer le rayon de base et la hauteur de ce cylindre.

54. On fait tourner un triangle équilatéral autour d'un de

ses côtés, et on observe que la surface engendrée équivaut à la surface totale d'un cylindre de $0^m,6$ de rayon et $0^m,8$ de hauteur. On demande la longueur du côté de ce triangle. (Concours général, Philosophie, 1868.)

55. Calculer le volume engendré par un losange de $3^m,79$ de côté, tournant autour d'une de ses diagonales qui a 6 mètres de longueur.

56. Par un point S pris sur le prolongement du diamètre d'un cercle, on mène une tangente SA, et l'on fait tourner la figure autour du diamètre ; le cercle décrit une sphère, et la ligne SA décrit un cône dont la base est le cercle décrit par la perpendiculaire AP au diamètre. On demande de calculer la surface et le volume de ce cône. Le rayon du cercle est égal à $0^m,035$, et la distance du point S au centre est égale à $0^m,125$.

57. Un cône en liège a $0^m,6$ pour rayon de base et $0^m,8$ pour hauteur; il s'enfonce dans l'eau par son sommet. De quelle quantité, comptée sur sa hauteur, doit-il s'enfoncer, en supposant que la densité du liège soit 0,24?

58. La hauteur d'un tronc de cône est h ; les diamètres de ses deux bases sont 4 décimètres et 22 décimètres. On demande quel diamètre il faudrait donner à un cylindre de même hauteur h pour que son volume fût équivalent à celui du tronc de cône.

59. Un vase a la forme d'un tronc de cône dont la base inférieure a 23 centimètres de diamètre ; la surface supérieure de l'eau contenue dans ce vase est un cercle de 26 centimètres de diamètre, et la profondeur de cette eau est de $14^c,4$. On y laisse tomber un cube de pierre de 5 centimètres de côté; on demande à quelle hauteur s'élèvera le niveau de l'eau.

60. Un vase de forme conique a une capacité d'un litre et un diamètre de 25 centimètres, et il est rempli par de l'eau et du mercure. Le poids des deux liquides est le même ; on demande l'épaisseur de la couche d'eau et celle de la couche de mercure, la densité du mercure étant égale à 13,6.

61. Un creuset a la forme d'un tronc de cône dont le fond a $0^m,04$ de diamètre, le bord supérieur $0^m,7$ et la hauteur

$0^m,10$. Ce creuset contient du métal en fusion dont la surface supérieure à $0^m,06$ de diamètre ; on veut couler le métal dans un moule sphérique. Quel doit être le rayon de ce moule pour que le métal le remplisse exactement ?

62. Le rayon de la surface des mers supposée sphérique est de 6 366 198 mètres. On demande à quelle distance peut s'étendre en pleine mer la vue d'un observateur élevé de 50 mètres au-dessus du niveau de l'eau.

63. Une boule de verre pèse 1 kilogramme ; on demande quelle est la surface extérieure de cette boule, la densité du verre étant 2,38.

64. Trouver le volume d'une sphère dans laquelle on connaît la hauteur et la surface d'une zone. La hauteur est égale à $0^m,47$ et la surface à 2 mètres carrés.

65. Un morceau de cuivre de forme cubique et du poids de $1^{kg},75$ est placé sur un tour et réduit à une sphère dont le diamètre est égal aux 0,75 de la longueur du côté du cube primitif ; la densité du cuivre est 8,85 ; calculer le poids de la tournure de cuivre obtenue.

66. Une sphère, un cylindre et un cône ont des volumes équivalents ; de plus la sphère, la base du cylindre et celle du cône ont des diamètres égaux entre eux et à 3 décimètres. On demande la hauteur du cylindre et celle du cône.

67. On veut faire avec du taffetas verni qui pèse 250 grammes au mètre carré , un ballon sphérique propre à contenir 904 mètres cubes de gaz. On demande le poids du taffetas employé.

APPENDICE

APPLICATIONS DE LA GÉOMÉTRIE[1]

§ XXXVI. Notions d'arpentage. — Usage de la chaîne et de l'équerre
d'arpenteur.

364. *Arpenter* un terrain, c'est en mesurer la superficie.
Dans ce qui va suivre, nous supposerons que le terrain
qu'il s'agit de mesurer soit plan et horizontal. Les théorèmes
que nous avons établis montrent que,
pour obtenir l'aire d'une figure plane, il
faut mesurer des lignes droites et des
perpendiculaires à ces lignes. Nous devons donc apprendre d'abord à tracer des
lignes droites sur le terrain, à mesurer
des longueurs et enfin à mener des droites
perpendiculaires à d'autres droites.

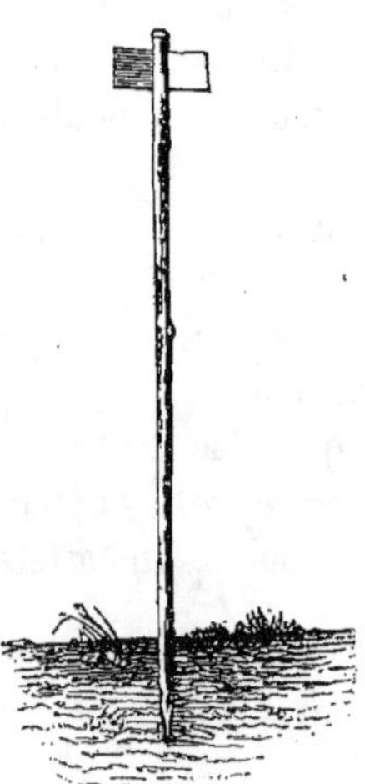

Fig. 225.

365. *Tracé d'une ligne droite sur le
terrain.* Il est rare qu'on trace effectivement une ligne droite sur le terrain ; on
se borne à en marquer un certain nombre
de points à l'aide de signaux particuliers
appelés *jalons;* c'est ce qu'on appelle
jalonner un alignement.

Un jalon est un piquet de bois (fig. 225),
de 1 à 2 mètres de hauteur, pointu à son
extrémité inférieure, et dont l'extrémité supérieure est fendue

1. Les notions sur le levé des plans, l'arpentage et le nivellement ont
disparu du programme officiel, après y avoir figuré pendant six ans. La
grande utilité pratique de ces applications de la géométrie nous engage
à les donner ici, comme complément de ce petit traité.

longitudinalement pour recevoir un carré de papier blanc ou une plaque de fer-blanc peinte de deux couleurs, qui s'appelle un *voyant*. Supposons alors que A et C soient les deux extrémités d'une ligne droite, marquées elles-mêmes par des jalons plantés bien verticalement (fig. 226), et qu'on veuille

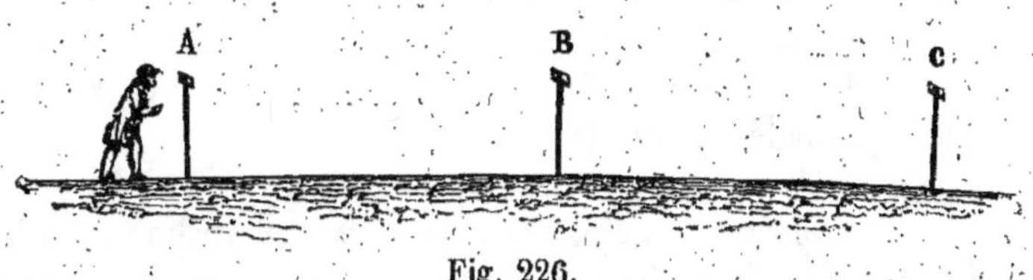

Fig. 226.

planter un jalon entre A et C sur l'alignement déterminé par ces deux points. L'arpenteur se place un peu en arrière du jalon A, et il envoie un aide porteur d'un jalon dans la direction AC; par des signes de main, il fait déplacer le jalon à planter jusqu'à ce qu'en visant dans la direction AC, le jalon A cache simultanément les jalons B et C; on est certain alors que les pieds des trois jalons A, B, C sont en ligne droite. On fait planter de la même manière autant de jalons qu'on veut, soit entre les points A et C, soit sur le prolongement de la ligne AC.

366. *Mesurer des longueurs sur le terrain.* Les jalons étant ordinairement éloignés de 20 mètres au moins, on ne

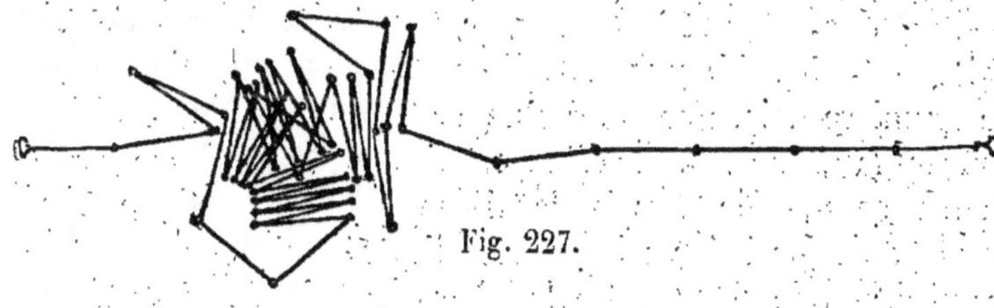

Fig. 227.

peut songer à employer un mètre ordinaire pour mesurer leur distance; on emploie un instrument appelé *chaîne d'arpenteur*. La chaîne (fig. 227) se compose de 50 chaînons en gros fil de fer, ayant chacun 20 centimètres de longueur, en sorte que la chaîne entière a une longueur de 10 mètres ou un décamètre. Ces chaînons sont réunis par des anneaux de fer, remplacés de 5 en 5 par des anneaux de cuivre qui indiquent alors les mètres; le milieu de la chaîne est marqué par un anneau de forme particulière. Enfin, la chaîne se termine par deux poignées en fer dont la longueur est prise sur les chaînons extrêmes. Avec la chaîne on emploie dix petits piquets en fer de 30 à 40 centimètres de hauteur, appelés *fiches* (fig. 228).

Fig. 228.

Pour mesurer une droite AB (fig. 229) jalonnée, l'opérateur appuie contre le jalon extrême A et au pied de ce jalon l'une des poignées de la chaîne; un aide, tenant d'une main la seconde poignée et de l'autre les dix fiches, marche dans la direction AB et s'arrête lorsque la chaîne est bien tendue sur le sol; l'opérateur fait déplacer l'aide, s'il y a lieu, à droite et à gauche, jusqu'à ce que la ligne tracée sur le sol par

Fig. 229.

la chaîne coïncide avec l'alignement AB; l'aide plante alors une fiche dans le sol à l'extrémité de la chaîne et à l'intérieur de la poignée. Cela fait, l'opérateur et son aide se mettent en marche dans la direction AB, en emportant la chaîne; arrivé à la fiche plantée précédemment, l'opérateur s'arrête, appuie contre cette fiche et à l'extérieur la poignée de la chaîne, et fait planter à l'aide une nouvelle fiche, en ayant soin, comme la première fois, que la chaîne soit bien tendue et dirigée suivant la droite AB. Il enlève ensuite la première fiche, et se remet en marche vers la deuxième fiche. Il continue ainsi jusqu'à ce que l'aide soit arrivé à l'extrémité B de la droite; celui-ci appuie alors contre le jalon B la poignée de la chaîne qu'il laisse tendue sur le sol. L'opérateur s'avance ensuite jusqu'à la dernière fiche P; il compte les fiches qu'il a relevées en y comprenant celle du point P; il a ainsi le nombre de décamètres compris entre A et P; il évalue ensuite sur la chaîne tendue entre P et B le nombre de mètres et de doubles

décimètres que contient PB, et enfin, à l'aide d'un double
décimètre divisé en centimè-
tres; il mesure la fraction de
chaînon qui reste, s'il y en a
une, et il obtient ainsi la longueur AB. Supposons, par
exemple, que le nombre des
fiches plantées soit de cinq, et
que la ligne PB contienne
4 mètres, 3 chaînons et 18

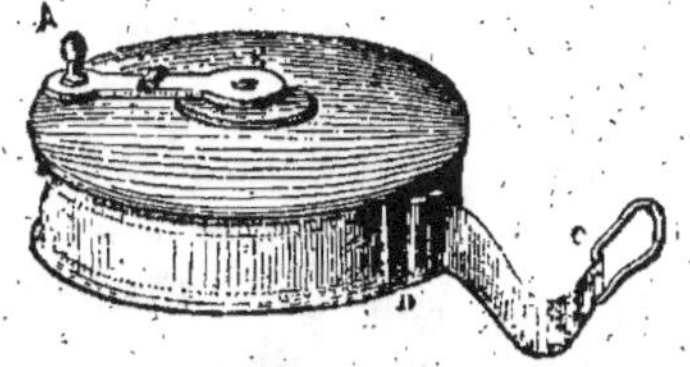

Fig. 250.

centimètres; la longueur AB vaudra 5 décamètres
4 mètres 6 décimètres 18 centimètres ou 54ᵐ,78.

Remarque. Pour les petites distances, on remplace
souvent la chaîne par un ruban de fil gommé de
10 mètres de long, divisé en mètres, décimètres et
centimètres. Ce fil s'enroule sur une bobine, et le
tout est renfermé dans une boîte cylindrique en
cuir; ce petit instrument porte le nom de *roulette*
(fig. 230).

367. *Construction des perpendiculaires sur le
terrain.* L'instrument qu'on emploie sur le terrain
pour déterminer une ligne perpendiculaire à une autre, s'appelle l'*é-
querre d'arpenteur*, ou simplement
l'*équerre*. Il consiste en une boîte
cylindrique ou prismatique en cuivre
de 8 à 10 centimètres de haut sur
5 à 6 de diamètre, et dont le contour
est percé de quatre fenêtres verticales
déterminant deux lignes de visée perpendiculaires. Prenons, par exemple,
une équerre prismatique à huit pans
(fig. 231); la face A est percée à sa
partie inférieure d'une fente verticale
très étroite, et à sa partie supérieure

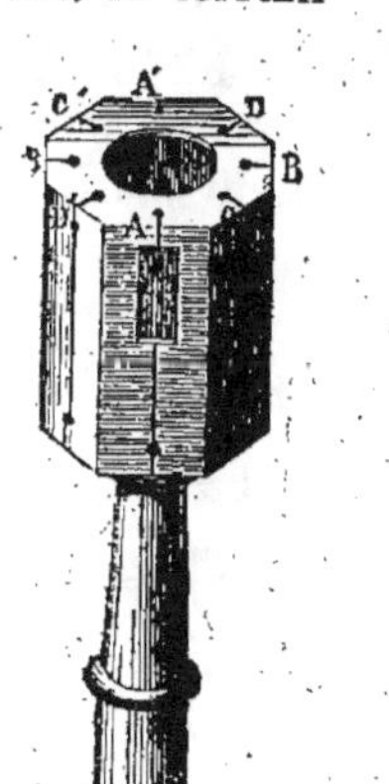

Fig. 231.   Fig. 232.

d'une fenêtre rectangulaire, divisée dans le sens de sa longucur par un fil très fin dont la direction coïncide avec celle de la fente placée au-dessous ; l'ensemble de deux ouvertures ainsi disposées s'appelle une *pinnule* ; la fente étroite se nomme l'*œilleton*, parce qu'on y applique l'œil, et la large ouverture rectangulaire se nomme la *croisée*. La face A′ parallèle et opposée à la face A présente une pinnule toute semblable ; seulement l'œilleton est en haut, et la croisée en bas. Si l'on applique l'œil à la fente de la face A et qu'on vise le fil de la fenêtre de la face A′, on aura ainsi une direction parfaitement définie ; il en serait de même de la ligne de visée déterminée par la fente de la face A′ et le fil de la fenêtre de la face A. Les faces B et B′ portent également des pinnules, et l'instrument est construit de façon que la ligne de visée donnée par ces nouvelles pinnules soit perpendiculaire à la précédente.

La boîte se termine inférieurement par une douille en cuivre qui sert à la fixer sur un bâton ferré qu'on plante verticalement dans le sol, quand on veut se servir de l'équerre (fig. 232).

Expliquons maintenant l'usage de cet instrument ; il y a deux problèmes à résoudre, suivant qu'on veut mener une perpendiculaire à une droite par un point pris sur la droite ou par un point extérieur.

1° *Mener une perpendiculaire à une droite* MN *par un point* A *de cette droite* (fig. 233).

L'opérateur plante en A le bâton de l'équerre et fait tourner l'instrument jusqu'à ce que la ligne de visée déterminée par deux pinnules opposées passe par le jalon planté en M. Il vise ensuite dans la direction perpendiculaire et fait planter un jalon en un point B de cette direction ; la ligne déterminée par les jalons A et B est la perpendiculaire demandée.

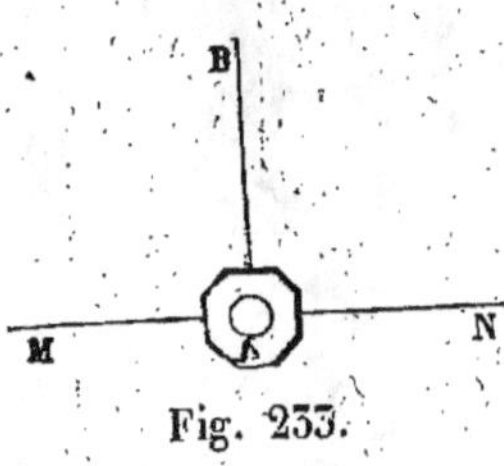

Fig. 233.

2° *Mener une perpendiculaire à une droite* MN *par un point* A *pris hors de cette droite* (fig. 234).

L'opérateur place l'équerre en un point O de la ligne MN

qui lui paraît à vue d'œil être le pied de la perpendiculaire.
Il commence par s'assurer que le point O est sur la ligne MN ;
à cet effet, il tourne l'équerre jusqu'à ce
qu'à travers deux pinnules opposées il
voie le jalon M ; il regarde ensuite à travers les mêmes pinnules dans la direction opposée ; si le point O est sur la
droite, il devra voir alors le jalon N. Cela
fait, l'opérateur vise dans la direction
perpendiculaire ; le plus ordinairement
cette direction ne passera pas au point A,

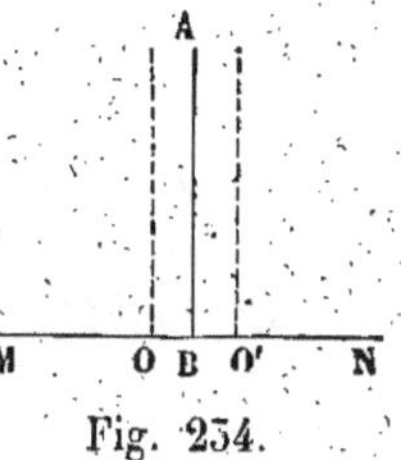

Fig. 234.

et l'on verra le point A à droite, par exemple ; on transpor-
tera alors l'équerre sur la droite MN en un second point O',
et l'on renouvellera en ce point les essais faits au point O.
Après quelques tâtonnements, on arrivera à trouver le pied B
de la perpendiculaire.

368. PROBLÈME. *Arpenter un polygone* (fig. 235).

On plante des jalons à tous les sommets du polygone donné
ABCDEFG, et l'on jalonne sur le terrain une ligne MN sur
laquelle on abaisse de tous les
sommets des perpendiculaires
AA', BB', CC', etc. On chaîne
ensuite la portion de la ligne
MN comprise entre les pieds
A' et E' des perpendiculaires
extrêmes, en ayant soin de no-
ter les distances au point A' de
tous les jalons B', C', D', F', G'
qui marquent les pieds des

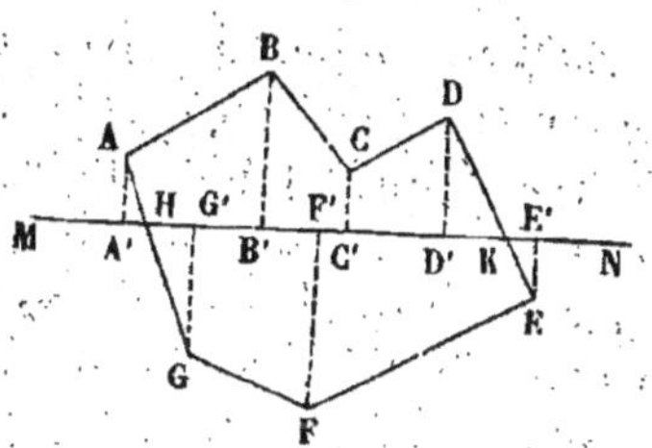

Fig. 235.

perpendiculaires. Enfin on mesure aussi les longueurs de
toutes les perpendiculaires. On a ainsi tous les éléments nécessaires pour calculer les aires des triangles et des trapèzes rectangles, tels que AA'H, AA'B'B, etc., et, par suite, l'aire du
polygone.

REMARQUE. Quand cela est possible, on prend une des diagonales du polygone pour la base sur laquelle on abaisse des

perpendiculaires. Quelle que soit, au reste, la ligne choisie,
il faut tenir compte des triangles qui sont extérieurs au polygone pour les retrancher de la somme des autres triangles et
des trapèzes.

569. PROBLÈME. *Arpenter un terrain limité par une
ligne courbe.*

Considérons un terrain limité en partie par la ligne courbe
ABC (fig. 236) ; on choi-
sit sur cette courbe des
points P, Q, R, S, B,
assez rapprochés pour que
l'arc de courbe compris
entre deux points consé-
cutifs diffère très peu de
la ligne droite qui join-
drait ces deux points, et
on remplace alors la ligne

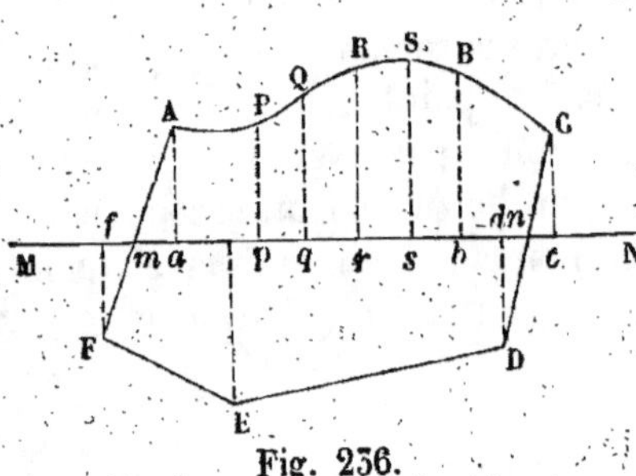

Fig. 236.

courbe ABC par la ligne brisée APQRSBC. On est alors ramené
à arpenter un polygone, et on opère comme précédemment.

570. PROBLÈME. *Arpenter un terrain à l'intérieur duquel
on ne peut pénétrer.*

On entoure le terrain d'un autre polygone, qui est ordinairement un rectangle ou
un trapèze ; on arpente,
d'une part, ce polygone,
d'autre part, le terrain
compris entre le contour
de ce polygone et celui
du terrain donné, et on
fait la différence de ces
deux aires. Ainsi, pour arpenter l'étang ABCD...U

Fig. 237.

(fig. 237), on l'a entouré d'un trapèze rectangle MNPQ, dont
l'aire s'obtient sans difficulté ; puis, en abaissant des points
A, B, C,...U, des perpendiculaires sur les côtés voisins du tra-

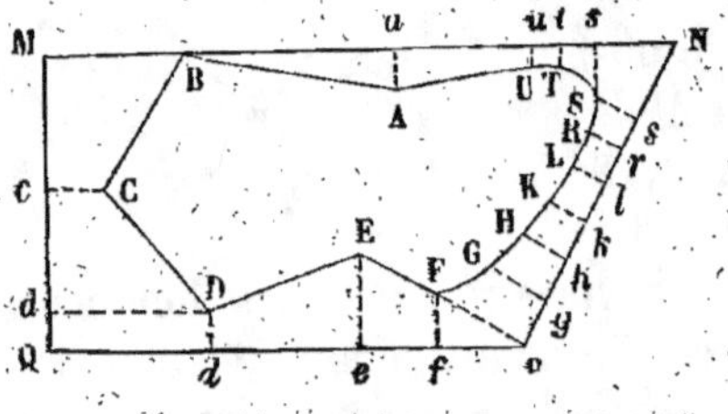

pèze, on arpente les portions de terrain comprises entre les côtés et le bord de l'étang; on ajoute ces aires et on retranche leur somme de l'aire du trapèze MNPQ, ce qui fait connaître la superficie de l'étang.

§ XXXVII. Notions sur le levé des plans. — Levé au mètre, levé à l'équerre, levé au graphomètre, levé à la planchette.

571. DÉFINITIONS ET NOTIONS PRÉLIMINAIRES. On appelle *projection* d'un point sur un plan, le pied de la perpendiculaire abaissée de ce point sur le plan. Le plan sur lequel on projette s'appelle *plan de projection*, et la perpendiculaire abaissée du point donné sur le plan de projection se nomme la *ligne projetante* ou simplement la *projetante* du point.

On appelle projection d'une ligne sur un plan, le lieu des projections de tous les points de cette ligne sur le plan.

Il est clair que la projection d'une ligne droite sur un plan est une ligne droite. En effet, soient MN le plan de projection (fig. 238), AB la droite que l'on projette; les projetantes de tous les points sont parallèles (**250**); donc elles sont toutes dans le plan BAC déterminé par l'une d'elles AC et la droite donnée; et par conséquent, le lieu de leurs pieds est la droite CD, intersection de ce plan avec le plan de projection MN.

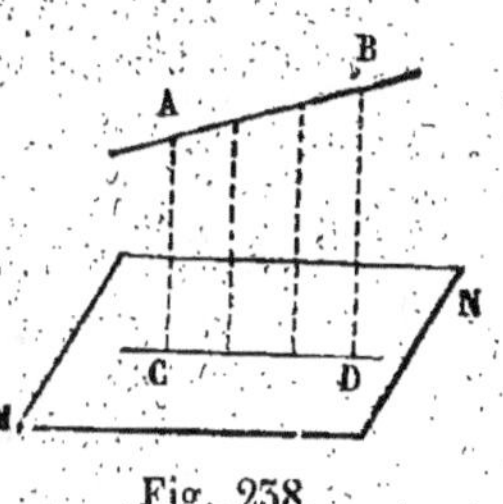

Fig. 238.

Le plan BAC est perpendiculaire au plan de projection, parce qu'il contient la projetante AC perpendiculaire au plan MN (**277**); on l'appelle le *plan projetant* de la droite.

On appelle projection d'une figure sur un plan la figure formée par les projections de tous les points et de toutes les lignes de la figure donnée. Si le plan de projection se déplace parallèlement à lui-même, les lignes projetantes ne changent pas, et les projections sur les deux plans parallèles sont égales.

372. On sait qu'on appelle *verticale* d'un lieu la direction du fil à plomb dans ce lieu. Les verticales de deux lieux différents concourent au centre de la terre ; mais si ces lieux sont peu éloignés, l'angle de leurs verticales est si petit, qu'on peut les regarder comme parallèles ; c'est ce que nous ferons toujours dans ce qui va suivre.

On appelle *plan horizontal* un plan perpendiculaire à la verticale ; tous les plans horizontaux sont parallèles (**256**). Toute droite tracée dans un plan horizontal est une *horizontale*, et est perpendiculaire à la verticale.

On appelle *plan vertical* tout plan perpendiculaire au plan horizontal ; il résulte des propriétés des plans perpendiculaires :

1° Que tout plan conduit suivant une verticale est vertical (**277**) ;

2° Qu'un plan vertical contient toutes les verticales qu'on peut mener par ses différents points (**279**).

3° Que l'intersection de deux plans verticaux est une verticale (**280**) ;

Lorsqu'on veut savoir si une droite est verticale, on suspend à côté de cette droite un fil à plomb, et on examine si elle est parallèle à la direction du fil.

Pour s'assurer qu'un plan est horizontal, on emploie un petit instrument appelé *niveau à bulle d'air* (fig. 239). Il

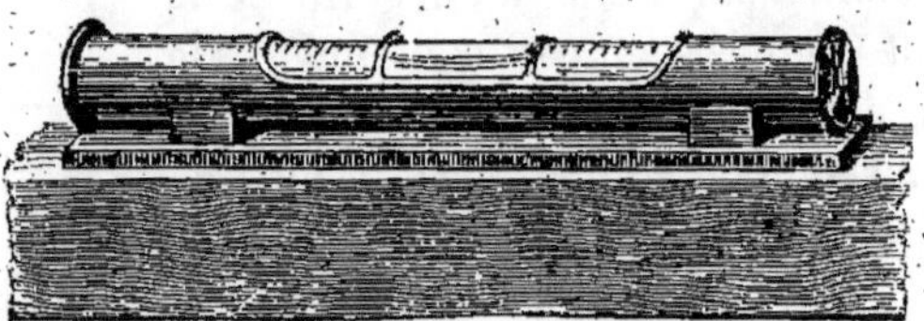

Fig. 239.

se compose d'un tube de verre légèrement convexe vers le haut, enchâssé dans une monture en cuivre et reposant sur une platine en métal ; le tube a été rempli d'eau, sauf la place d'une bulle d'air qui va se loger d'elle-même à la partie supérieure du tube, entre deux traits marqués sur le verre, toutes les fois que la platine est horizontale. Pour vérifier l'horizontalité d'un plan, on pose le niveau à bulle d'air sur ce plan dans deux directions différentes et à peu près perpendiculaires ; si la position de la bulle indique que ces deux droites du plan sont horizontales, le plan contiendra deux droites perpendiculaires à la verticale ; il sera donc lui-même perpendiculaire à la verticale (**236**), c'est-à-dire horizontal.

373. Lorsqu'un terrain est plan et horizontal, on appelle *plan* de ce terrain la figure formée par les points remarquables et les lignes de toute espèce qui y sont tracées, telles que les lignes de séparation des pièces de terre, les bords des chemins et des cours d'eau, etc. Lorsque le terrain est incliné ou accidenté, ce qui est le cas le plus ordinaire, on imagine qu'on projette la figure sur un plan horizontal, et c'est cette projection qui s'appelle alors le plan du terrain.

Lever le plan d'un terrain, c'est prendre toutes les mesures nécessaires pour la détermination complète de la figure formée par le plan.

Rapporter le plan sur le papier, c'est construire sur le papier une figure semblable à la figure du terrain ; le rapport des lignes tracées sur le papier aux lignes homologues du terrain s'appelle l'*échelle* du plan.

374. Quelle que soit la figure dont on veut lever le plan, on peut toujours la décomposer en polygones, si elle ne contient que des lignes droites ; s'il y a des lignes courbes, on les remplace par des lignes brisées qui en diffèrent très peu. La question du levé des plans peut donc toujours être ramenée à lever le plan d'un certain nombre de polygones.

Mais, pour peu que le terrain soit étendu, il est préférable de scinder l'opération en deux parties. On détermine d'abord un polygone recouvrant la plus grande partie du terrain, et on en lève le plan ; puis on *rattache* les points remarquables et tous les détails aux divers côtés de ce polygone. Ce polygone, que nous appellerons *polygone topographique*, doit remplir certaines conditions : il faut d'abord qu'on puisse en mesurer tous les côtés et tous les angles ; il faut ensuite que les points remarquables du terrain puissent être aperçus de deux sommets au moins du polygone topographique.

375. Levé au mètre. Nous avons déjà expliqué l'usage de la chaîne pour mesurer les longueurs sur un terrain plat et horizontal (**366**). Quand le terrain est incliné ou inégal, ce n'est pas la longueur même de la ligne AB (fig. 240) qu'il

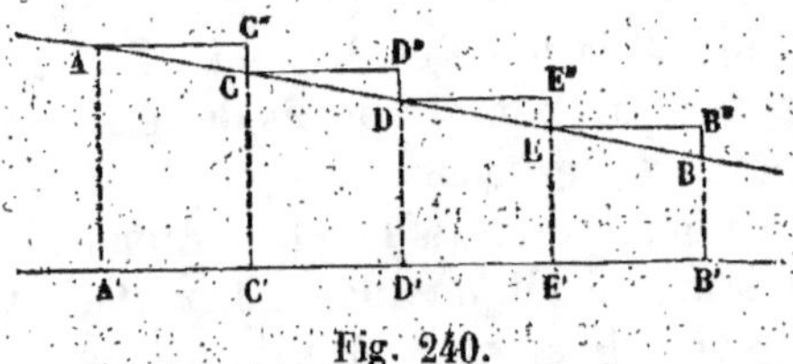

Fig. 240.

faut mesurer, mais la longueur de sa projection horizontale. A cet effet, l'opérateur tenant la main fortement appuyée sur le sol au point A, l'aide tend la chaîne bien horizontalement suivant AC''; puis, avec un fil à plomb ou une fiche chargée de plomb, il marque le pied C de la verticale ménée du point C''. L'arpenteur se transporte alors en C, et l'opération se poursuit avec les mêmes précautions ; on obtient comme résultat de cette mesure la somme des longueurs AC'', CD'', DE'', EB'', somme qui est égale à A'B', c'est-à-dire à la projection horizontale de la droite AB.

Proposons-nous maintenant de lever le plan d'un polygone ABCDEF (fig. 241). On mesure d'abord tous les côtés ; pour déterminer les angles, l'angle A par exemple, on marque deux points à volonté A' et A'' sur les côtés de cet angle ; puis on

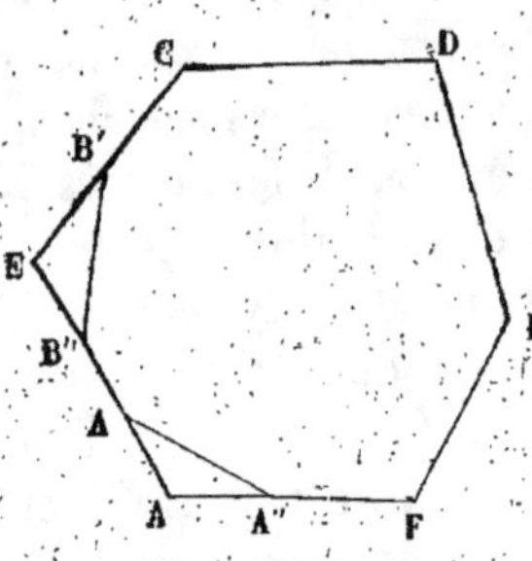

Fig. 241.

mesure les trois côtés du triangle AA'A'', ce qui détermine ce triangle et par suite l'angle A ; on fait de même pour tous les autres angles.

Si la nature du terrain le permet, on pourra aussi mesurer tous les côtés du polygone et toutes les diagonales menées d'un même sommet; le polygone sera évidemment déterminé.

Si l'on veut rattacher à ce polygone un point remarquable du terrain, il suffira de mesurer ses distances à deux des sommets du polygone. On pourra encore considérer le triangle ayant pour sommet le point donné et pour base l'un des côtés du polygone, et déterminer les angles à la base de ce triangle par le procédé que nous venons d'indiquer.

On voit donc qu'avec une chaîne et des jalons on peut lever le plan d'un terrain, quelque compliqué qu'il soit; entre les mains d'opérateurs exercés, le procédé est très exact, mais il est peu expéditif.

376. LEVÉ A L'ÉQUERRE. Nous avons déjà décrit l'équerre d'arpenteur, et fait connaître l'usage de cet instrument pour mener des perpendiculaires à une droite sur le terrain (**367**).

Pour lever avec la chaîne et l'équerre le plan d'un polygone ABCD... (fig. 242), on choisit sur le terrain une ligne MN telle qu'on puisse abaisser sur cette ligne des perpendiculaires de tous les sommets A, B, C..., et en outre qu'on puisse chaîner toutes ces perpendiculaires, et la ligne MN elle-même. On détermine ensuite, au moyen de l'équerre, les pieds, a, b, c..., l, des

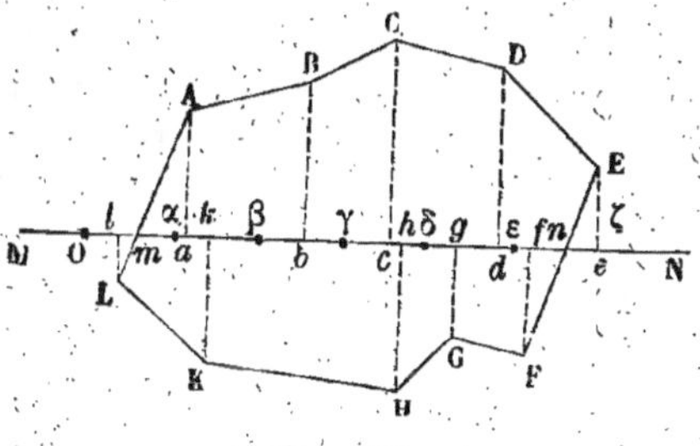

Fig. 242.

perpendiculaires abaissées de tous les sommets du polygone sur MN. On chaîne alors la ligne MN à partir d'un point O, choisi de manière que les pieds de toutes les perpendiculaires soient d'un même côté de ce point; et sur chaque portée de chaîne on note la distance du point O aux différents points l, m, a, k, etc.; ainsi, la chaîne étant d'abord tendue de O en α, on mesure Ol et Om; puis, la chaîne étant transportée en αβ, on détermine Oa et Ok; sur le troisième décamètre βγ on détermine Ob, et ainsi de suite. Enfin, on mesure toutes les perpendiculaires Aa, Bb, Cc..., Ll, et on a évidemment tout ce qu'il faut pour déterminer le polygone.

Le levé à l'équerre est expéditif et suffisamment exact quand le terrain n'est pas très étendu; il convient particulièrement pour le levé des détails. Il a encore cet avantage, qu'il permet de calculer immédiatement la surface du terrain, sans qu'on soit obligé de rapporter le plan sur le papier.

377. LEVÉ AU GRAPHOMÈTRE. Le graphomètre est un instrument qui sert à mesurer sur le terrain l'angle de deux alignements. Il se compose d'un demi-cercle en cuivre ALB,

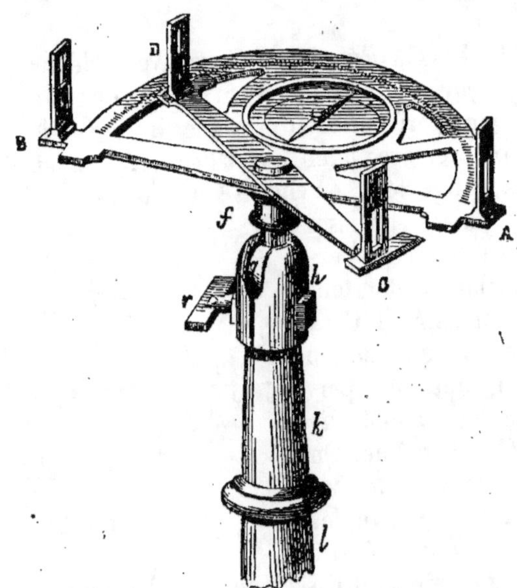

Fig. 243.

porté par un pied à trois branches, auquel il s'articule à l'aide d'un *genou à coquilles gh* (fig. 243 et 244); cette disposition permet de donner au demi-cercle une inclinaison quelconque; le bord ou *limbe* de la circonférence est divisé en degrés et demi-degrés. Le demi-cercle porte en outre deux règles ou *alidades* munies de pinnules (voy. le n° **367**) ; l'une d'elles AE est fixe, et le plan des fils des deux pinnules passe par le diamètre 0°-180° ; l'autre alidade CD est mobile autour du centre, et ses extrémités ont la forme d'arcs de cercle taillés

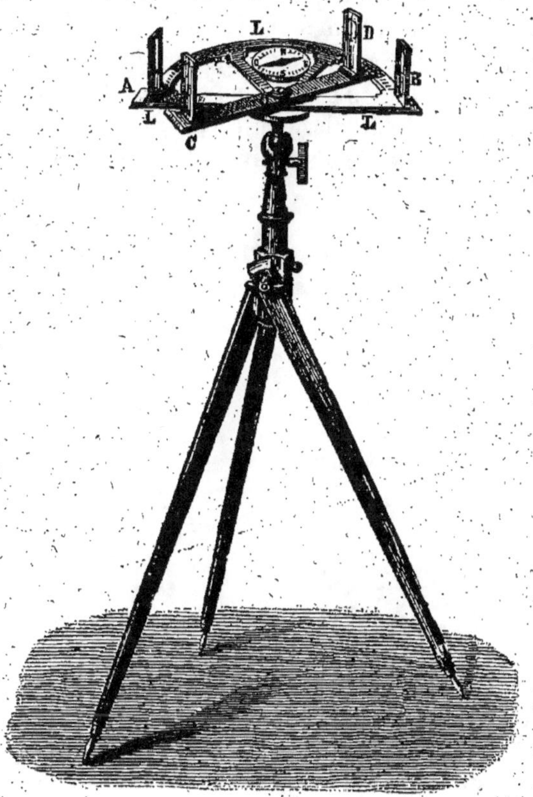

Fig. 244.

en biseau qui peuvent se mouvoir sur la graduation du limbe ; ils portent l'un et l'autre un trait ou repère qui correspond à la ligne de visée ou *ligne de foi* de la seconde alidade, et en outre un *vernier*, qui permet d'évaluer les angles à $\frac{1}{10}$ de degré ou à 6 minutes près.

Proposons-nous maintenant de mesurer l'angle de deux alignements OA et OB (fig. 245). On met le graphomètre en *station* au sommet de l'angle, de manière que son centre soit sur la verticale de ce point; puis on desserre la vis du genou à coquilles, et on fait mouvoir le limbe jusqu'à ce qu'il soit à peu près horizontal et que le plan de visée de l'alidade fixe contienne le jalon A; on serre alors la vis, mais incomplètement, de manière à pouvoir encore donner quelques petits mouvements au demi-cercle; puis, avec un niveau à bulle d'air, on rend le plan du demi-cercle parfaitement horizontal, et on s'assure que l'alidade fixe est toujours dirigée vers le

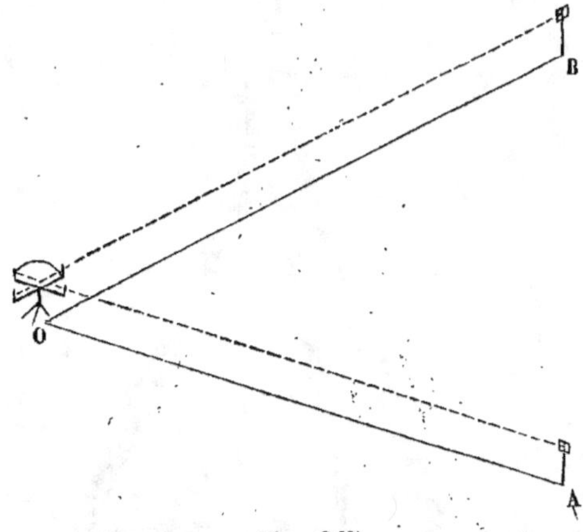

Fig. 245.

point A. On serre alors complètement la vis pour fixer le plan du limbe dans cette position, et on fait tourner l'alidade mobile jusqu'à ce qu'elle soit dirigée vers le jalon B; il ne reste plus qu'à lire sur la graduation du limbe la mesure de l'angle AOB.

Si les droites OA et OB sont horizontales, on obtient effectivement l'angle AOB; mais si elles sont inclinées à l'horizon, on mesure en réalité l'angle de leurs projections horizontales, puisqu'on a soin de rendre le plan du limbe horizontal. L'angle ainsi mesuré s'appelle l'*angle réduit à l'horizon*, et c'est cet angle qu'il faut toujours considérer dans le levé des plans.

Pour lever un plan avec la chaîne et le graphomètre, on emploie deux méthodes principales, la méthode par *cheminement* et la méthode par *intersections;* la première, plus longue, mais plus exacte, doit être préférée pour le levé du polygone topographique; la seconde, très rapide, convient surtout pour le levé des détails.

Méthode par cheminement. On mesure tous les côtés du polygone avec la chaîne, et tous ses angles avec le graphomètre; le polygone est évidemment déterminé. Une première vérification doit être faite sur le terrain même : il faut que la somme de tous les angles mesurés fasse autant de fois 180° que le polygone a de côtés moins deux. Si l'erreur ne dépasse pas, en moyenne, 3 ou 4 minutes par angle, soit 1° pour un polygone de 12 à 15 côtés, on se borne à la répartir également entre tous les angles mesurés, le graphomètre ne permettant pas de compter sur une plus grande approximation; mais si l'erreur est plus considérable, il faut recommencer l'opération. Une autre vérification se présente quand on rapporte le plan sur le papier : il est facile de voir, en effet, que lorsqu'on connaît tous les angles d'un polygone, il suffit, pour le déterminer, de mesurer tous ses côtés moins deux; or on les a tous mesurés; donc, si l'opération est bien faite, le polygone qu'on construira avec les éléments mesurés sur le terrain devra se former exactement, ce qui n'arrivera pas si l'on a commis quelque erreur dans les mesures.

Méthode par intersections. On choisit sur le terrain une base MN que l'on puisse mesurer bien exactement (fig. 246), et des extrémités de laquelle on puisse apercevoir les points remarquables A, B, C, D... que l'on veut déterminer. On mesure alors la longueur MN, et les

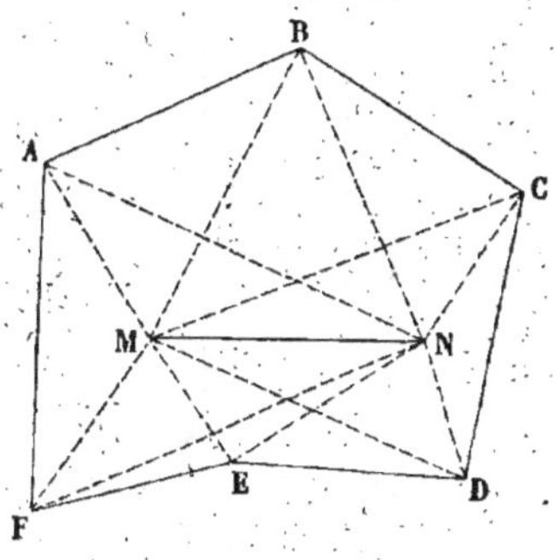

Fig. 246.

angles AMN et ANM, BMN et BNM, CMN et CNM, etc. Chacun des triangles AMN, BMN, CMN, etc. sera alors déterminé par sa base MN et les angles adjacents à cette base ; la position des points A, B, C, D... sera donc déterminée.

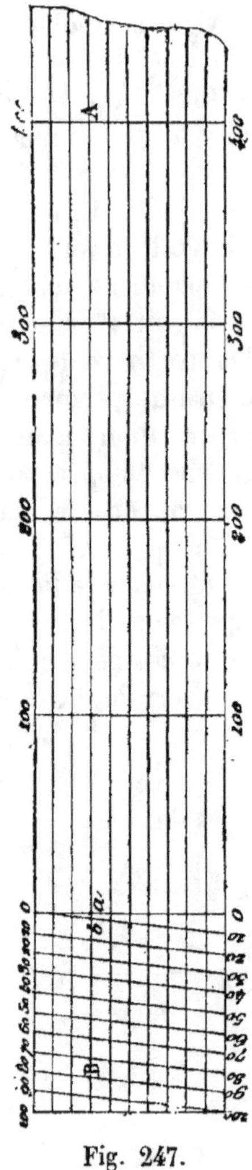

Fig. 247.

378. RAPPORTER LE PLAN SUR LE PAPIER. Nous savons déjà comment on construit sur le papier, à l'aide du rapporteur, un angle dont la mesure en degrés est connue (**132**). Il nous reste à expliquer comment on peut réduire une longueur à une *échelle* déterminée. Le plus ordinairement l'échelle a une valeur très simple : les plus employées sont celles de $\frac{1}{100}$, $\frac{1}{1000}$, $\frac{1}{2000}$, $\frac{1}{2500}$, $\frac{1}{5000}$. Quand l'échelle est $\frac{1}{100}$, on peut se contenter, pour faire la réduction, d'un double décimètre divisé en millimètres ; car, à cette échelle, le millimètre représente une longueur de 1 décimètre sur le terrain, et il est rare qu'on puisse répondre d'une exactitude plus grande dans les mesures faites avec la chaîne.

Mais quand l'échelle est plus petite, si elle est de $\frac{1}{5000}$, par exemple, il faut recourir à un moyen plus précis, et construire ce qu'on appelle une *échelle de réduction* ou *échelle* de *dixmes* (dixièmes) (fig. 247). A l'échelle de $\frac{1}{5000}$, 100 mètres se réduiront à $\frac{100^m}{5000} = 0^m,02$; alors sur une ligne droite je porte, à droite d'un point marqué 0, des longueurs successives de $0^m,02$, et j'inscris aux points de division 100, 200, 300, 400, etc. ; à gauche du point 0, je porte dix longueurs 10 fois plus petites, c'est-à-dire de $0^m,002$, et j'écris aux points de division 10, 20,

30..., 100. J'ai déjà une échelle qui me permet d'évaluer avec exactitude les dizaines de mètres ou les décamètres. Pour évaluer les mètres, je trace au-dessous de la ligne ainsi divisée dix parallèles équidistantes ; par les points de division primitifs je mène des perpendiculaires à ces lignes, et sur la dernière parallèle je répète tous les chiffres portés sur la première. Cela fait, je trace des obliques joignant le point 0 de la division supérieure au point 10 de la division inférieure, et de même les points 10, 20, 30..., 90 de la division supérieure aux points 20, 30, 40..., 100 de la division inférieure. L'échelle de dixmes est construite. Remarquons maintenant que les portions des parallèles comprises entre la perpendiculaire 0 — 0 et l'oblique 0 — 10 valent respectivement $\frac{1}{10}$, $\frac{2}{10}$, $\frac{3}{10}$, etc., de la longueur 10 marquée à la ligne inférieure ; c'est ce qui résulte des propriétés des triangles semblables ; ainsi la longueur *ab* vaudra les $\frac{3}{10}$ de 10 mètres, ou 3 mètres. Si donc on veut prendre une longueur de 473 mètres avec cette échelle, on mettra l'une des pointes du compas sur la perpendiculaire 400, au point A où cette perpendiculaire rencontre la 5e parallèle, et on ouvrira le compas jusqu'à ce que l'autre pointe tombe au point B situé sur la 3e parallèle et sur l'oblique 70-80. Je dis que AB représentera 473 mètres à l'échelle de $\frac{1}{5000}$; en effet, AB = Aa + Bb + ab ; or Aa = 400 mètres ; Bb = 70 mètres et ab = 3 mètres, comme nous venons de la voir ; donc AB = 473 mètres.

On peut tracer l'échelle sur le papier ; mais il est préférable de se servir d'échelles gravées sur une plaque de cuivre ; elles sont plus exactes et résistent mieux à la pointe du compas.

379. Levé a la planchette. La *planchette* est un instrument à l'aide duquel on peut en même temps lever un plan et le rapporter sur le papier. La partie principale de cet instrument est une planche à dessiner PP, bien dressée, portée par un pied à trois branches MN (fig. 248). Elle est liée à ce pied par un système d'articulation qui permet de donner à son plan toutes les inclinaisons possibles, et quand ce plan est arrêté dans une position quelconque, de faire encore tourner la planchette autour de son centre, de manière à donner une direction déterminée à une ligne tracée sur sa surface. Une feuille de papier peut être tendue sur la planchette à l'aide de deux rouleaux r, r'. Avec la planchette, on emploie une ali-

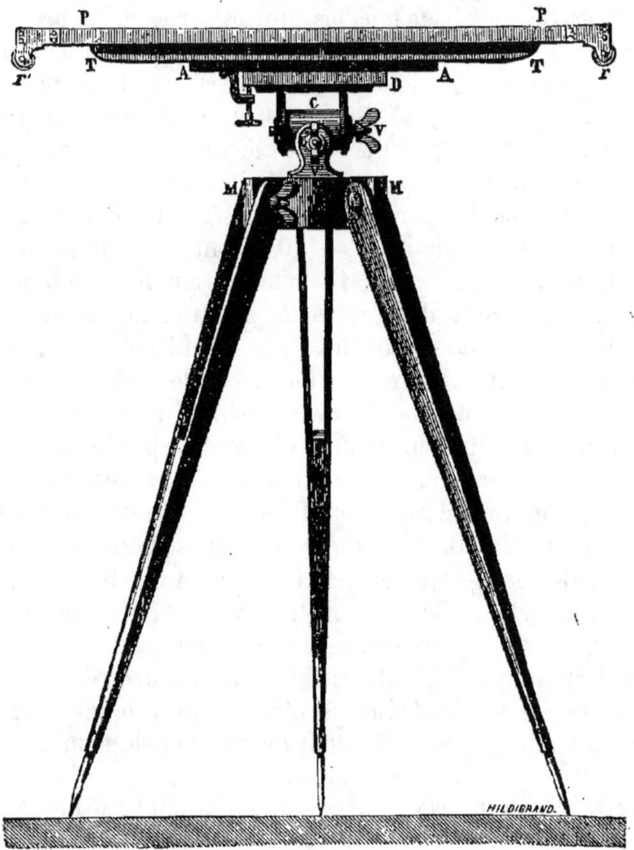

Fig. 248.

dade à pinnules AB (fig. 249); c'est une règle en cuivre, échancrée de manière que son bord, taillé en biseau, soit dans le plan de visée des deux pinnules; ce bord s'appelle la *ligne de foi* de l'alidade.

On peut, avec la planchette, relever l'angle de deux alignements tracés sur le sol. A cet effet, on met l'instrument en
station au sommet de l'angle, en ayant soin que la planche
soit bien horizontale ; puis avec l'alidade qui se meut à volonté
sur la surface de la planchette, on vise dans la direction de
l'un des côtés de l'angle, et on trace une droite au crayon le

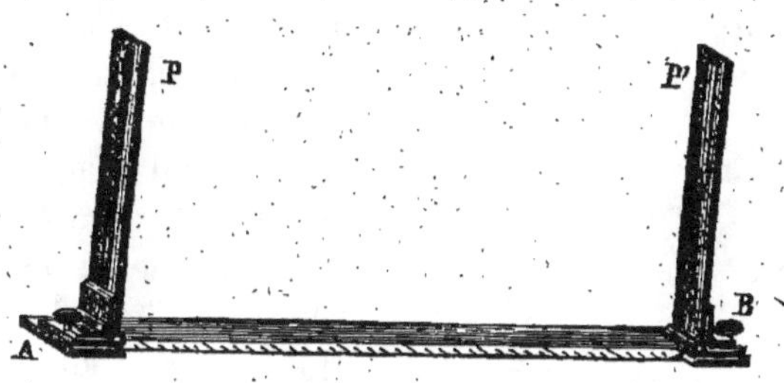

Fig. 249.

long de la ligne de foi. On opère de même pour le second côté
de l'angle. Les deux lignes tracées sur la feuille de papier font
un angle qui n'est autre que la projection horizontale de
l'angle formé par les deux alignements tracés sur le sol.

On peut maintenant comprendre l'usage de la planchette
pour le levé d'un plan. Si l'on opère *par cheminement*, on
met l'instrument en station au premier sommet A du polygone ABCD... qu'il s'agit de déterminer (fig. 250), et l'on
trace sur le papier une ligne dirigée sui-
vant AB ; sur cette ligne on prend une
longueur *ab* représentant la longueur AB
réduite à l'échelle du plan. On transporte
ensuite l'instrument au point B, et on le
met en station de manière que le point
b soit sur la verticale du point B, et que
la ligne *ba*, déjà tracée sur la planchette,
soit dirigée suivant BA ; cela fait, on trace

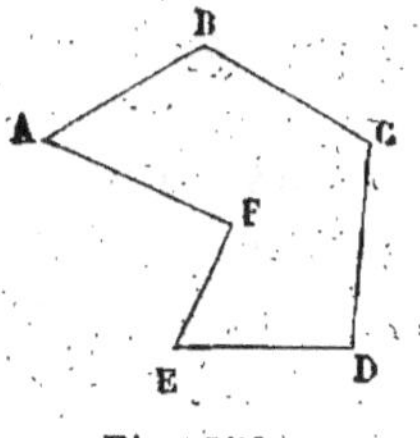

Fig. 250.

par le point *b* une seconde ligne dirigée suivant BC, et on
prend sur cette ligne une longueur *bc* représentant BC à
l'échelle du plan. On continue ainsi jusqu'à ce qu'on soit

arrivé au dernier sommet F; et si les opérations ont été bien conduites, le polygone *abc... f* devra se fermer de lui-même.

Si l'on veut opérer *par intersections*, on choisit sur le terrain une base AB qu'on mesure, et on met la planchette en station au point A. On trace d'abord sur la feuille de papier une ligne *ab*, dirigée suivant AB, sur laquelle on porte la longueur qui représente AB à l'échelle du plan ; puis on plante une aiguille au point *a*, et en faisant pivoter l'alidade autour de cette aiguille, on vise successivement les points C, D, E..., qu'il s'agit de déterminer, et on trace des droites le long de la ligne de foi dans chacune de ces directions. On met ensuite la planchette en station au point B, de manière que le point *b* soit sur la verticale du point B, et que la ligne *ba* soit dirigée suivant BA ; on vise successivement les points C, D, E..., et on marque sur

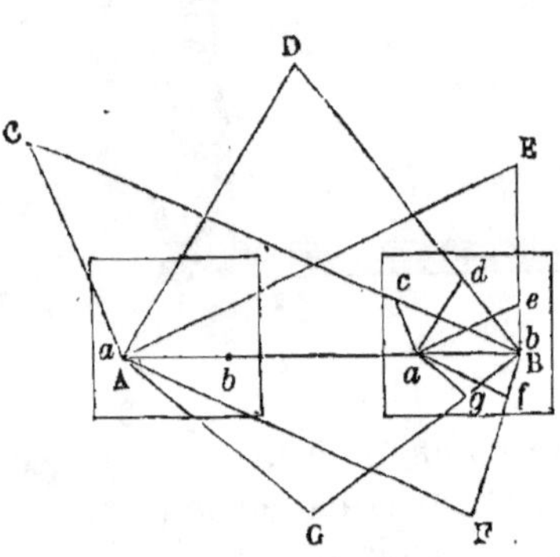

Fig. 251.

le papier les directions de toutes ces lignes de visée ; ces lignes couperont les premières, menées du point *a*, aux points *c*, *d*, *e*..., qui représenteront sur le plan les points C, D, E..., du terrain.

On voit qu'en définitive le levé à la planchette ne diffère du levé au graphomètre que parce qu'au lieu de mesurer les angles, on se borne à les relever sur le papier même où le plan doit être dressé. Dans des mains exercées, la planchette est un instrument très expéditif et suffisamment exact.

§ XXXVIII. Notions sur le nivellement. — Niveau d'eau, mire. — Cote d'un point. — Courbes de niveau. — Lecture d'une carte topographique.

380. Le plan d'un terrain, levé et rapporté sur le papier par les procédés exposés précédemment, ne donne qu'une idée incomplète de ce terrain ; car il n'indique pas les hauteurs des différents points au-dessus du plan de projection, et ne peut faire connaître par conséquent les ondulations et les accidents du sol, ce qu'on appelle en un mot le *relief* du terrain. La détermination de ces hauteurs est l'objet essentiel du *nivellement*.

Le plan horizontal sur lequel on projette tous les points s'appelle *plan de comparaison;* et la hauteur d'un point au-dessus de ce plan se nomme la *cote* de ce point. Lorsque le plan de comparaison est un plan tangent à la surface des mers supposée prolongée sous les continents, la cote d'un point prend le nom d'*altitude* de ce point.

On ne mesure pas directement les cotes de tous les points d'un terrain ; on détermine seulement les différences des cotes de l'un de ces points et de tous les autres, de sorte que si la cote du premier est connue, il sera facile d'obtenir les autres. Cette première cote elle-même peut ordinairement être choisie arbitrairement ; car cela revient à se donner à volonté le plan de comparaison, ce qui est toujours permis, quand on n'a pas d'autre but que d'avoir une image fidèle du terrain.

Tout plan horizontal s'appelle un *plan de niveau*, et la différence des cotes de deux points se nomme aussi la *différence de niveau* de ces deux points ; c'est la distance des plans de niveau qui y passent.

381. Niveau d'eau et mire. Le *niveau d'eau* (fig. 252) se compose d'un tube en fer-blanc ou en cuivre de 1^m,40 de longueur environ, recourbé à ses deux extrémités, qui portent des fioles de verre de 5 centimètres de diamètre environ. Un pied à trois branches, pareil à celui du graphomètre, sup-

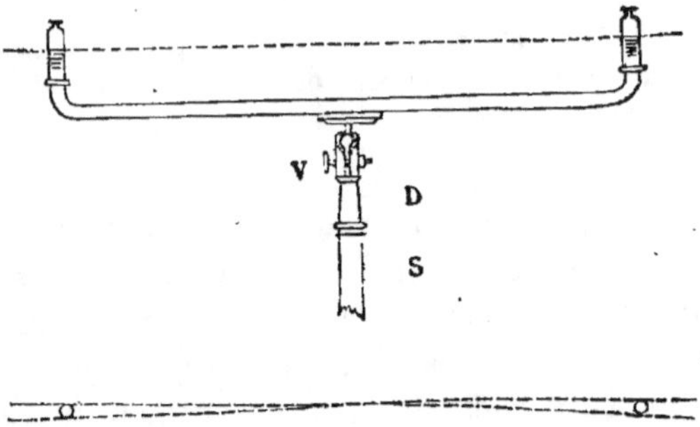

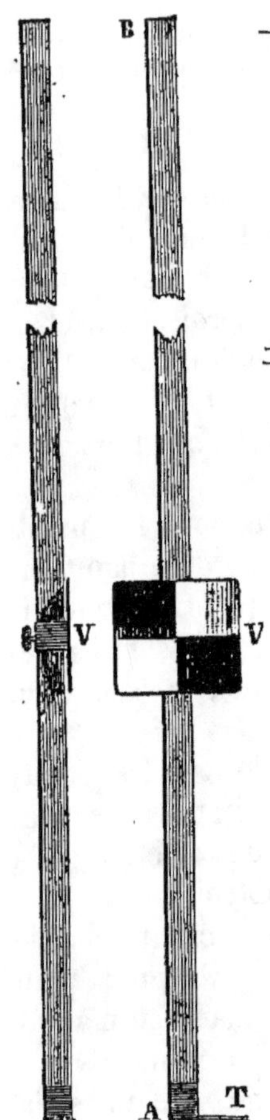

Fig. 253.

Fig. 252.

porte ce tube, qui peut être disposé horizontalement et tourner autour d'un axe vertical.

Si l'on verse de l'eau colorée dans le tube, de manière que les fioles de verre soient remplies à peu près aux deux tiers. les surfaces du liquide dans ces deux vases seront dans un même plan de niveau, d'après le principe des vases communicants; et par conséquent, un rayon visuel tangent intérieurement aux deux cercles qui limitent les deux surfaces liquides, donnera une ligne de visée horizontale. Cette ligne de visée sera très nette, si l'observateur se place en arrière de l'une des fioles à une distance de 1 mètre environ.

La *mire* est une règle AB divisée en centimètres, qu'on tient verticalement sur le sol (fig. 253); une plaque mobile V, peinte de deux couleurs, et qu'on appelle le *voyant*, peut glisser le long de cette règle; la ligne horizontale qui divise le voyant en deux parties égales s'appelle la *ligne de foi*, et le bord inférieur du collier qui porte le voyant et qui glisse le long de la mire est à la même hauteur que la ligne de foi, ce qui permet de lire cette hauteur sur la graduation de la règle. D'autres mires sont disposées d'une manière un peu différente ; mais le principe est le même.

382. Nivellement simple. *Étant donnés deux points* A *et* B (fig. 254), *trouver la différence de niveau de ces deux points.*

On établit le niveau entre les deux points à peu près à égale distance de chacun d'eux ; l'aide se place avec la mire au point A, et élève ou abaisse le voyant sur les indications de l'opérateur, jusqu'à ce que le rayon visuel horizontal déter-

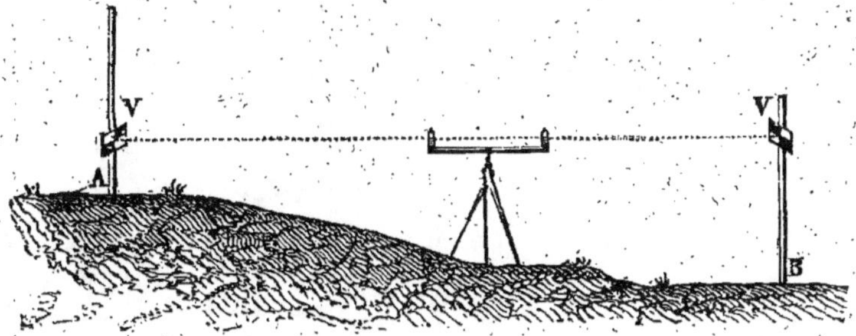

Fig. 254.

miné par le niveau passe par la ligne de foi. L'aide lit alors la hauteur AV et la note ; puis il se transporte avec la mire au point B ; en opérant comme au point A, il mesure BV′. La différence de niveau des deux points est évidemment la différence des hauteurs AV et BV′.

L'opération que nous venons de décrire comprend deux visées successives, qu'on appelle *coups de niveau* ; l'un est le *coup arrière*, l'autre le *coup avant*, suivant le sens dans lequel on marche.

Si les deux points A et B étaient distants de plus de 100 ou 120 mètres, on ne pourrait plus obtenir leur différence de niveau par une seule opération ; il faudrait alors faire un nivellement composé.

383. Nivellement composé. On choisit alors entre les deux points A et B un certain nombre de points intermédiaires M, N, P, Q…, tels, que la différence de niveau de deux points consécutifs puisse s'obtenir par un nivellement simple. Cela fait, on porte successivement le niveau entre A et M, entre M et N, entre N et P, etc., et on inscrit sur un carnet convenablement disposé les hauteurs de mire des coups arrière et des coups avant de tous ces nivellements simples. Supposons, par exemple, qu'on ait trouvé les résultats suivants :

POINTS	COUPS DE NIVEAU	
	ARRIÈRE	AVANT
A.	$1^m,45$	»
M.	$1^m,74$	$1^m,31$
N.	$2^m,22$	$2^m,69$
P.	$2^m,35$	$0^m,75$
B.	»	$1^m,63$
	$7^m,76$	$6^m,38$
		$+ 1^m,38$

Pour aller du point A au point M, il faut *monter* de $1^m,45 - 1^m,31 = 0^m,14$; de M en N, on *descend* de $2^m,69 - 1^m,74 = 0^m,95$; de N en P, on *monte* de $2^m,22 - 0^m,75 = 1^m,47$; de P en B, on *monte* de $2^m,35 - 1^m,63 = 0^m,72$. De là résulte que de A en B on *monte* de

$$0^m,14 + 1^m,47 + 0^m,72 - 0^m,95 = 1^m,38,$$

ou encore de

$$1^m,45 + 1^m,74 + 2^m,22 + 2^m,35$$
$$- (1^m,31 + 2^m,69 + 0^m,75 + 1^m,63).$$

D'où la règle suivante :

Faites la somme des coups arrière et celle des coups avant ;

si la première somme surpasse la seconde, le dernier point est plus haut que le premier; mais si la somme des coups arrière est plus petite que la somme des coups avant, le premier point est plus élevé que le dernier. Dans les deux cas, la différence de niveau des points extrêmes est égale à la différence entre la somme des coups arrière et celle des coups avant.

384. Nivellement général d'un terrain. Pour se rendre compte du relief d'un terrain, il importe de déterminer les cotés d'un très grand nombre de points ; on fait ainsi ce qu'on appelle le nivellement général du terrain, qu'on peut exécuter de différentes manières.

Si les points que l'on considère sont les sommets d'un polygone, on *chemine* le long des côtés de ce polygone, en déterminant, par un nivellement simple ou composé, les différences de niveau des sommets consécutifs. Si d'un point du terrain on peut viser tous les points dont on cherche les cotes, on place le niveau à ce point central, et on fait placer la mire successivement à tous les autres points ; c'est un nivellement par *rayonnement*.

Enfin, quand on a intérêt à connaître le relief du sol le long d'une ligne déterminée, on marque sur cette ligne des points distants de 50 à 100 mètres, et l'on donne des coups de niveau entre tous ces points. On représente ordinairement le résultat de ce nivellement en imaginant que la projection horizontale de la ligne qui passe par tous les points soit rectifiée, et qu'on élève par ces différents points des verticales sur lesquelles on porte leurs cotes, à partir du plan de comparaison ; c'est ce qu'on appelle un *profil*. Si l'on faisait dans un terrain un grand nombre de profils suivant des alignements bien choisis, on aurait une représentation assez exacte de ce terrain.

385. Pente d'une droite ; pente d'un plan. On appelle *inclinaison* d'une droite l'angle aigu que cette droite forme avec sa projection sur un plan horizontal ; cette inclinaison s'exprime en degrés. Soient AB une droite inclinée, *ab* sa projection horizontale, A*a* et B*b* les cotes de ses extrémités ; par le point A je mène AB′ parallèle à *ab* ; l'angle BAB′ est l'inclinaison de cette droite. Cet angle sera connu si l'on donne le rapport des côtés BB′ et AB′ du triangle ABB′ ; car on pourra alors construire un triangle semblable et par conséquent équiangle au triangle ABB′. Ce rapport $\frac{BB'}{AB'}$, ou $\frac{BB'}{ab}$, s'appelle la *pente* de la droite AB.

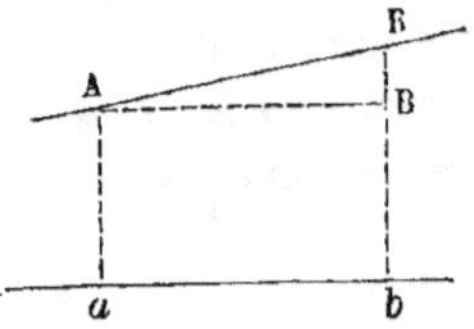

Fig. 255.

La pente d'une droite est le rapport de la différence de niveau de deux points de cette droite à la distance horizontale de ces deux points.

Si la distance *ab* est égale à 1 mètre, la pente est exprimée par la longueur de BB′. Supposons, par exemple, que BB′ vaille 1, 2, 3... centimètres ; on dit alors que la droite a une pente de 1, 2, 3... centimètres par mètre.

Considérons maintenant un plan N incliné à l'horizon (fig. 256) ; si on le coupe par un plan horizontal M, l'intersection DE des deux plans est une droite horizontale ; un autre plan horizontal couperait le plan N suivant une droite horizontale GH parallèle à DE (**257**) ; ainsi toutes les droites horizontales qu'on peut mener dans un plan incliné sont parallèles. Si l'on mène une perpendiculaire AB à l'une de ces horizontales, la pente de cette ligne sera plus grande que celle de toute autre ligne AC oblique à l'horizontale ;

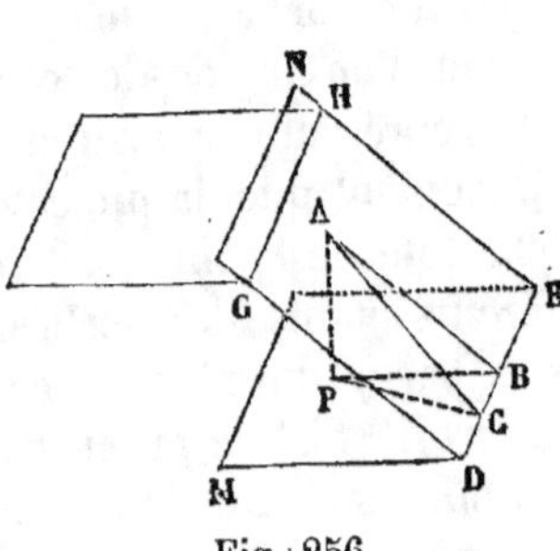

Fig. 256.

en effet, soit AP la verticale du point A ; joignons PB et PC ; la ligne AC, oblique à DE, est plus grande que AB, perpendiculaire à cette même ligne ; mais ces deux lignes AB et AC sont des obliques au plan horizontal M ; donc la plus courte est la plus rapprochée du pied de la perpendiculaire AP; en d'autres termes, PB < PC. Or la pente de la droite AB est $\dfrac{AP}{PB}$, et celle de la droite AC est $\dfrac{AP}{PC}$; donc la pente de la droite AB est plus grande que celle de la droite AC. Pour cette raison, les lignes perpendiculaires aux horizontales d'un plan incliné sont dites *lignes de plus grande pente* de ce plan, et l'on appelle *pente* d'un plan, la pente de ses lignes de plus grande pente.

586. COURBES DE NIVEAU. On appelle *courbe de niveau* l'intersection de la surface du terrain par un plan horizontal, en d'autres termes, le lieu des points qui ont la même cote. La détermination d'une courbe de niveau sur le terrain s'effectue sans difficulté avec le niveau d'eau et la mire. Supposons, pour fixer les idées, qu'on connaisse un premier point m de la courbe (fig. 257); on met le niveau en station à quelque distance en o, et l'aide se place en m avec la mire et fixe le voyant à la hauteur marquée par le plan de niveau de l'instrument; il s'avance ensuite sur le sol, en évitant de monter ou de descendre, et,

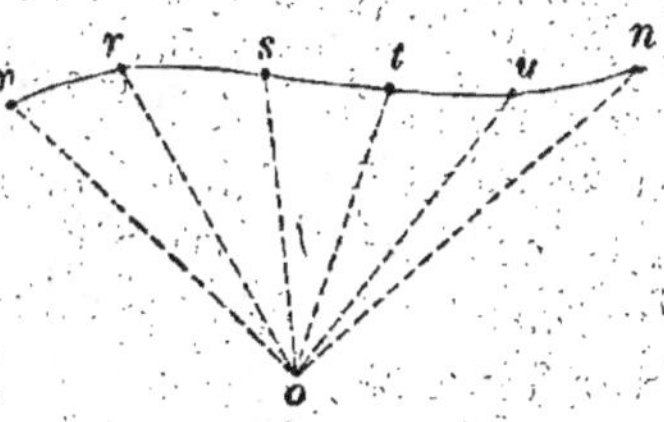

Fig. 257.

après avoir parcouru une dizaine de mètres, il dresse sa mire sans toucher au voyant; l'opérateur lui fait signe de se déplacer en montant ou en descendant, jusqu'à ce que la ligne de foi du voyant soit de nouveau dans le plan horizontal de visée; soit r le point ainsi déterminé; on y plante un piquet et on cherche de la même manière d'autres points s, t, u, n, etc. Ces points ainsi marqués, on lève le plan de la ligne $mrstun$; c'est une portion de la courbe de niveau, qui passe par le point m. On pourra la continuer aussi loin qu'on voudra, en prenant pour point de départ le dernier point obtenu, et en déplaçant le niveau, s'il est nécessaire.

On donne le nom de plans ou cartes *topographiques* aux

plans ou aux cartes sur lesquels on a tracé un nombre plus ou moins grand de courbes de niveau équidistantes. Les cotes de ces diverses courbes sont toujours des *cotes rondes*, c'est-à-dire qu'elles sont exprimées par des nombres simples, comme 10^m, 20^m, 30^m, etc., ou 100^m, 200^m, 300^m, etc. La différence constante des cotes de deux courbes de niveau consécutives s'appelle l'*équidistance* de ces courbes. Sur les cartes dressées par l'état-major français à l'échelle de $\frac{1}{40000}$, l'équidistance est de 20^m; sur la carte à $\frac{1}{80000}$, l'équidistance est de 40^m; enfin, sur la carte du nivellement général de la France à $\frac{1}{800000}$, l'équidistance est de 100^m.

Il est clair qu'un plan topographique est une représentation exacte du terrain, où l'on pourra reconnaître tous les accidents de la surface du sol, tout aussi exactement que si l'on avait un *plan relief*. Pour s'en convaincre, il suffit de remarquer qu'on peut construire le plan relief d'un terrain à l'aide du plan topographique. Supposons, pour fixer les idées, que l'échelle du plan soit $\frac{1}{10000}$, et que l'équidistance des courbes de niveau soit de 5 mètres; à l'échelle de $\frac{1}{10000}$, 5 mètres correspondent à un demi-millimètre. Prenons alors des feuilles de carton d'un demi-millimètre d'épaisseur, sur lesquelles nous dessinerons les courbes de niveau successives; plaçons ensuite sur une planche le carton découpé suivant la courbe la plus basse; sur celui-ci disposons la deuxième courbe de la même manière que sur la carte, ce qui est facile à l'aide de quelques points de repère; plaçons de même successivement la troisième, la quatrième, la cinquième courbe, etc.; nous aurons une sorte d'escalier, qu'on appelle un relief *à gradins;* en remplissant avec de la cire les intervalles compris entre les diverses assises, de manière à avoir une surface continue entre les courbes de niveau consécutives, nous aurons une image fidèle du terrain avec ses montagnes, ses vallées, ses ondulations de toute espèce, et cette image aura été façonnée à l'aide des renseignements fournis par le plan topographique.

Dans le but de donner au figuré du relief par les courbes de niveau, non pas plus de précision, mais plus d'expression, les auteurs de la carte de l'état-major et beaucoup d'autres

topographes ont remplacé les courbes de niveau consécutives
par des *hachures*, comprises entre
ces courbes de niveau et qui leur
sont perpendiculaires (fig. 258).
Dans la carte de l'état-major à
$\frac{1}{80000}$, les hachures ont un écartement égal au quart de leur lon-
gueur, et elles sont d'autant plus
grosses qu'elles sont plus courtes.

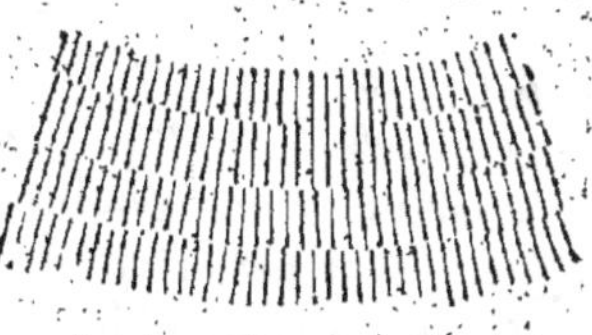

Fig. 258.

Avec ce système, le dessin du relief est plus frappant pour les
yeux; mais la carte est très chargée et d'une lecture plus difficile.

387. LECTURE DES CARTES TOPOGRAPHIQUES. Nous ne nous
occuperons pas ici des signes conventionnels, adoptés pour la
représentation des diverses natures de terre, bois, prés,
vignes, etc., des voies de communication, des cours d'eau, des
villes, bourgs, villages, maisons isolées; il suffit, pour reconnaître tous ces éléments sur une carte, d'avoir sous les yeux
le tableau des signes conventionnels, tableau qui se trouve
dans tous les traités de topographie. Mais il est plus difficile
d'interpréter exactement la carte au point de vue de la représentation du relief du sol.

Considérons deux courbes de niveau consécutives mn, $m'n'$,
et soit aa' une petite ligne perpendiculaire à la fois aux deux
courbes (fig. 259). Une bande très étroite
de terrain le long de aa' pourra être assi-
milée à un plan incliné, et les horizontales
de ce plan se confondront avec les courbes
de niveau dans le voisinage des points a et
a'; par suite, la ligne aa' sera la ligne de
plus grande pente de ce plan (385); la

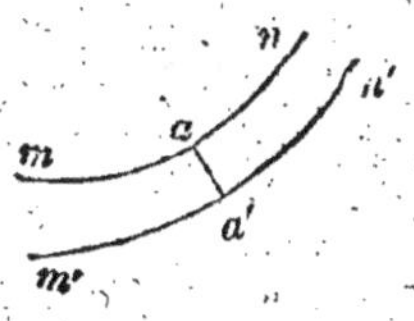

Fig. 259.

pente du terrain le *long* de aa' sera le rapport de la différence
des cotes des points a et a' à leur distance horizontale aa';
en appelant p cette pente et e l'équidistance des courbes de
niveau, on aura :

$$p = \frac{e}{aa'}.$$

De là résulte que, *e* étant constant, la pente sera d'autant plus forte que *aa'* sera plus petit; donc *dans une carte topographique, la pente du sol est d'autant plus considérable que les courbes de niveau sont plus rapprochées.* Dans le système des hachures, les pentes sont d'autant plus fortes que les hachures sont plus courtes, plus rapprochées et plus grosses.

Si par le point *a'* on menait une perpendiculaire commune à la courbe *m'n'* et à la suivante, on aurait la ligne de plus grande pente de la portion du terrain voisine de *a'* et comprise entre ces deux nouvelles courbes de niveau ; et, en continuant de même, on aurait une ligne sinueuse, qui serait une *ligne de plus grande pente* du terrain ; concluons de là que *les lignes de plus grande pente coupent les courbes de niveau à angle droit.*

Voyons maintenant comment on peut reconnaître sur une carte les divers accidents du sol, mamelons, plateaux, vallées, cols, etc.

La figure 260 représente un *mamelon* ou sommet; si l'é-

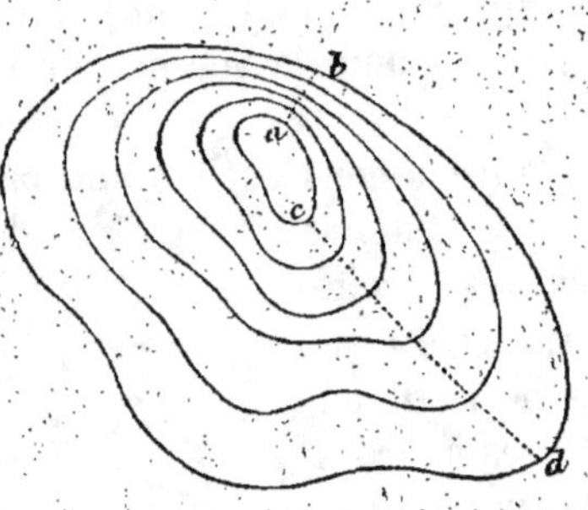

Fig. 260.

quidistance est de 20 mètres, et que la courbe la plus basse soit à la cote de 140 mètres, ce mamelon aura une cote comprise entre 240 mètres et 260 mètres; on marque habituellement le sommet par un point, à côté duquel on inscrit sa cote. On remarque sur la même figure que la pente le long de *ab* est beaucoup plus forte qu'en suivant la direction *cd* ; et l'on peut calculer les pentes, si l'on connaît l'échelle du plan.

Un *plateau* diffère d'un mamelon en ce que la partie supérieure ne se termine pas par un point plus élevé que les points voisins, mais par un espace plus ou moins étendu, qui est horizontal; dans ce cas, la courbe de niveau la plus haute, au lieu de renfermer un point avec sa cote, contient une ligne ponctuée qui représente la *courbe de crête* ou le bord du plateau ; la cote de cette courbe doit être indiquée.

Pour discerner facilement les autres accidents du sol, il faut savoir tracer deux lignes, qu'on appelle *lignes caractéristiques*, et qui sont les *lignes de faîte* et les *thalwegs*. Les lignes

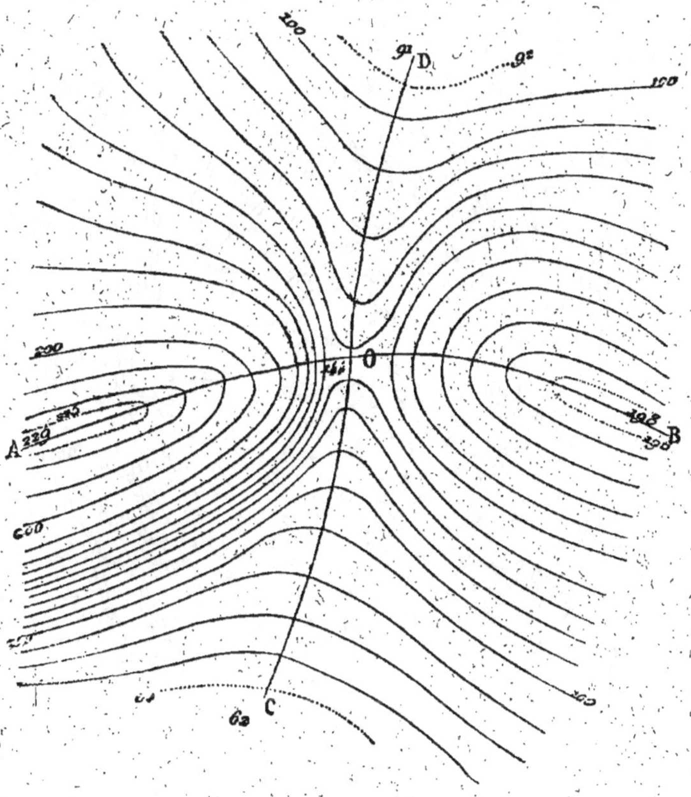

Fig. 261.

de faîte sont des lignes telles, qu'on ne peut s'en écarter, soit à droite, soit à gauche, sans descendre ; c'est le contraire pour les thalwegs : on ne peut s'en écarter, soit à droite, soit à gauche, sans monter. Sur une carte, la ligne de faîte est telle que, si on la suit en descendant, elle rencontre toutes les

courbes de niveau par leur *concavité*; telle est la ligne AOB
(fig. 261 et 262). Le thalweg, au contraire, rencontre toutes
les courbes de niveau par leur *convexité*, quand on descend le
long de cette ligne; telle est la ligne COD. Un thalweg marque
le fond d'une *vallée* ou d'une *gorge*, le plus souvent occupé

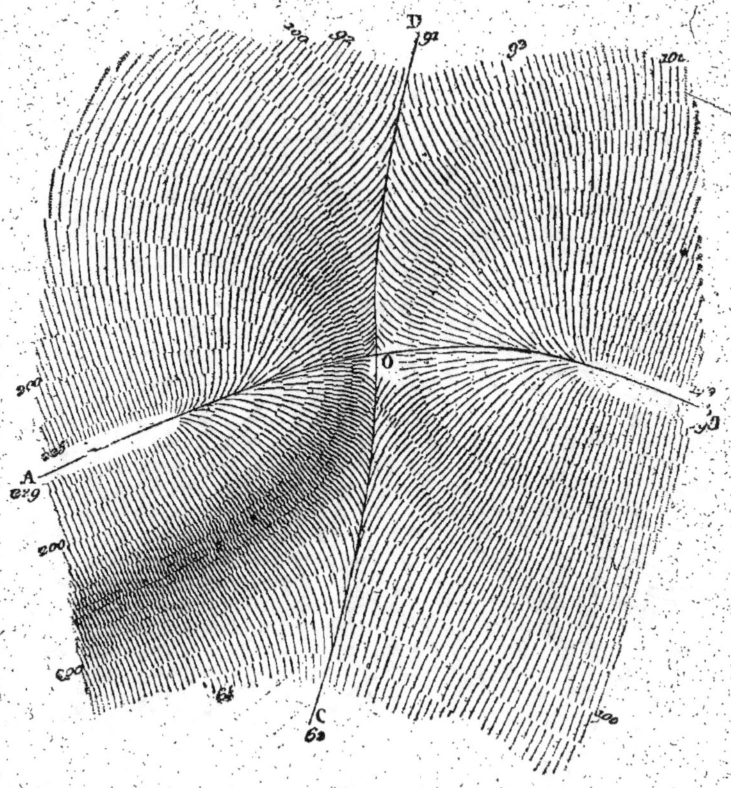

Fig. 262.

par un cours d'eau, qui reçoit les eaux des coteaux placés à
droite et à gauche; les lignes de faîte sont les lignes de partage des eaux et divisent le terrain en *versants*.

Le point O, où se coupent le thalweg COD et la ligne de faîte
AOB, est un *col*; un col est ainsi toujours placé à l'intersection

d'une ligne de faîte et d'un thalweg, et sa cote est toujours marquée sur la carte.

Nous renvoyons aux ouvrages spéciaux les lecteurs désireux d'étudier plus complètement les cartes topographiques ; ce que nous avons dit suffit d'ailleurs pour l'intelligence de ces cartes, si précieuses pour les militaires et pour les ingénieurs.

FIN

TABLE DES MATIÈRES

DEUXIÈME PARTIE

GÉOMÉTRIE DANS L'ESPACE

APPENDICE

FIN DE LA TABLE DES MATIÈRES.

Paris. — Imprimerie LAHURE, 9, rue de Fleurus.